上海市精品课程

适合技能型本科、高职和中职本科贯通教学用书

电子感测技术

（修订版）

主编　周南山　罗丁喆

参编　叶　明　苏桂英　李艳敏

上海大学出版社

·上 海·

内 容 提 要

“感测”是传感器和电子测量的缩写与综合。第 1 章概述传感器和电子测量的基本知识；第 2 章介绍典型传感器及检测技术；第 3～6 章分别叙述电压、电路元器件和时、频域等的测量方法与仪器，并涉及射频领域。每章提出知识点与能力目标，并配有例题、思考题、练习题和实训项目。特别是增写了附录 A、B、C，其基础知识和答题方法，为教、学双方提供了方便。

本书可作为技能型本科、高职和中职本科贯通的电子信息技术、应用电子技术、通信技术和安全防范技术等专业的教学用书，也可作为从事电信类、机电类工程技术人员的参考书。

图书在版编目(CIP)数据

电子感测技术/周南山，罗丁喆主编；叶明，苏桂英，李艳敏编. —修订本. —上海：上海大学出版社，2016.9

ISBN 978-7-5671-2466-0

Ⅰ.①电… Ⅱ.①周…②罗…③叶…④苏…⑤李… Ⅲ.①传感器-自动检测②电子测量技术 Ⅳ.①TP212②TP274

中国版本图书馆 CIP 数据核字(2016)第 198428 号

责任编辑 王悦生
封面设计 柯国富
技术编辑 章 斐

电子感测技术(修订版)

周南山 罗丁喆 主编

上海大学出版社出版发行

(上海市上大路 99 号 邮政编码 200444)

(http://www.press.shu.edu.cn 发行热线 021-66135112)

出版人：郭纯生

*

南京展望文化发展有限公司排版

上海市印刷四厂印刷 各地新华书店经销

开本 787×1092 1/16 印张 12.25 字数 306 千

2016 年 9 月第 1 版 2016 年 9 月第 1 次印刷

ISBN 978-7-5671-2466-0/TP・063 定价：38.00 元

修订版前言 PREFACE

本书自2012年1月出版以来，又经数年的教学实践，为适应技能型本科、高职和中职本科贯通的专业发展，作如下的修改。

1. 充实和调整了部分例题、思考题、练习题（以下简称“三题”）和实训项目；

2. 增添了相关的传感器，内容编排也作相应调整；

3. 修改了部分内容，包括附录A、B、C，保持和完善了原书的特点：

（1）面广而简约。具备传感器、电子测量、电子仪器、射频网络和电路基础等知识。每章具有相对的独立性，模块式的教学内容，以及实训项目可分可合可更新，能适应不同专业方向的课时安排。

（2）“三题”比较完整。另备“教学指南”，内有题解、试题和教学方法等，并不断完善，因此易教易学。请有此需要的教师发Email至邮箱：wincy_zhe@163.com或llyymm01@126.com进行联系。

（3）分布在书中的顺口溜，起到“要点易牢记，难点易化解，段落作总结”的作用，符合“乐学，能记忆，才能应用”的常理。

本书可作为电信类、机电类专业的专业基础课教材。第1章的传感器和电子测量的基本知识、误差处理方法，以及比较完整的“三题”，可作为相对独立的导论；第2章的传感器介绍自成模块，不同专业易于选用和调整；第3～6章分述了电子测量的原理、技术与应用，并扩展到射频领域和虚拟仪器，其中分贝计算与应用、射频网络参数测试、计算机测试技术、噪声检测和电磁兼容等，可根据学习目标进行单独选用。另外，如作为中职本科贯通的教材，可选用第1章和第2～6章的部分内容，以及作为先修课的“电路基础”（附录B）。

本书由周南山和罗丁喆主编，全书由周南山和罗丁喆共同统稿、定稿。叶明、苏桂英和李艳敏参加编写。在本次再版中，周炳辉副教授提供了宝贵的资料，金洲浪为实训设备的更新做了大量工作，并得到了上海大学出版社的多方支持，在此表示衷心感谢。

编　者

2016年3月

目 录 CONTENTS

第 1 章　电子感测基本知识

本章概述传感器和电子测量有关的基本知识，并介绍误差理论和数据处理方法。配有较完整的例题、思考题、练习题和实训项目，可作为相对独立的导论。

1.1　传感器概述

知识点与能力目标

◇ 理解传感器的框图和基本特性，能对指定的传感器作出分析和评价，从而逐步学会选用方法；

◇ 熟悉光子和光路的特性，能与电信号进行比较，并应用光信号。

传感器是信息技术的源头，它与通信、计算机构成信息技术的三大支柱，牵制着信息技术的发展水平和速度，是一门综合性、多学科交叉渗透的高新科学技术。

1.1.1　传感器的组成和基本特性

1. 传感器的组成和结构形式

传感器是与人的感觉器官"一感二传"的功用相对应的元器件，又称"电五官"，它的定义是："能够感受规定的被测量，并按照一定的规律转换成'可用信号'的器件或装置。"从"感受"和"转换"的功能来看，传感器应由敏感元件和转换器等所组成，可分别用等边三角形和正方形的图形符号来示意，见图 1.1(a)。

图 1.1(b)所示传感器中的敏感元件直接感受被测量 x，x 多数是非电量，还可以是电磁场、光学量或射线等电量。其输出可能有三种：如果是可用非电量（能转换成可用信号的非电量）或间接电量（电阻、电感、电容等），则转换器的作用是把它们变成易于传输和处理的可用信号 y；如果是电量（微弱信号），则转换器可以进行放大、调制或转换（电流和电压相互转换、模拟量和数字量相互转换、光信号和电信号相互转换）。电子测量的电路除了有放大、解调和转换作用外，还有非线性校正、温度补偿、运算和显示（输出驱动）等功能，最后显示被测量 x 值。例如，x 是温度，敏感元件可能是热胀体和压敏电阻，前者输出可用非电量"压力"，后者输出间接电量的电阻，转换器则是电桥，把电阻变化变成电压变化，经过处理，显示温度数值。温度也可通过热电偶变成电压变

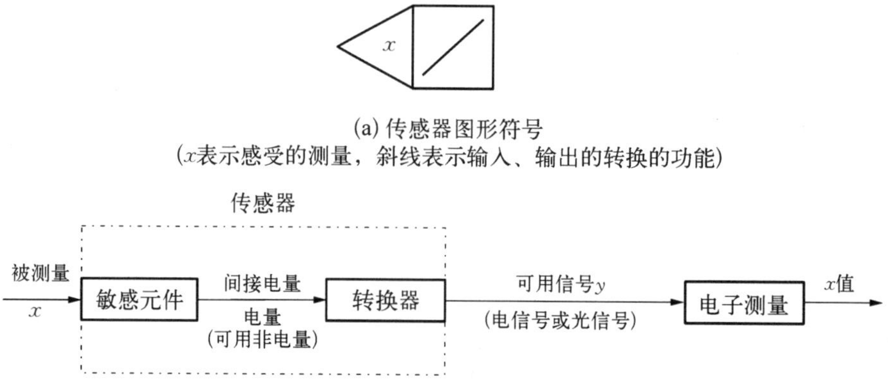

(a) 传感器图形符号
(x表示感受的测量，斜线表示输入、输出的转换的功能)

(b) 传感器的输入、输出量

图 1.1　传感器组成

化，用水银柱直接读出温度。

传感器的结构形式，应精于“芯”简于形，例如把敏感元件和转换器等做成固态器件或芯片，并含有恒压(流)电路，对外只有两条引线，作供电和信号输出用；又如把敏感元件、转换器和测量电路集成一体，直接显示被测量；当需要长距离传输时，又把转换器和测量电路分开，用电缆来连接测试现场和监控中心；最简形式的传感器只有敏感元件，其能源可来自被测量(热、光或力等)、外加电源和辅助电源(如磁铁等)；还有多种敏感元件融合，用于多侧面和多参数的测量。敏感元件除了半导体(单晶、PN 结和陶瓷)和贵金属(含合金)外，还有高分子材料(含光纤)、纳米材料和智能材料等，后者具有形状记忆功能和生命特征。另外，传感器的内部结构形式有固定信号的直接结构、补偿信号的抵消结构、双向信号的差动结构、多路信号的平均结构、平衡信号的闭环结构，五种形式可供选择。

2. 传感器的分类和任务

传感器种类繁多，分类方法也形形色色，简而言之，就是以敏感元件为中心进行分类。以敏感元件输入的被测量来区分，如温度传感器、压力传感器、流量传感器和位移传感器等。以敏感元件输出量来区分，如果输出间接电量，则称间接型传感器(又称无源型传感器或结构型传感器)，如电阻式传感器、电容式传感器和电感式传感器(自感、互感、电涡流和压磁式)等；如果直接输出电量，则称为直接型传感器(又称有源型传感器或物性型传感器)，如热电式、光电式、压电式和磁电式等传感器，它们均能直接产生电信号。此外，还有围绕敏感元件的材料、备制方法或应用范围来命名的。上述传感器的工作原理大多数是电子物理型，也有化学型和生物型。同时看到，基于贵金属、半导体和高分子等材料做成的基础传感器，加上纳米技术、生化技术和量子光技术等新技术，使传感器的品种不断更新，如 SCIO 红外光谱分子微传感器、体感应传感器、移动灵巧传感器，以及植入光纤使纳米晶体敏感度大增，实现远距离测量微粒子或单个活细胞，为感测带来了各种的可能性。

近来重点开发的有传感器微系统(原子传感器与测量芯片植入组件中)、环保传感器和远程医疗传感器等，其中仿生传感器和智能传感器是当今研究的前沿，同时信息时代需要网络化传感器。研究新效应、开发新材料、检测新范围、提高准确度和可靠性是今后的任务，随着芯片技术和计算机技术的发展，传感器系统将更加小型化(微功耗、固态化和毫米级尺寸)、超敏感、多功能、更智能和可跟踪，赶上和超过人的感觉功能。

3. 传感器的基本特性

传感器的基本特性主要分为静态和动态，可以表征其性能优劣，用得较多的静态转换特性曲线如图 1.2 所示，可归纳为以下三种形式：

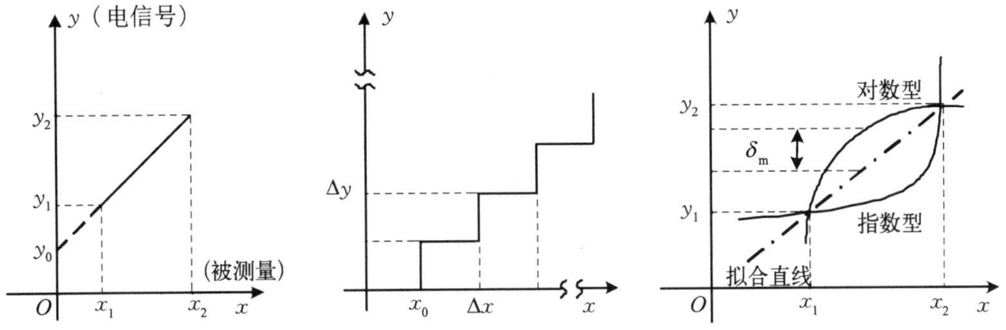

(a) 直线型　　(b) 阶梯型　　(c) 对数和指数型

图 1.2　传感器的转换特性曲线

(1) 如图 1.2(a)所示，直线型的方程 $y = y_0 + Sx$，其斜率表示线性传感器的灵敏度。$S = \frac{dy}{dx} = \frac{y_2 - y_1}{x_2 - x_1} =$ 常数；量程(满度) $y_m = y_2 - y_1$；测量(线性)范围 $x_m = x_2 - x_1 = \frac{y_m}{S}$；校零后 $y_1 = y_0 = 0$，则 $y = Sx$。直线型应用最方便，也是研制传感器的目标。

(2) 如果直线型 $y = Sx$ 转换特性放大后，就是阶梯型。当一个传感器的输入从零开始增加时，只有在达到了某一最小值后才测得输出信号，这个最小值 x_0 就称为传感器的阈值。分辨率是指当一个传感器的输入从非零的任意值开始增加时，只有在超过某一输入增量 Δx 后输出才显示有变化 Δy，这个输入增量 Δx 称为传感器的分辨率，表达式可为 $\Delta x = \frac{1}{S}\Delta y$ (Δy 为单位测量值，或称测量值的最小变化量)，如图 1.2(b)所示。阈值说明了传感器的最小可测出的输入量，分辨率说明了最小可测输入变化量，分辨率就是不灵敏度，即死区。如果是灵敏度过高，Δx 过小，干扰影响就会显著增加。

(3) 对数型或指数型的非线性传感器是普遍的，如图 1.2(c)所示，其灵敏度不是常数，且随工作点和工作区间而变，工作区间可用拟合直线的斜率 $S = \frac{y_2 - y_1}{x_2 - x_1}$ 来代替。此时其非线性误差为：

$$\gamma = \frac{\delta_m}{y_m} \times 100\% \tag{1.1}$$

δ_m 是实际曲线与拟合直线间的最大差值，如果非线性较严重($\gamma \geqslant 10\%$)，往往分成多段直线型，用计算机来处理。

当传感器感受动态信号时，输出对输入的响应特性，称动态特性。动态特性好的传感器，其输出随时间变化的规律 $y(t)$ 将再现输入随时间变化的规律，但两者往往不会具有相同的时间函数，造成了动态误差。动态性能指标分为时域和频域两种，时域用阶跃波输入传感器可测出时间常数、上升时间、响应时间和超调量；频域用正弦波测出传感器的谐振（固有）频率、带宽（分为 -3 dB 通频带和 -1 dB 工作频带）及相位移（在工作频带内相位误差应 $<10^{\circ}$）。静态和动态特性指标并不全面，在选用时还应考虑输入阻抗、输出阻抗和可靠性等。

【例 1.1】 测试位移量 x(mm)传感器输出电流的方程为 $I = 4 + 2x = 4 \sim 20$ mA，求传感器的灵敏度、每毫安(mA)的分辨率和测量 x 的范围。

解： 灵敏度：$S = \dfrac{\mathrm{d}y}{\mathrm{d}x} = \dfrac{\mathrm{d}I}{\mathrm{d}x} = \dfrac{\mathrm{d}}{\mathrm{d}x}(4 + 2x) = 2\ \mathrm{mA/mm}$

分辨率：$\Delta x = \dfrac{1}{S}\Delta y = \dfrac{1}{2}\mathrm{mm}$，$(\Delta y = 1\ \mathrm{mA})$

测量范围：当 $4 + 2x_1 = 4$ mA 时，$x_1 = 0$ mm

当 $4 + 2x_2 = 20$ mA 时，$x_2 = 8$ mm

【例 1.2】 参见练习题 1.3，求图(a)的灵敏度 $S = \dfrac{U_{\mathrm{ab}}}{\dfrac{\Delta R}{R}}$ 的表达式。

解： 当转角时

$$U_{\mathrm{ab}} = U_{\mathrm{b}} - U_{\mathrm{a}} = U\frac{R}{2R} - U\frac{R-\Delta R}{2R} = \frac{U}{2} \cdot \frac{\Delta R}{R}$$

则

$$S = \frac{U}{2}$$

1.1.2 传感器应用

1. 选用传感器的要点

从传感器的功能命名中可知其基本应用，传感器的应用选择要借助于传感器的分类表、比较表和产品目录等作参考，从测量要求和使用条件选择，方法如下：

(1) 首先要熟悉被测对象所处的环境，如温度范围、有害影响和干扰等，还有安装条件（供电、连线和保护）和观测空间；然后须满足用户要求，如测量时间和方式（接触或非接触；在线或取样），以及被测参数极限范围和常用范围、输出信号类型和标准化要求等；最后往往还要了解已有用户的使用情况。

(2) 在传感器的多种指标（精度、灵敏度或分辨率、线性度和响应速度等）均能满足要求的情况下，这时应考虑工作可靠性（稳定度、影响量、牢固度和校正周期）、维修方便与售后服务、先进性和性价比等因素，以便从中选定一种。

(3) 每种传感器往往不可能满足所有要求，选用时应有所侧重解决主要问题或折中顾及重要指标。

(4) 如果采用多种传感器确定必要信息，需用传感器融合技术和采用物联网传感技术。

2. 传感器融合技术

通过综合多种传感器信息来得到单个传感器所不能得到的信息，称为传感器融合技术。例如，仅靠烟雾检测器来判断是否发生了火灾并不可靠，因为它区别不了是吸烟、炊烟还是火灾的烟雾。如用紫外线检测器识别火焰，但无烟的火灾也是有的。因此，必须考虑采用多种传感器的组合。又如,判断是否有人入侵商场时,用红外线或微波传感器来感知有无和动静,再用超声波距离传感器和摄像机辨别出人的位置、时间及特征等。对来自各个传感器的信号进行综合判断,以减少漏报和误报。进而,人们需要监视和控制客观世界中发生的许多复杂过程,这就导致了需要能够处理一系列传感器信号的阵列,以及众多传感器节点通过协议的传感器测控网络。现举例介绍传感器融入物联网在家庭信息服务中的应用。

【例1.3】 本例介绍基于物联网的传感器技术在智能家居中的应用,其系统框图及说明如下。

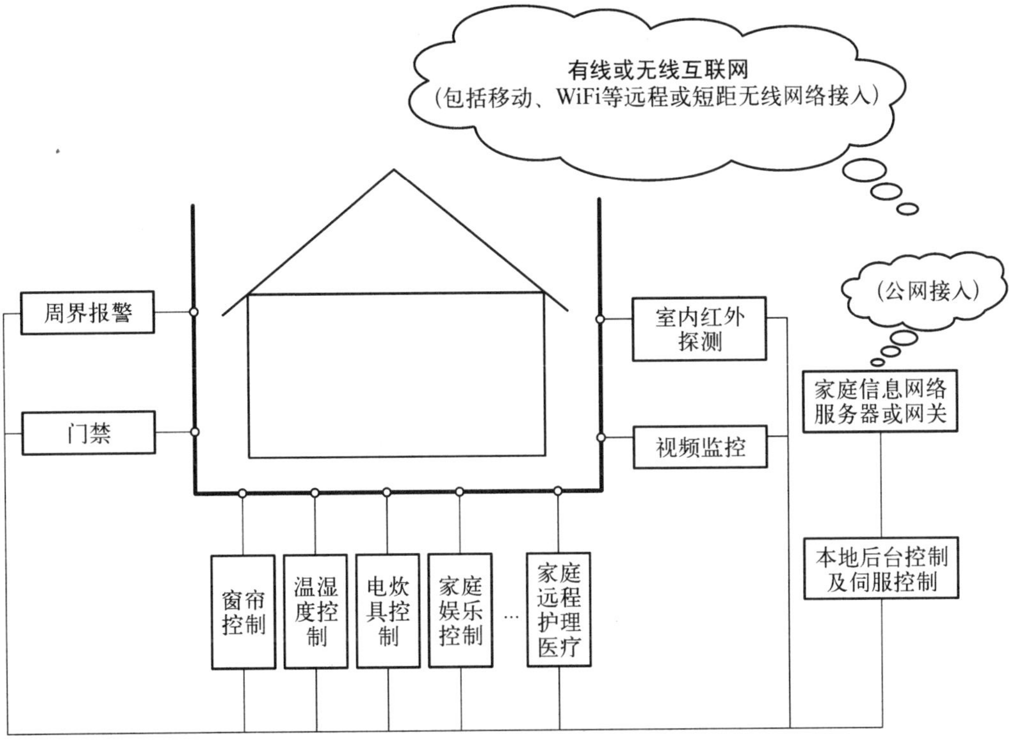

图1.3 典型智能家居应用系统框图

这里,每个子系统中都含有专门功能的传感网,它们由各特殊功能的传感器通过有线通信或无线通信组成网络实现。每个子系统必须依据信息变化的要求作出响应,并进行动作执行。系统框图中各重要模块功能简介如下:

(1) 远程医疗子系统,其信息前端设备是由各类生物医学传感器构成。

(2) 家庭安防子系统,图中的周界报警、门禁以及室内外红外探测、视频监控等都属于家庭安防子系统。

(3) 智能家居子系统:如图中的窗帘控制、温湿度控制、电炊具控制、家庭娱乐控制等部分。下面将这些部分的功能进行介绍:

① "窗帘控制部分"的功能。这部分功能是在室内窗户处的光亮度传感器得到的窗外自然光强信号进行处理和判断。当光强低于某一阈值,系统就认为时间已进入傍晚,应该自动合上窗帘,营造温馨的家庭环境。当然,第二天室外大亮时,"窗帘"又将依据光强,自动打

开，使阳光照入室内，营造朝气蓬勃的一天。

②“室内温湿度控制部分”的功能。这部分功能是由室内合理分布的温度与湿度传感器进行检测，当环境的温度或湿度明显偏离预先设定的阈值，说明可以启动空气调节系统进行反向调节。当然，为了节省能源和环保，系统可同时配合定时程序或是有无人的检测，得到一个开启空调的策略，使主人回家或在家有一个良好舒适的生活环境。

③“电炊器具的控制部分”的功能。这部分功能是由一系列的传感技术与程序控制技术实现的。当时间到达开启烧饭的时间时，电炊具会将开启主人要求的烹调程序，自动进行烧饭、蒸菜等动作，可方便地使主人回家后，稍作休息就可以吃晚饭。在这子系统里，由于动作和情况复杂，传感器的运用甚至传感网的应用是不可缺少的，否则，饭菜生熟程度、饭菜温度、火焰、烟雾等安全控制保障都将是重大的问题。在这些计划的基本功能外，用户也可以通过在线的个人终端，如办公室电脑、个人平板电脑、手机等固定或移动设备，实时调整和更新计划，以及实时操作。

④“家庭娱乐部分”的功能。主人辛苦工作了一天，晚餐后进行一定的娱乐放松，会对第二天的工作带来好的心情和效率。因此，这部分功能可按程序或主人的喜好，分别对公共电视节目、卫星电视、网络点播节目、自播视频或音频节目等进行多角度的选择和控制，为居住者的生活提供精神上的享受。

3. 光信号

目前，光信息技术已经异军突起，除电信号外，光信号也成为便于快速、高效处理与传输的可用信号，传感器的概念也将发展成为能把外界信息转换成光信号输出的器件，这是因为光和电均是电磁量，都有波、粒两重性，以及可在空间作无线传播或在导线中传输，其实质是波振荡、粒直射、叠加行；量子态、隐形传、广通信。把被测量的变化转换成光信号的变化，再通过光电传感器转换成电信号，这就是光电检测技术。光是由一群光子所组成的，每个光子具有 $h\nu$ 的能量（$h=6.63\times10^{-34}$ J·s 为普朗克常数，ν 为光的频率），光照到物体上，使一个自由电子能量增加 $h\nu=w_0+\frac{1}{2}mv_0^2$，用来克服逸出功 w_0 和作为电子逸出时具有初速度 v_0 的动能 $\frac{1}{2}mv_0^2$（m 为电子质量）。当 $h\nu\leqslant w_0$ 时，即使光通量或光强很大，也不可能有电子逸出，这个最低频率 ν_0 称为红限频率，对应的波长称为红限波长；当 $h\nu>w_0$ 时，即入射光频率 $\nu>\nu_0$ 的情况下，光通量越大，逸出的光电子数目也越多，电路中的光电流也越大。另外，光在传输或作为信息时，许多特性也优于电子：

(1) 光子轻于电子，反应快，开关时间短，光路传输速率高；

(2) 光子不带电，相互不排斥，光电不干扰，光路无接地问题；

(3) 光频极高（$\nu>300\times10^9$ Hz $=300$ GHz $=0.3$ THz），光路频带极宽，可容信息量大，一条光纤可双向传输 10 万以上用户同时通话；

(4) 光纤传输损耗小（约 0.2 dB/km），传输距离与同轴线电路（衰耗约 45 dB/km）相比，可增加 100 倍以上；

(5) 光纤细小、价低和设备简单，以及温度系数小、稳定可靠和光通信保密性强等。

基于“多自由度量子隐形传态”理论，以及随着量子比特的矩阵问世，可解决光存储器和光逻辑门等器件的开发，有望实现全光电路和全光通信。另外，将表面等离子体与纳米的光子技术相结合，用单个光子记录和读取信息，可突破传统集成电路的局限，有望研发出一种比现今计算机更为强大的新型“量子信息系统”，推动传感器融合技术的发展。

1.2 电子测量任务和方法

知识点与能力目标

◇ 明确电子测量的主要任务，能用“四要素”表达测量结果；

◇ 理解直接、间接和组合的测量方法，能选用三种测量方法。

1.2.1 电子测量的任务

电子测量是测量技术的主体和主导，泛指以电子技术进行的测量，如与传感器技术相结合，也称为非电量电测。本书所说的电子测量，面向电子工程，是指电磁量而言，其主要任务如下：

(1) 测量三参数：电压、频率和阻抗(集总参数为电阻、电感和电容)。

(2) 表达四要素：一个测量结果应由大小、正负、单位和误差来表达。

如图 1.4 所示，在一个电阻 R_1 上测得直流电压范围 $U= 4.75\sim5.25$ mV，则

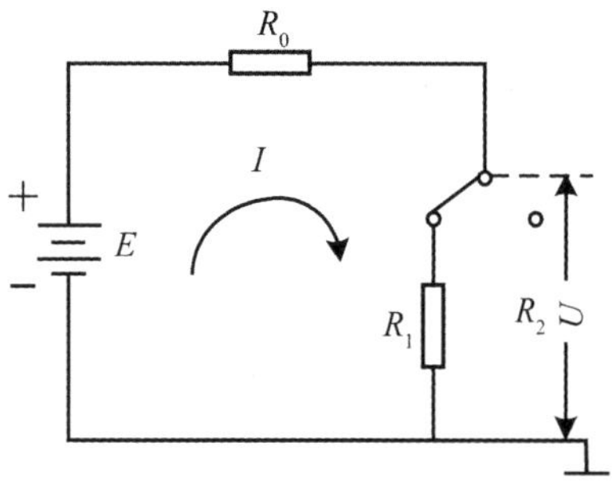

图 1.4 直流电路

(1) 数值的大小为 5，是测量值的平均值，也是最接近被测量的近似值。

(2) 不是 −5，也不是 ±5。

(3) 单位 $\text{mV}=\dfrac{\text{V}}{1\,000}$。

(4) 被测量的测量结果 $U= 4.75\sim5.25$ mV，也可写成 5.00±0.25 mV 或 5 mV±5%，表明测量的绝对误差为 $U-5\text{ mV}=\pm0.25$ mV，而相对误差为 $\pm\dfrac{0.25}{5}=\pm5\%$。

必须指出，不带误差的测量结果不可信，没有单位的测量数据无价值(少数相对值和规定量除外)。一般 R_1 已知，则电流 $I=\dfrac{U}{R_1}$ 和功率 $P=\dfrac{U^2}{R_1}$ 可算得，因此，电压测量是其派生参数的测量基础。

1.2.2 电子测量的方法

1. 直接测量

测量值或仪表示值 $y=x$，直接从仪表上读出被测量 x，是最基本、最简便的测量方法，应用也最广。

2. 间接测量

$y=f(x_i)$,对有函数关系的几个被测量 x_i 进行测量,例如测量功率 $P=UI=I^2R=\frac{U^2}{R}$,这里 $y=P,x_1=U,x_2=I,x_3=R$,测得后三者中的两个,才可计算功率。间接测量常用于下列情况:

(1) y 不能直接测量,如不能直接测量电阻、电容和电感值,在以后可以学到用伏安法、电桥法、电路变换法和谐振 Q 表法等间接测量求得,这里以电路变换法为例加以说明。

【例 1.4】 参见练习题 3.12,按图求出被测元件 L_x和 C_x的表达式。

解: 由题图或画直角坐标指出 U、U_R和 U_x,可得:

$U^2=U_R^2+U_x^2$ 和 $U_x=U_R\sqrt{\left(\frac{U}{U_R}\right)^2-1}=IX$,电抗 X 可为 $X_L=\omega L_x$ 或 $X_C=\frac{1}{\omega C_x}$

通过调节和测量电位器 R 上电压 U_R,使其达到半电压点,即 $U_R=\frac{U}{2}$(达到半功率点 $U_R=\frac{U}{\sqrt{2}}$ 也可)。

测量电容 C_x时:$U_x=\frac{I}{\omega C_x}=\sqrt{3}U_R=\sqrt{3}IR$,则 $C_x=\frac{1}{2\pi f\sqrt{3}R}$

测量电感 L_x时:$U_x=I\omega L_x=\sqrt{3}IR$,则 $L_x=\frac{\sqrt{3}R}{2\pi f}$

已知频率 f 和测出 R 值,便可算得 L_x 和 C_x 的值。

(2) 有时直接测量比较困难,如测量电流 $I=\frac{U}{R}$,为了不断开电路串接电流表,测量电压 U 和电阻 R 比测量 I 更方便。

(3) 间接测量精度更高,例如分别测量电阻两端电压 U_{ab}及 U_a-U_b,由于电压表内阻的并联,直接测量 U_{ab}的误差较大,而分别测量 U_a和 U_b后之差,使误差减小,即测量精度较高。

3. 组合测量

$y_i=f(x_i)$,多个未知被测量 x_i 组成相同数量的联立方程 y_i,通过改变测量条件进行多次测量,如图 1.4 有 $E=IR_0+U$,其中电源 E 的内阻 R_0 是一个看不到、摸不着的未知量,可改变负载电阻,测出 R_1、R_2 所对应的 U_1 和 U_2 值,代入方程

$$E=I_1R_0+U_1 \qquad E=I_2R_0+U_2$$

求得:

$$R_0=\frac{U_2-U_1}{I_1-I_2}=\frac{U_2-U_1}{\frac{U_1}{R_1}-\frac{U_2}{R_2}}$$

当 $R_2=\infty$ 时,

$$R_0=\left(\frac{U_2}{U_1}-1\right)R_1 \tag{1.2}$$

由于电压表内阻 $R_v \neq \infty$，将产生与 R_0 值成正比的误差(详见 3.1.3 伏安法)。

总之，电测有三法，多数直接测，遇到“三不”(直测不可能、不方便、不准确)时，应用间接测(含组合测量)。

1.3 测量误差与处理

知识点与能力目标

◇ 理解误差公式，能计算绝对误差、相对误差和不确定度；

◇ 掌握直接测量数据的整理和计算方法，能对三种不同性质的误差进行处理，以求得最接近被测量的近似值及其误差范围。

1.3.1 误差理论

1. 电子测量误差来源

(1) 仪表误差：由仪表本身性能不完善、不稳定所致。

(2) 影响误差：由环境变化、温度高低、电源波动和干扰情况等所引起。

(3) 人为误差：决定于操作熟练程度和所采用的测量方法。

2. 测量误差的表示

(1) 绝对误差

$$\Delta = x - a_0$$

式中，x 为被测量的测定值；a_0 为真值，是一个理论值或期望值。在误差存在的情况下，是一个不可知的量，所以在实际应用时，常用实际值 a 来代替 a_0。则上式可表示为

$$\Delta = x - a \tag{1.3}$$

这里，Δ 有正有负，实际值 a 可有三种情况：

① 相对真值：用精度高一级仪表或新仪表的测定值 x_a，则 $a = x_a$；

② 近真值：测量次数 N 足够大时，采用算术平均值 $\bar{x} = \dfrac{1}{N}\sum\limits_{i=1}^{N} x_i$，则 $a = \bar{x}$；

③ 修正后值 $x + c$，修正值 $c = -\Delta$，则 $a = x + c$ 也为近真值。

(2) 相对误差，绝对误差仅能说明测量值偏离实际值的情况，相对误差可以说明测量的准确程度，可有三种表示形式：

实际相对误差：

$$\gamma_a = \frac{\Delta}{a} \times 100\%$$

在要求不太严格的场合，可用 x 代替 a。

测量相对误差：

$$\gamma_x = \frac{\Delta}{x} \approx \frac{\Delta}{a} \times 100\% \tag{1.4}$$

引用相对误差：

$$\gamma_m = \frac{\Delta_m}{y_m} \times 100\% \tag{1.5}$$

这里，y_m为仪表量程，又称满度值。γ_m 可称满度相对误差，用于评价电工仪表的准确度。电工仪表准确度共分七级：0.1、0.2、0.5、1.0、1.5、2.5、5.0。例如 0.1 级仪表的引用误差为 $\gamma_m = \frac{\Delta_m}{y_m} = \pm 0.1\%$。引用相对误差实际上是给出仪表的最大绝对误差 Δ_m，如果引用误差(或仪表等级)和仪表量程为已知，则可求出量程内的最大绝对误差 $\Delta_m = y_m\gamma_m$，从而可算出最大实际相对误差 $\gamma_{am} = \frac{\Delta_m}{a}$ 或最大测量相对误差 $\gamma_{xm} = \frac{\Delta_m}{x}$，$\gamma_{am}$ 和 γ_{xm} 反映了仪表测量的不确定度。

总之，绝对误差三要素（$\Delta = x - a$），相对误差作参数 $\left(\frac{\Delta}{a}\text{ 或 }\frac{\Delta}{x}\right)$，算出绝对最大值（$\Delta_m = \gamma_m y_m$ 或$\pm 3\bar{\sigma}$），不确定度可求取 $\left(\frac{\Delta_m}{a}\text{ 或 }\frac{\Delta_m}{x}\right)$。

【例 1.5】 测量一个约 80 V 的电压。现有两台电压表，一台量程为 300 V，0.5 级，另一台量程为 100 V，1.0 级。问选哪一台为好?

解：(1) 使用 300 V，0.5 级电压表时，最大测量相对误差(不确定度)为

$$\gamma_{mx_1} = \frac{\Delta_m}{x} = \frac{y_m\gamma_m}{x} = \pm 0.5\% \times \frac{300}{80} \approx \pm 1.88\%$$

(2) 使用 100 V，1.0 级电压表时，最大测量相对误差为

$$\gamma_{mx_2} = \pm 1.0\% \times \frac{100}{80} \approx \pm 1.25\%$$

从计算结果可以看出，用 100 V，1.0 级电压表测量该电压时，精度比较高，选用该表较好。

由此可见，尽管选择 100 V，1.0 级电压表的准确度较低，但被测量电压示值接近满刻度值，符合量程选择原则。因此，在进行仪表选择时，若测量仪表的量程相同时，仪表等级数越小，测量相对误差越小，准确度越高；若测量仪表的量程不相同时，应该根据被测量的大小，兼顾仪表误差等级和量程上限，合理地选择仪表。x 越近 y_m，误差越小。为了提高测量精度，测量时需调整仪表使其示值尽量接近量程，最好达到 $x \geqslant \frac{2}{3}y_m$。

数字仪表的基本绝对误差为

$$\Delta = \pm\gamma_x x \pm \gamma_m y_m = \pm(\gamma_x x + \gamma_m y_m)$$

或

$$\Delta = \pm \gamma_x x \pm \text{几个字} \tag{1.6}$$

$\gamma_x x$ 是用测量相对误差表示的，它与读数 x 成正比，称为读数误差，它与仪表各单元电路的不稳定性有关。$\gamma_m y_m$ 当量程 y_m 一定时，是个固定值，称为满度误差，它包括量化误差和零点误差等，与所取量程有关，常用正负几个字来表示。

【例1.6】 某五位数字电压表 5 V 档的基本误差为 $\pm 0.006\% U_x \pm 0.004\% y_m$，求满度误差相当于几个字。

解： 满度误差：$\pm 0.004\% \times 5\ \text{V} = \pm 0.000\ 2\ \text{V}$，由于该表可以显示五位数字，故 $\pm 0.000\ 2\ \text{V}$，恰好相当于末位正负两个字，因此其基本误差也可表示为

$$\Delta U = \pm 0.006\% U_x \pm 2\ \text{个字}$$

与 $\Delta U = \pm (0.006\% U_x + 0.000\ 2\ \text{V})$ 完全一致。

【例1.7】 用 4 位半的数字电压表在 2 V 量程上测量 1.2 V 电压，已知该仪表的基本误差为 $\Delta U = \pm 0.05\% \times U_x \pm 0.01\% \times y_m$，求出由于基本误差产生的测量误差，它的满度误差相当于几个字？

解： $\Delta U = \pm 0.05\% \times U_x \pm 0.01\% \times y_m = \pm (0.05\% \times 1.2\ \text{V} + 0.01\% \times 2\ \text{V})$
$= \pm 0.000\ 8\ \text{V} = \pm 0.8\ \text{mV}$

4 位半的数字电压表在 2 V 量程档上一个字 $= 0.000\ 1\ \text{V}$

满度误差相当于：$\dfrac{0.01\% \times 2}{0.000\ 1} = 2$ 个字

3. 误差性质

(1) 随机误差(随差)，由仪表内外的不稳定现象，如噪声干扰、电源波动、元件老化和量化误差等所引起的测量结果分散性，是不可预知和不重复的，当测量次数足够多时，绝大多数随机误差服从正态(高斯)分布，其分布钟形曲线如图 1.5 所示。

随机误差的统计规律是：

① 中间差小单峰性：当绝对误差 $|\bar{\Delta}_i| = x_i - \bar{x}$ 较小时，其出现的概率 $P(\bar{\Delta}_i)$ 较多，大量的仪表示值 x_i 集中分布在平均值 $\bar{x}$ 附近。图 1.5 的纵、横轴也可用 $\bar{x}$ 和 x_i 来表示。

② 两边差大有界性：当 $|\bar{\Delta}_i| \geqslant \Delta_m$ 时，$P(\bar{\Delta}_i)$ 小到可以忽略，我们把 $\pm \Delta_m$ 作为零界。

③ 正负误差对称性：以 $P(\bar{\Delta}_i)$ 纵坐标线为中心的钟形曲线左右对称。

④ 多次测量抵偿性：测量次数越多，误差代数和越接近零值，其表达式为

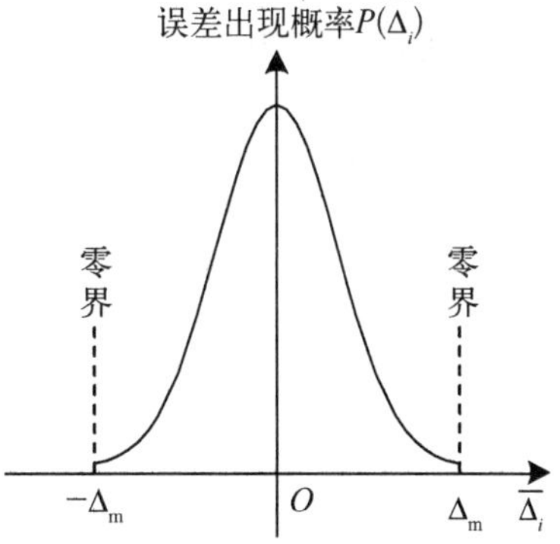

图 1.5 随差正态分布

$$\sum_{i=1}^{N} \bar{\Delta}_i \approx 0$$

由此可见，测量次数足够多，或采用多路信号(多个相同传感器同时感受被测量)的平均结构，可使测量结果更接近实际值。

(2) 系统误差(系差),由仪表刻度不准、未校零点、预热不够和元器件理想化等原因所产生。使其误差具有:定值重复性,测后可修正;变值规律性,测前可校正。可采用电桥差动结构和比值补偿法等控制措施,并可采用一些专门的测量方法,如替代法、交换法和对称测量法等。另外,一般传感器输出应包含被测量 x 和影响量 n 的信息,其函数有 $y_1 = f(x,n)$ 与 $y_2 = f(n)$,如果影响量的作用效果是叠加的,则可取 $y_1 - y_2$;如果影响量的作用效果是乘积递增的,则可取 $\frac{y_1}{y_2}$,即可减少 n 的影响。

我们把随机误差和系统误差比作射击打靶,如图 1.6 所示,其中图(a)靶点集中在离靶心不远的地方,这时随差小,精密度高。随差不能消除,只能增加测量次数取平均值,或用平均效果结构的办法可以减小对测量结果的影响。图(b)靶点分散在靶中心(真值)附近不远。这时系差小,准确度高。多次测量不能减少系差,因为它不具有抵偿性。各次测量误差的算术平均值 $\frac{1}{N}\sum_{i=1}^{N}\bar{\Delta}_i \neq 0$ 体现了系差大小,系差可用电路相消和数据修正来减小。图(c)靶点集中在靶心,这时系差和随差均小,是我们通常所说的精(确)度高。

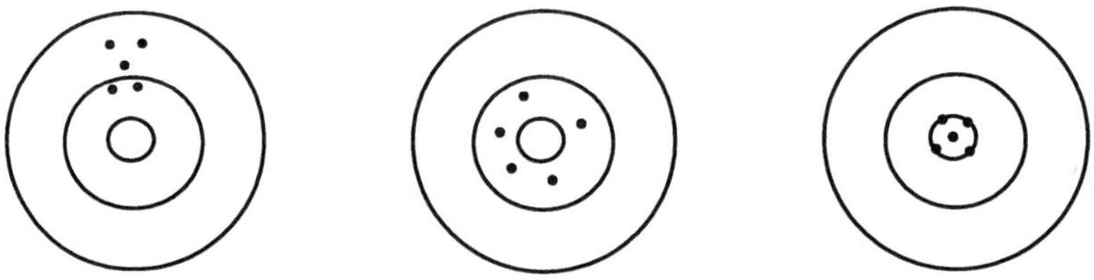

(a) 随差小,精密度高　　(b) 系差小,准确度高　　(c) 两差小,精度高

图 1.6　射击举例

(3) 粗大误差(粗差),含有粗差的测量值称为坏值,由于人为的差错(如读数错误)和外界条件的突变,歪曲了测量结果,必须剔除坏值后再处理,多个坏值先剔除最大的。

1.3.2　数据处理

对测量结果的数据处理要求得到最接近被测量的近似值和计算出测量结果的误差。

1. 数据整理

(1) 误差位对齐法。

先算误差小数位,如 5 mV×(±5%)=±0.25 mV,测量的数据应取两位小数,如 4.75 mV, 5.00 mV, 5.10 mV, 5.25 mV 等,即:误差小数位=数据小数位。

(2) 有效数字取舍法。

有效数字是从左边非零数字开始,到右边末个含零数字为止。其舍入规则是:"四舍五入偶不入有尾入",例如,取三位有效数字时:

12.34→12.3　　(四舍);

12.36→12.4　　≥6 进位;

逢 5 三思:

12.35→12.4　　5 前面是奇数则进位(五入);

12.45→12.4　　5 前面是偶数则不进位(偶不入);

12.451→12.5　5 后面有尾数则进位(有尾入)。

2. 直接测量的数据处理

在相同条件下,多次重复测量同一量值(等精度测量)的数值,先整理后处理,系统误差由电路抵消或已修正,使其值很小。系统误差和随机误差相混可按随机误差的统计方法予以处理:

(1) 将 N 次测量数据 x_i,按序列表如表 1.1 所示。

表 1.1　测量数据计算表

i	$x_i - \bar{x} = \bar{\Delta}_i$	$\bar{\Delta}_i^2$	$\bar{\Delta}_i$	$\bar{\Delta}_i^2$
1				
2				
3				
⋮				
N			$n=N-j$	

(2) 求出算术平均值 $\bar{x} = \dfrac{1}{N}\sum\limits_{i=1}^{N} x_i$。

(3) 列出剩余误差 $\bar{\Delta}_i = x_i - \bar{x}$,并验证 $\sum\limits_{i=1}^{N} \bar{\Delta}_i \approx 0$,同时计算 $\bar{\Delta}_i^2$ 值,填入表中。

(4) 计算均方根误差(均方差):

$$\sigma = \frac{\sqrt{\sum\limits_{i=1}^{N} \bar{\Delta}_i^2}}{\sqrt{N-1}} \tag{1.7}$$

(5) 按 $|\bar{\Delta}_i| > 3\sigma$ 准则判断粗差,先剔除 x_i 中最大一个坏值 x_j,然后从(2)算起,直到所有的 $|\bar{\Delta}_i| \leqslant 3\sigma$ 为止,这时的测量次数为 $n=N-j$,j 为坏值个数。

(6) 用有限测量次数 n 的 $\bar{x}$ 代替无限测量次数的期望值 a_0。所产生的误差,称 $\bar{x}$ 的均方差:

$$\bar{\sigma} = \frac{\sigma}{\sqrt{n}} \tag{1.8}$$

(7) 得到测量结果:

被测量的可信值:

$$x = \bar{x} \pm 3\bar{\sigma} \tag{1.9}$$

表明了实际值 $\bar{x}$ 所处的范围。

其相对误差 $\gamma_{am} = \dfrac{\pm 3\bar{\sigma}}{\bar{x}}$,可称为不确定度。这里 $\pm 3\bar{\sigma} = \Delta_m$,$\bar{x} = a$。在测量结果中,随机误差出现在 $\pm 3\bar{\sigma}$ 内的置信概率为 99.7%,故称 $\pm 3\bar{\sigma}$ 为极限误差,即实际值所处的最大误差。反映了对测量值的不能肯定的范围。

图形描述参见图 1.7。

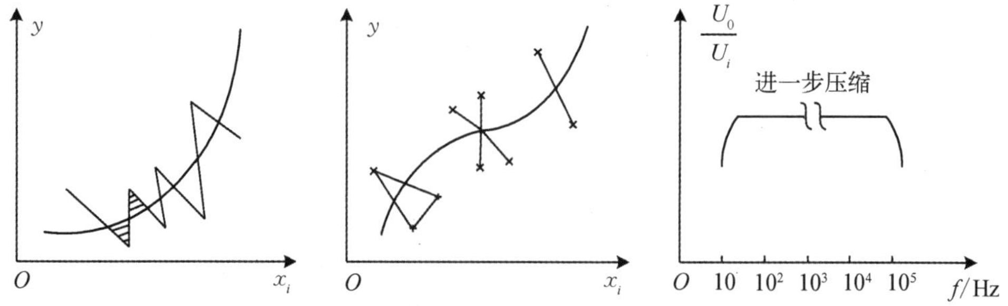

(a) 等积平滑法 (b) 分组折中法 (c) 对数压缩法

图 1.7　测量结果图形描述和对数压缩

① 先将测量数据 x_i 标在坐标上，然后连成折线，最后描成一条光滑曲线，使其左右面积相等，相当于取平均值。

② 在坐标数据点中，相邻每组 2～4 点连成直线、三角形或四边形，分别找出其重心点，再将重心点连成光滑曲线，具有平均效果。

③ 注意坐标和分度的选择：当测量数据有几个量级变化时，可用对数压缩坐标。当某一宽范围内变化很小时，可用断裂线进一步把曲线压缩，突出了频率响应曲线两端的影响程度。

【例 1.8】 对约 1 km 的距离 x 进行五位有效数字的 25 次测量，求被测量的可信值。

解：(1) 对 25 次被测数据 x_i 按测量顺序排列如表 1.1。

(2) 计算算术平均值

$$\bar{x}=\frac{1}{25}\sum_{i=1}^{25}x_i=0.989\ 33(\text{km})$$

(3) 计算每次测量的剩余误差 $\bar{\Delta}_i=x_i-\bar{x}$ 及 $(\bar{\Delta}_i)^2$ 填入表 1.1 中。

(4) 计算均方根误差

$$\sigma=\sqrt{\frac{\sum_{i=1}^{25}\bar{\Delta}_i^2}{25-1}}=0.042\ 88$$

(5) 用 $|\bar{\Delta}_i|>3\sigma$ 准则判断粗差，发现 $|\bar{\Delta}_{24}|=0.129\ 30>3\times0.042\ 88=0.128\ 64$，则 x_{24} 为粗差，予以剔除。重复步骤(2)以后的计算，此时剩下 24 个数据：

$$\bar{x}=\frac{1}{24}\sum_{i=1}^{24}x_i=\frac{25\times0.989\ 33-0.860\ 03}{24}=0.994\ 72(\text{km})$$

计算每次测量的剩余误差及其平方值，填入表中。

计算均方根误差

$$\sigma=\sqrt{\frac{\sum_{i=1}^{24}\bar{\Delta}_i^2}{24-1}}=0.034\ 08$$

在 24 个数据中，最大的 $|\bar{\Delta}_{20}|=0.105\ 28>3\times0.034\ 08=0.102\ 24$，则 $x_{20}=1.100\ 00$ 为粗差，予以剔除。再重复步骤(2)以后的计算：

$$\bar{x}=\frac{1}{23}\sum_{i=1}^{23}x_i=\frac{24\times0.994\ 72-1.100\ 00}{23}=0.990\ 14(\text{km})$$

计算每次测量的剩余误差及其平方值，填入表中。

计算均方根误差

$$\sigma=\sqrt{\frac{\sum_{i=1}^{23}\bar{\Delta}_i^2}{23-1}}=0.027\ 24$$

在 23 个数据中，最大的 $|\bar{\Delta}_{16}|=|0.903\ 28-0.990\ 14|=0.086\ 86>3\times0.027\ 24=0.081\ 73$，则 $x_{16}=0.903\ 28$ 为粗差，予以剔除。再重复步骤(2)以后的计算：

$$\bar{x}=\frac{1}{22}\sum_{i=1}^{22}x_i=\frac{23\times0.990\ 14-0.903\ 28}{22}=0.994\ 09(\text{km})$$

计算每次测量的剩余误差及其平方值，填入表中。

计算均方根误差 $\sigma=\sqrt{\frac{\sum_{i=1}^{22}\bar{\Delta}_i^2}{22-1}}=0.018\ 59$

在 22 个数据中，最大的 $|\bar{\Delta}_{13}|=0.054\ 09<3\times0.018\ 59=0.055\ 77$，可以确认 22 个数据中不存在粗差，可以进行如表 1.2 所示的计算。

表 1.2 例 1.8 测量数据计算表

i	$x_i-\bar{x}=\bar{\Delta}_i$	$(\bar{\Delta}_i)^2\times10^{-4}$	$(\bar{\Delta}_i)^2=(x_i-0.994\ 72)^2$	$(\bar{\Delta}_i)^2=(x_i-0.990\ 14)^2$	$(\bar{\Delta}_i)^2=(x_i-0.994\ 09)^2$
1	1.001 41−0.989 33=0.012 08	1.459 26	$(0.006\ 69)^2$	$(0.011\ 27)^2$	$(0.007\ 32)^2$
2	0.992 47−0.989 33=0.003 41	0.098 59	$(-0.002\ 25)^2$	$(0.002\ 33)^2$	$(-0.001\ 62)^2$
3	0.980 00−0.989 33=−0.009 33	0.870 48	$(-0.014\ 72)^2$	$(-0.010\ 14)^2$	$(-0.014\ 09)^2$
4	0.990 05−0.989 33=−0.000 72	0.005 18	$(-0.004\ 67)^2$	$(-0.000\ 09)^2$	$(-0.004\ 04)^2$
5	1.004 39−0.989 33=0.015 06	2.268 03	$(0.009\ 67)^2$	$(0.014\ 25)^2$	$(0.010\ 30)^2$
6	1.005 19−0.989 33=0.012 26	1.503 07	$(0.010\ 47)^2$	$(0.015\ 05)^2$	$(0.011\ 10)^2$
7	0.987 69−0.989 33=−0.001 64	0.026 89	$(-0.007\ 03)^2$	$(-0.002\ 45)^2$	$(-0.006\ 40)^2$
8	1.001 85−0.989 33=0.012 52	1.567 50	$(0.007\ 13)^2$	$(0.011\ 71)^2$	$(0.007\ 76)^2$
9	1.004 07−0.989 33=0.014 74	2.172 67	$(0.009\ 35)^2$	$(0.013\ 93)^2$	$(0.009\ 98)^2$
10	1.006 06−0.989 33=0.016 73	2.798 92	$(0.011\ 34)^2$	$(0.015\ 92)^2$	$(0.011\ 97)^2$
11	1.001 56−0.989 33=0.012 33	1.495 72	$(0.004\ 14)^2$	$(0.011\ 42)^2$	$(0.007\ 47)^2$
12	0.993 75−0.989 33=0.004 42	0.195 36	$(-0.000\ 97)^2$	$(0.003\ 61)^2$	$(-0.000\ 34)^2$

续 表

i	$x_i-\bar{x}=\bar{\Delta}_i$	$(\bar{\Delta}_i)^2\times10^{-4}$	$(\bar{\Delta}_i)^2=(x_i-0.99472)^2$	$(\bar{\Delta}_i)^2=(x_i-0.99014)^2$	$(\bar{\Delta}_i)^2=(x_i-0.99409)^2$
13	0.940 00−0.989 33=−0.049 33	24.334 48	$(-0.05472)^2$	$(-0.05014)^2$	$(-0.05409)^2$
14	1.010 57−0.989 33=0.021 24	4.511 37	$(0.01585)^2$	$(0.02043)^2$	$(0.01648)^2$
15	1.004 46−0.989 33=0.015 13	2.289 16	$(0.00974)^2$	$(0.01432)^2$	$(0.01037)^2$
16	0.903 28−0.989 33=−0.086 15	74.046 02	$(-0.09144)^2$	$(-0.08686)^2$	×
17	1.010 08−0.989 33=0.020 75	4.305 62	$(0.01536)^2$	$(0.01994)^2$	$(0.01599)^2$
18	0.987 27−0.989 33=−0.002 06	0.042 43	$(-0.00745)^2$	$(-0.00287)^2$	$(-0.00682)^2$
19	0.980 56−0.989 33=−0.008 77	0.769 12	$(-0.01416)^2$	$(-0.00958)^2$	$(-0.01353)^2$
20	1.100 00−0.989 33=0.110 67	122.478 48	$(0.10528)^2$	×	×
21	1.015 58−0.989 33=0.026 25	6.890 62	$(0.02086)^2$	$(0.02544)^2$	$(0.02149)^2$
22	0.957 33−0.989 33=−0.032 0	10.240 0	$(-0.03739)^2$	$(-0.03281)^2$	$(-0.03676)^2$
23	0.978 83−0.989 33=−0.010 5	1.102 5	$(-0.01589)^2$	$(-0.01131)^2$	$(-0.01526)^2$
24	0.860 03−0.989 33=−0.129 30	167.184 9	×	×	×
25	1.016 85−0.989 33=0.027 52	7.573 50	$(0.02213)^2$	$(0.02671)^2$	$(0.02276)^2$

(6) $\bar{x}=0.99409$(km) 的均方差

$$\bar{\sigma}=\frac{0.01859}{\sqrt{25-3}}=0.00396$$

(7) 得出被测量的可信值

$$x=\bar{x}\pm3\bar{\sigma}=0.99409\pm0.01188(\text{km})$$

或 $x=0.98221\sim1.00597$ km，或 $x=0.99409$ km$\pm1.2\%$。

【例 1.9】 两套测频系统，各用一种方案测量频率，系统Ⅰ用方案 A，测量 4 次，求得 $\sigma_1=0.1$ Hz；系统Ⅱ用方案 B，测量 25 次，求得 $\sigma_2=0.2$ Hz，问哪套系统测量精度高？哪种方案操作简便？

解： $\bar{\sigma}_1=\frac{\sigma_1}{\sqrt{N_1}}=\frac{0.1}{\sqrt{4}}=0.05$ Hz，$\bar{\sigma}_2=\frac{\sigma_2}{\sqrt{N_2}}=\frac{0.2}{\sqrt{25}}=0.04$ Hz<0.05 Hz，由于误差小，所以系统Ⅱ测量精度高。因为测量次数 $N_1<N_2$，故方案 A 操作简便。

思考题 1

1.1 敏感元件、转换器和电子测量电路各有何作用？转换器的转换特性说明了什么？如何选用传感器？

1.2 仓库的安全如何用传感器技术进行监控？举例说明粮仓的粮食保质所选用的传感器，以及石油储罐周围水槽的漏油检测选用何种传感器。

1.3 何谓红限频率？与电子和电路相比，光子和光路有何特点(含难点)？

1.4 “测量三参数”，为何是得到其他电参数的测量基础？举例说明直接测量的不可能、不准确和不方便。

1.5 说明实际值和相对误差的表达形式，不同等级和量程仪表的不确定度如何求得？

1.6 测量数据怎样整理？何谓有效数字？试举例说明有效数字舍入规则。

1.7 试画出直接测量数据处理的程序框图，对三种不同性质的误差作如何处理？

1.8 测量结果的表达式和图形描述说明了什么？

练习题 1

1.1 设定非线性误差 $\gamma \leqslant 5\%$。试求量程 y_m 的表达式，参见图 1.2(c)求出拟合直线方程，及其灵敏度、分辨率和测量范围。

1.2 改正下列测量结果的写法：

(1) 3.35 MHz ±5.8 kHz　　(2) 7.850 0 V ± 0.253 V

(3) 320 014 Ω± 528 Ω　　(4) 2.5 A ± 1.683×10^{-6} A

1.3 两种电阻电桥传感器如图所示。当转角居中时($\Delta R=0$)，电桥平衡，输出电压 $U_o=0$；当转角变化时，电位器变化 ΔR。试分别求出 U_o 与 $\dfrac{\Delta R}{R}$ 的关系式，有一种的灵敏度高多少？

(提示：先求 U_b 和 U_a，则 $U_o=U_{ab}=U_b-U_a$，$S=\dfrac{U_{ab}}{\dfrac{\Delta R}{R}}$)

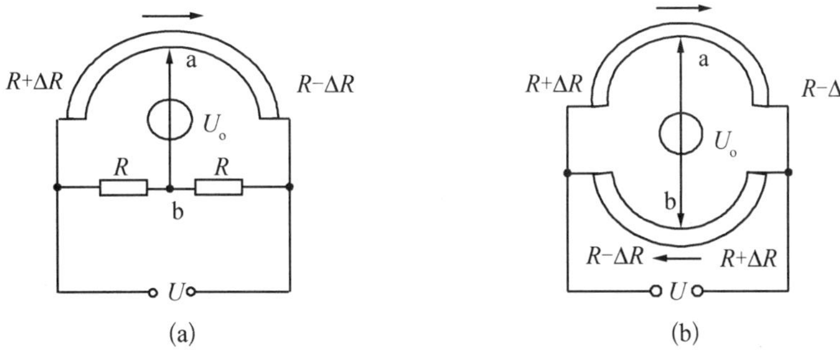

题 1.3 图

1.4 如图所示的电感、电容串联谐振电路，其输入电压 $U_i=1$ V，频率 $f=1$ MHz，调节电容 $C=500$ PF 时，测得最大输出电压 $U_o=100$ V，试求被测电感 L_x，其损耗电阻 r_L，并计算谐振曲线上的通频带 f_B。此时若接入被测电容 C_x，调节 $f=0.5$ MHz，U_o 呈现最大值，问 C_x 为多少？

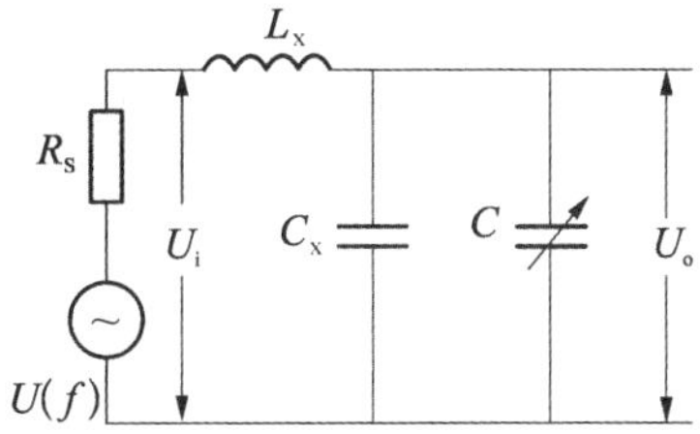

题 1.4 图

1.5 下列几种误差中，属于随机误差的有________，属于系统误差的有________，属于粗大误差的有________。① 仪表未校零；② 测频时的量化误差；③ 读数错误；④ 运放理想化引起的误差；⑤ 环境条件突变；⑥ 噪声干扰。

1.6 已知某传感器的转换特性为$U=8x$（mV），当位移量x(mm)=0，1，2，3，4，5 时，测得输出电压U(mV)=0.1，8.0，16.3，24.1，31.6，39.7。求出其最大绝对误差和仪表量程为 50 mV 时的仪表精度等级。（提示：$\Delta=x-a=U-8x$，从中找出Δ_m）

1.7 设电流表满度值为 50 A，测量示值为 20 A，而标准安培计测出 20.5 A，求绝对误差、修正值和相对误差（两种）。

1.8 用一个新电压表去校正旧表，分别测得 0.234 V 和 0.22 V。求旧表的修正值、相对误差（2 种）和实际值。

1.9 0.1 级量程为 10 A 的电流表，经检定，它的绝对误差在−9 mA 到 8 mA 之间，问该表合格否？

1.10 1.5 级的电压表在 3 V 量程上测一个实际值为 2 V 的电压时，求仪表测量值的不确定度，并写出测量结果（题 1.2 改正后的写法）。

1.11 考核一个测量结果好坏是看其① $\bar{\Delta}_i=x_i-\bar{x}$，② $\bar{x}$，③ $\bar{\sigma}$，④ σ，其余三个为何不正确？

1.12 对某一电压进行 12 次等精度测量，经整理和系统误差修正后的测量数据为：10.62 V，10.81 V，10.75 V，10.78 V，10.83 V，10.94 V，10.78 V，8.05 V，10.79 V，10.96 V，10.78 V，10.92 V，试进行数据处理，并给出测量结果$U=\bar{U}\pm 3\bar{\sigma}$值。（按序列表，不可少步骤。）

第 2 章　传感器及检测技术

各行各业的自动检测过程以及在安全防范技术中，广泛应用各种传感器，常以被测量命名，如温度传感器、压力传感器、流量传感器、光学量和位移传感器等。本章介绍这些典型传感器时结合检测技术，以突出应用方法。同时，每种传感器各成模块，易于调整或更新，以适用于不同的学习目的。

2.1 温 度 检 测

知识点与能力目标

◇ 熟悉温度不同量值和计算公式，能对经验温标与国际温标进行相互转换；

◇ 了解温度传感器工作原理，能选用半导体温度传感器、热电偶温度计和红外辐射测温仪等。

温度表征物体或系统的冷热程度、能量分配状况和内部分子运动的剧烈程度。它与生活、生产和科学研究关系最为密切。温度信息就像空气的存在一样，普遍存在而容易被忽视。

2.1.1 温标

温标是衡量温度高低的标准，它给出了温度的数值、单位和一套规则，常用的有两种温标。

1. 经验温标

用实验方法或经验公式所确定的摄氏温标(C)和华氏温标(F)等，它们的数值换算关系为

$$t_C = \frac{5}{9}(t_F - 32) \tag{2.1}$$

单位分别为℃和℉。把标准大气压下水的冰点定为 0℃，把水的沸点定为 100℃，每一等分为 1℃。

2. 国际温标

建立一种既能体现热力学温度，又容易实现的国际温标(T)，又称绝对温度，单位为开

尔文(K),与摄氏温度的数值关系为

$$T = T_0 + t_C \tag{2.2}$$

其中,$T_0 \approx 273$ K 是在标准大气压下冰的融化温度,即 $t_C = 0$℃时,$T = T_0$;当 $T = 0$ K 时,$t_C = -273$℃,分子停止运动,无热量显示,只有当 $T > 0$ K 时,才可测到反映能量的温度。表 2.1 综合了几种相变温度。

表 2.1　几种相变温度表

温　　度	T/K	t_C/℃	t_F/℉
水的沸点	373	100	212
水的冰点	273	0	32
华氏零度	255	−18	0
绝对零度	0	−273	−459
正常人体温度	310	37	99
舒适室温	293	20	68
华氏、摄氏等点	233	−40	−40
铜的沸点	2 968	2 595	4 703
铜的熔点	1 356	1 083	1 981
氢的沸点	20	−253	−423
氢的熔点	14	−259	−434

【例 2.1】 测得人体温度 37℃,试求绝对温度和华氏温度。在计算中为何"不同单位"可以加减?

解: 绝对温度

$$T = T_0 + t_C = 273 + 37 = 310(\text{K})$$

由 $t_C = \frac{5}{9}(t_F - 32)$,得华氏温度

$$t_F = \frac{9t_C}{5} + 32 = \frac{9 \times 37}{5} + 32 = 98.6℉$$

摄氏、华氏和开氏的每度变化值相同,故不同温标转换时,可以进行加减运算。总之,**温度两标准,相互能转换,式中三单位,等分均为度。**

2.1.2　温度传感器的介绍

温度传感器又称为温度计,用于接触式测量温度的有膨胀式温度计、热阻式温度计和热电式温度计等;用于非接触式测量温度的有光探测器和红外辐射测温仪等。常用测温方式、类型及特点见表 2.2。这里重点介绍半导体温度传感器、热电偶温度计和红外辐射测温仪等。

表 2.2 温度传感器的类型和特点

测温方式	温度计或传感器类型			测量范围/℃	精度/%	特点
接触式	热膨胀式	水银		−50～650	0.1～1	简单方便，易损坏(水银污染)；感温部大。
		双金属		0～300	0.1～1	结构紧凑、牢固可靠。
		压力	液体	−30～600	1	耐振、坚固、价廉；感温部大。
			气体	−20～350		
	热电偶	铂铑-铂		0～1 600	0.2～0.5	种类多、适应性强、结构简单、经济方便、应用广泛。须注意寄生热电势及动圈式仪表电阻对测量结果的影响。
		其他		−200～1 100	0.4～1.0	
	热电阻	铂		−260～600	0.1～0.3	精度及灵敏度均较好，感温部大，须注意环境温度影响。
		镍		−500～300	0.2～0.5	
		铜		0～180	0.1～0.3	
		热敏电阻		−50～350	0.3～0.5	体积小，响应快，灵敏度高，线性差，须注意环境温度影响。
非接触式	辐射温度计			800～3 500	1	非接触测温，不干扰被测温度场，辐射率影响小，应用简便。
	光高温计			700～3 000	1	
	热探测器			200～2 000	1	非接触测温，不干扰被测温度场，响应快，测量范围大，适于测温度分布，但易受外界干扰，标定困难。
	热敏电阻探测器			−50～3 200	1	
	光子探测器			0～3 500	1	
其他	示温涂料	碘化银、二碘化汞、氯化铁、液晶等		−35～2 000	<1	测温范围大，经济方便，特别适于大面积连续运转零件上的测温，精度低，人为误差大。

1. 半导体温度传感器

半导体具有热敏性、光敏性和掺杂性，可构成体型或结型的敏感元件，如热敏电阻，光敏或电磁敏等器件。半导体与其他器件和电路组合而成的集成温度传感器，可改善其性能及扩展功能，如具有力敏、气敏和湿敏等特性，用于接触式测量或非接触式测量。现举例介绍如下。

(1) 热敏电阻的温度特性和主要用法。

热敏电阻是利用半导体的伏安特性(电阻率 ρ)随温度变化的特性制成的。其温度性能可分为负温度系数 NTC 型、正温度系数 PTC 型和临界(急变)温度系数 CTR 型三种，后两种具有开关特性，如图 2.1 所示。

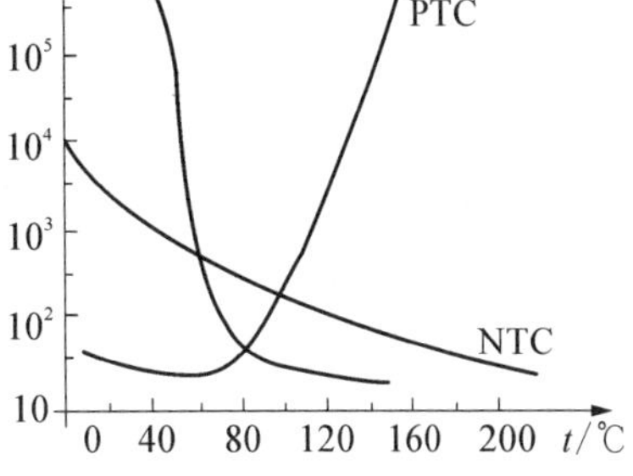

图 2.1 三类热敏电阻的性能

其中以 NTC 线性型应用较多，在较小的温度范围内其电阻与温度的关系为

$$R_T = R_0 e^{B\left(\frac{1}{T}-\frac{1}{T_0}\right)} \tag{2.3}$$

式中，R_T和R_0为国标温度 T、T_0时的电阻值；B 为材料的温度系数，其优点是灵敏度高，体积小，寿命长和价格低等；其缺点是非线性严重，测温范围窄（−50℃～300℃），以及复现性和互换性差等。主要用法有以下几种：

① 用热敏电阻 R_T进行温度测量。

基于物联网的道路状况参数监测节点上的温度传感器应用举例：

为道路参数监测节点选择温度传感器时，主要考虑的因素涉及传感器功耗、供电电压、测温精度、封装、与监测节点控制器（MCU）的兼容性等。如采用 YSI 公司的 44006 热敏电阻。该热敏电阻具有很高的精度和稳定性，经仔细校验，测量精度能达到 0.2℃，测量电路如图 2.2 所示。这种传感器测量电路简单，温度测量精度取决于校验和 A/D 采集精度。

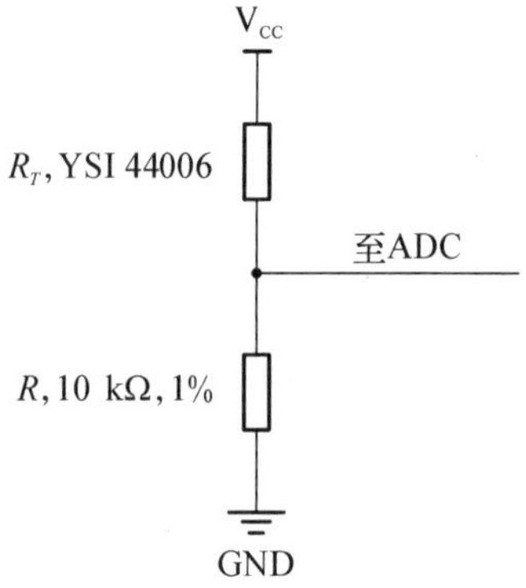

图 2.2 热敏电阻测温原理图

② 将热敏电阻 R_T接入电桥进行测温对热电偶进行温度补偿，如图 2.7 所示的测量参考端温度。也可将负温系数的热敏电阻 R_T与被补偿的正温系数元件 R_L 串联，进行温度补偿，如图 2.3 所示。

③ 热敏电阻 R_T与继电器绕组 J 或开关相连，并加上恒定的电压，当温度变化时可用作温度控制。

④ 热敏电阻与被保护的器件紧密结合在一起，充分热交换，一旦过热或过冷，则起保护作用，称过限保护，图 2.4 为温度控制和晶体管过热保护。

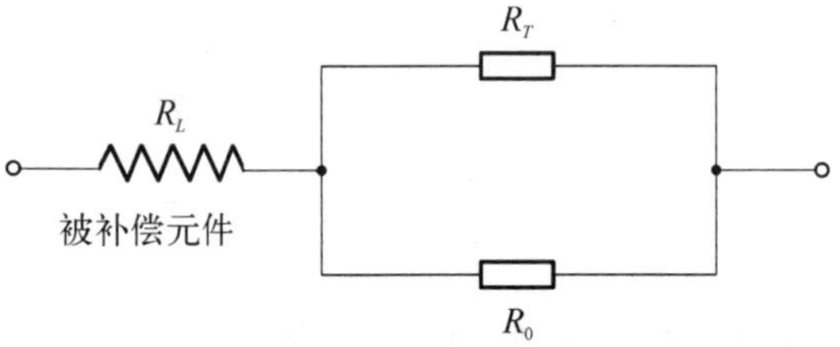

图 2.3 仪表中的温度补偿

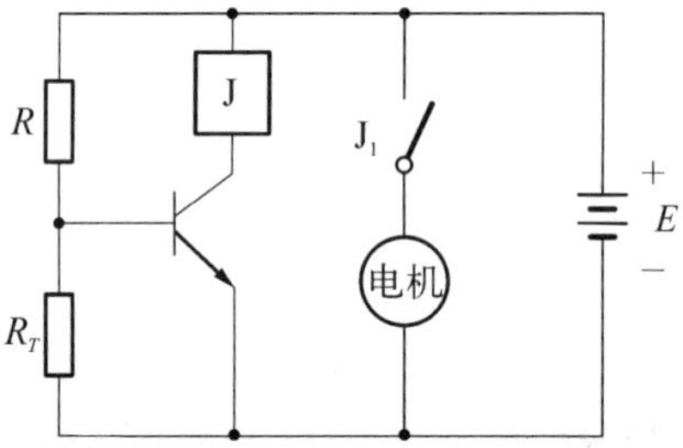

图 2.4 温度控制和晶体过热保护

(2) 集成温度传感器。

利用半导体 PN 结的电流、电压特性与温度的关系，以 PN 结的二、三极管作为敏感元件，与放大器、电桥和补偿电路等集成化，并把它们封装在同一壳体里的一种一体化温度检测元件。它除了与半导体热敏电阻一样的优点外，还有线性好、性能高和抗干扰能力强等特点。虽其测温范围较小，但在许多领域得到广泛应用。例如集成温度传感器 AD590 应用在绝对温度测量，如图 2.5 所示。其输出电流为：$I_0 = kT$，与绝对温度 T 成正比（k 为常数），调整电阻 $R=1$ kΩ 左右，可使输出

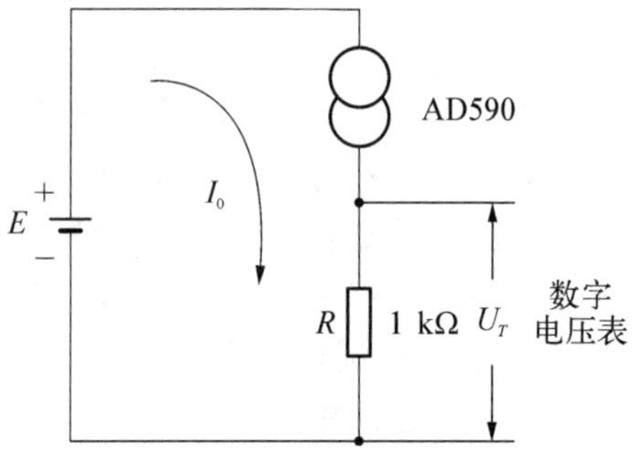

图 2.5 绝对温度测量

电压$U_T=1\ \mathrm{mV/K}$，数字电压表显示每毫伏(mV)对应$T=1\ \mathrm{K}$。用于多点温度测量、温差测量和温度控制。

2. 热电偶温度计

热电偶也是比较简单和应用广泛的温度传感器，是有源热电传感器的主要类型。它由两种不同电子密度的金属A和B作正负电极，两端点接触组成闭合回路，如图2.6所示。如果两端温度不同，即$t\neq t_0$，就能产生由接触电势和温差电势所组成的热电势：

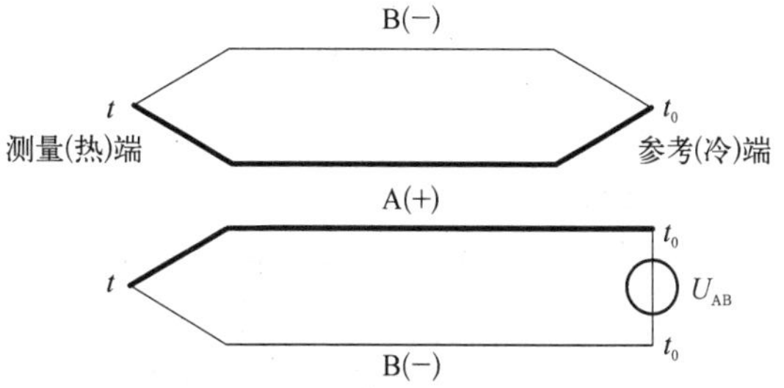

图2.6 热电偶及热电势

$$U_{AB}=S(t-t_0) \tag{2.4}$$

其灵敏度S由金属材料决定，也可由温差$(t-t_0)$及输出电压U_{AB}求得，可谓两种金属(A和B)，两端温差$(t-t_0)$，冷端恒定(t_0不变)，输出确定(U_{AB}单值)。热电偶具有测温范围大(−200℃～3 000℃)和稳定可靠等优点，但其参考(冷)端的温度t_0需要处理。为使冷端输出电压U_{AB}与被测温度t成单值关系，要求$t_0=0$℃或恒定值作为参考温度，但t_0要受到测量端和环境的温度影响，是产生测量误差的主要原因。克服办法如下：

(1) 冰浴法：置冷端于冰水内，可在实验室中校正$t_0=0$℃用。

(2) 补偿法：为使冷端温度不受测量点的温度影响，冷端可用补偿导线延伸出来，但其作用只是延伸热电偶的参考端，当$t_0\neq 0$℃或浮动时还需要进行修正和补偿，前者可用下述的计算修正法，后者常采用电桥产生的电势来补偿因冷端温度变化而引起的变化值ΔU_{AB}，如图2.7所示。

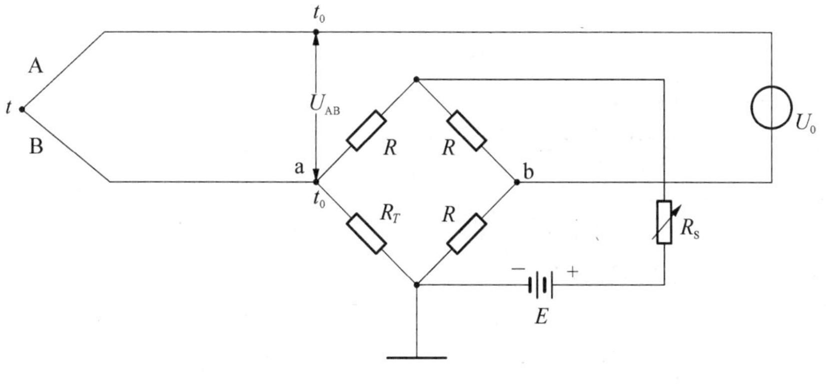

图2.7 冷端温度补偿电路

如果受测量端和环境温度影响，由补偿导线延伸的t_0也随之波动，使热敏电阻R_T感受t_0的变化，其阻值为$R_T=R\pm\Delta R$，当$t_0=20$℃时，取$R_T=R$，电桥输出$U_{ab}=U_b-U_a=E\dfrac{R}{2R}-E\dfrac{R}{2R}=0$，电桥平衡，$U_0=U_{AB}+U_{ab}=U_{AB}$，相当于电桥不存在。当$t_0\neq 20$℃时，$U_{AB}\pm\Delta U_{AB}$和$R_T=R\pm\Delta R$，则

$$U_{ab}=U_b-U_a=E\frac{R}{2R}-E\frac{R\pm\Delta R}{2R\pm\Delta R}\approx\mp\frac{E}{4}\cdot\frac{\Delta R}{R} \tag{2.5}$$

这时，$U_0=U_{AB}\pm\Delta U_{AB}\mp\left(\frac{E\Delta R}{4R}\right)$，可调节 R_s 使 $\left|\frac{E\Delta R}{4R}\right|=|\Delta U_{AB}|$，$\Delta U_{ab}$ 与 ΔU_{AB} 变化方向相反，则 $U_0=U_{AB}$ 与 $t_0=20$℃ 恒定一致。如用 NTC 线性型热敏电阻作 R_T，可实现冷端温度波动的自动补偿。如果有多个热电偶测温，宜用补偿导线将所有冷端连接串、并联到同一温度处，只要一个 R_T 及其 t_0 的修正值，用计算机进行采样及处理，大大提高了多点巡检的速度。采用热电偶串、并联的接法还可测量两点温差、多点温度的平均值及多点温度之和。图 2.8 为两个热电偶应用的接法，但应注意需用同一型号、同极串联的热电动势相减、异极串联（热电堆）的热电动势相加和同极并联的热电动势取平均值（串入较大电阻可减小热电偶内阻的影响）等要点。

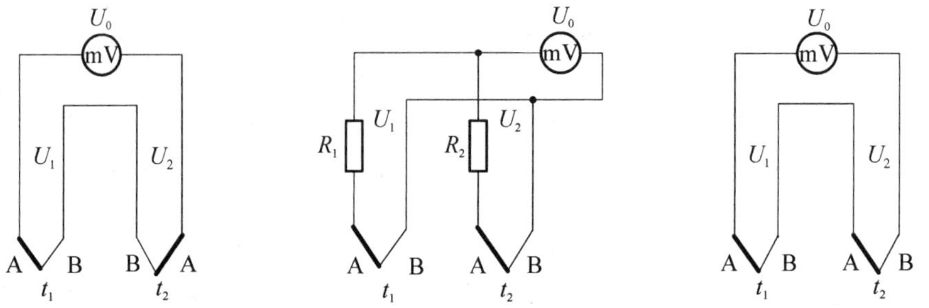

(a) 同极串联测量两点间温差　(b) 同极并联测量平均温度　(c) 异极串联测量温度之和

图 2.8　热电偶的串、并联应用

（3）计算修正法，当 $t_0\neq0$℃ 时，还可用公式和查分度表法进行修正，修正后值

$$U_{AB}(t,\ 0)=U_{AB}(t,\ t_0)+U_{AB}(t_0,\ 0) \tag{2.6}$$

式中 $U_{AB}(t,\ t_0)$ 是已知测定值，而修正值 $U_{AB}(t_0,\ 0)$ 要去查该型号热电偶的分度表。这时表中的工作温度为 t_0，再用相加后的 $U_{AB}(t_0,\ 0)$ 值，又从分度表的工作温度中查得被测物体的实际温度 t，可举例进行练习。

【例 2.2】 用镍铬-镍硅的热电偶测量温度，当冷端温度为 30℃，热端输出电压为 39.17 mV 时，求出被测实际温度值。

解：采用热电势修正法，由镍铬-镍硅的热电偶的分度表查出 $U_{AB}(30,\ 0)=1.20$ mV，可得 $U_{AB}(t,\ 0)=(39.17+1.20)$ mV $=40.37$ mV。再通过分度表查出对应的实际温度 $t=977$℃。

如用温度修正法，则被测的实际温度为 $t=t'+kt_0$，这里 t' 为 $t\neq t_0$ 时的仪表指示温度，由 $U_0=39.17$ mV，查分度表得 $t'=946$℃，当 $t_0=30$℃时，查得热电偶的修正系数 $k=1.00$，则 $t=(946+1.00\times30)$℃ $=976$℃，与热电势修正法所得结果相比，只差 1℃，因而这种方法在工业上应用较广泛。

热电偶测温产生误差原因：① 热电偶不一致，包括其内阻不同，或外接电阻 $R_1\neq R_2$（较大 R_1 和 R_2 可减少内阻影响）；② 负载电阻 $R_0\neq\infty$。

3. 红外线热辐射的检测

(1) 红外线及其特性。

红外线也称红外光或红外辐射，它是一种电磁波，其波长范围在电磁波谱中的位置，如图 2.9 所示。

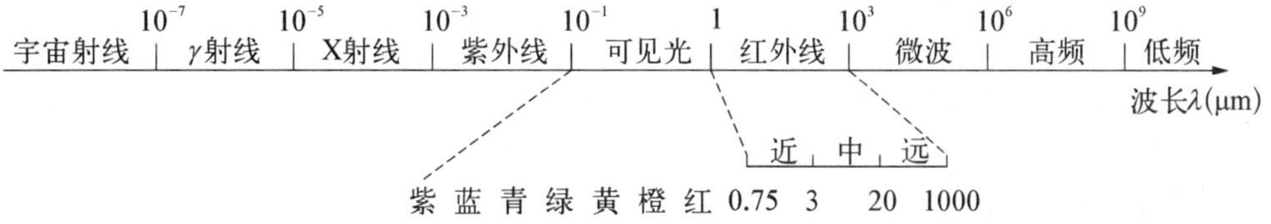

图 2.9 电磁波谱

红外线是介于可见光和微波之间的一种不可见光，能辐射热量，它是光谱中最大光热效应区，但具备可见光的一切特性，如直射、反射和折射，还有干涉、衍射和偏振等现象。

任何物体，只要绝对温度 $T>0$ K，就能激发原子中的带电粒子，并以电磁波的形式向空间辐射，当波长 $\lambda=0.75\sim1\,000$ μm 内为红外线，单位面积和时间内的辐射能量正比于 T，反比于 λ，辐射能量很难计算，与温度关系通常采用实验确定。任何物体也吸收周围物体的辐射能量，且正比于它的辐射强度。

(2) 热电型和光电型。

物体热辐射总能量包括各种波长的电磁波，对于整个红外线波段均有响应的称为红外热电型探测器，其灵敏度 S 不随波长而变，如图 2.10 所示。如用热敏电阻、热电偶和热释电晶体等作为敏感元件，在室温下使用方便，但其响应时间长，灵敏度较低，一般用于红外辐射变化缓慢的场合。仅对某一段波长有较高的灵敏度，并呈现灵敏度最大值 S_m，称红外光电型 探测器，其峰值的辐射波长 λ_m 与物体自身的绝对温度 T 成反比，即：

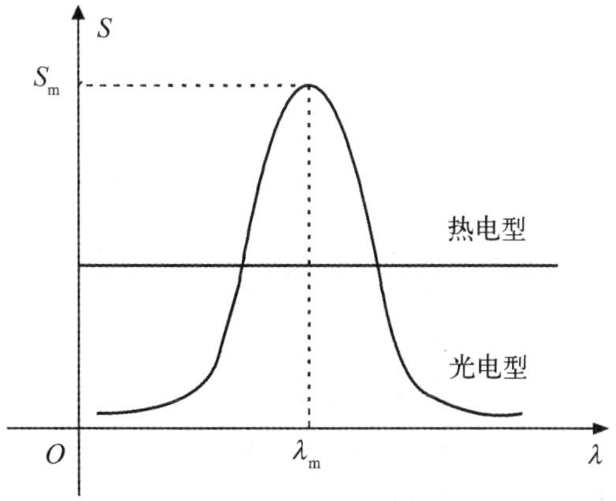

图 2.10 灵敏度与温度的关系

$$\lambda_m=\frac{2\,898}{T}(\mu m) \tag{2.7}$$

由上式可知，对应 0℃～100℃的 $\lambda_m=10.62\sim7.77$ μm，37℃人体温度的 $\lambda_m=9.35$ μm。利用半导体的光子效应，使光电半导体的电阻改变（ΔR）或光电池的电流变化（ΔI），所做成的光电型温度计，具有灵敏度高、响应速度快和响应频率高等优点，但其缺点是需要在低温下工作。

(3) 非接触式测温的特点。

上述两种类型的探测器，多用于非接触式测温，具有以下特点：

① 不破坏测温现场，对被测温度无影响。

② 不必达到被测物体的温度，所以测温快，理论上无测温上限。

③ 被测物体的热辐射能与温度的关系由实验方法确定，因此定标较复杂。

(4) 红外线测温仪举例。

本例是热电型的红外线接收器,又称为被动红外探测器,它由如下三部分组成:

① 光学系统。

用于瞄准被测物体,把其红外线聚焦到敏感元件上,它由聚光镜和遮光板等组成,后者由慢速电动机带转,用以切割连续的红外线,使传感器按 1 Hz 频率接收交变信号。聚光镜普遍使用菲涅耳透镜,可做成被动红外探测器,常用于安全防范技术中。

② 传感器。

采用热释电晶体作敏感元件,在红外照射下极化释放电荷,产生输入电压 U_G,经高阻抗 MOSFET 放大,得到足够的 U_s 输出,见图 2.11 的传感器。同时还用 NTC 型热敏电阻,以抵消由于环境温度变化所产生的测温误差。

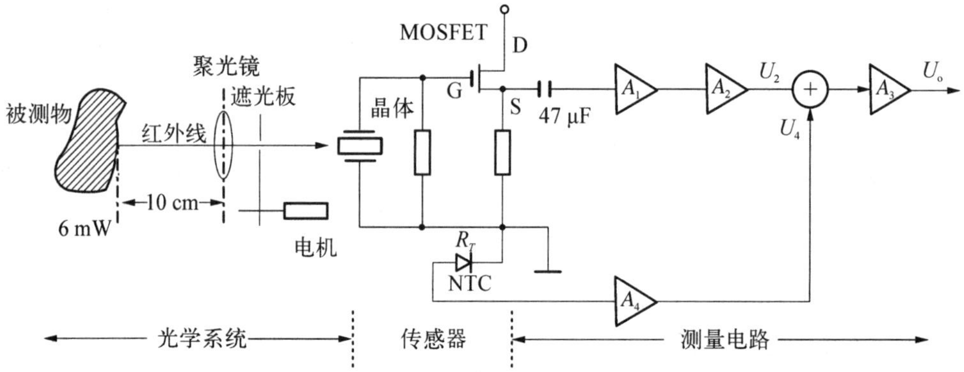

图 2.11 红外测温仪的组成

③ 测量电路。

首先,为了标定被测量,可规定 6 mW 能量和 10 cm 测距,遮光板产生 1 Hz 信号,经 47 μF 电容耦合到交流放大器 A_1,再经低通滤波器 A_2 滤去高于 7 Hz 的干扰信号,在 200℃ 满量程时,调整电位器使 A_2 输出 $U_2=3$ V。

然后,采用负温度系数为 −2 mV/℃ 的热敏电阻,在其工作特性曲线 0℃～200℃ 范围内,取 25℃ 时调电位器使放大器 A_4 输出补偿电压 $U_4=1$ V。

最后,同相放大器的放大倍数 $A_3=1$,在 200℃ 时输出满度电压 $U_0=4$ V,当小于 200℃ 后,以 −20 mV/℃ 的灵敏度线性地显示 4 V～1 mV 电压,来定标红外线热辐射能量。总之,一般仪表的定标方法可归结为:高端调满,低端校零,中段线性,按期校准。

2.2 压力与位移的检测

知识点与能力目标

◇ 分清绝对压力和相对压力,以及大气压与表压的关系;能相互换算压强单位。

◇ 掌握电桥测压工作原理,能选用应变电阻片和其他压电式传感器来测量压力。

◇ 熟悉位移传感器的工作原理,能根据不同要求进行测位、测距、测角或测过程。

力这个物理量既无法直接观察，也无法直接测量。间接测量的方法是将力转换为位移等可用非电量，再将其变化成间接或直接电量后进行测量。力作用在物体上，就表现为压强、加速度和力矩等，还可与物体重量（重力）相比较进行测量。

2.2.1 压强的概念及单位

（1）在测量上所称的压力就是物理学中的压强，它由受力面积 A 和垂直作用力 F 的大小所决定，其表达式为

$$p=\frac{F}{A} \tag{2.8}$$

国际单位制（SI）定义压强的单位是：1 N（牛顿）的力量垂直均匀地作用在 1 m^2 面积上，所形成的压强为 1 Pa（帕斯卡）。在工程上往往使用其他压强单位，如工程大气压的单位定义为 1 at=1 kgf/cm^2。标准大气压的单位为 atm，是指在纬度 45°的海平面上，0℃时的平均大气压。还有其他单位及换算方法，见表 2.3。

表 2.3 常用压强单位与帕之间的换算关系

单 位	帕/Pa	巴 /bar	毫巴 /mbar	约定毫米水柱 /mmH_2O	标准大气压/atm	工程大气压/at	约定毫米汞柱 /mmHg	磅力/英寸^2 /(lbf/in^2)
帕/Pa	1	1×10^{-5}	1×10^{-2}	$1.019\,716\times10^{-1}$	$0.986\,923\,6\times10^{-5}$	$1.019\,716\times10^{-5}$	$0.750\,06\times10^{-2}$	$1.450\,442\times10^{-4}$
巴/bar	1×10^{5}	1	1×10^{3}	$1.019\,716\times10^{4}$	0.986 924	1.019 716	$0.750\,06\times10^{3}$	$1.450\,442\times10$
毫巴/mbar	1×10^{2}	1×10^{-3}	1	$1.019\,716\times10$	$0.986\,923\,6\times10^{-3}$	$1.019\,716\times10^{-3}$	0.350 06	$1.450\,442\times10^{-2}$
约定毫米水柱/mmH_2O	$0.980\,665\times10$	$0.980\,665\times10^{-4}$	$0.980\,665\times10^{-1}$	1	$0.967\,8\times10^{-4}$	1×10^{-4}	$0.735\,56\times10^{-1}$	1.422×10^{-3}
标准大气压/atm	$1.013\,25\times10^{5}$	1.013 25	$1.013\,25\times10^{3}$	$1.033\,227\times10^{4}$	1	1.033 2	0.76×10^{3}	$1.469\,6\times10$
工程大气压/at	$0.980\,665\times10^{5}$	0.980 665	$0.980\,665\times10^{3}$	1×10^{4}	0.967 8	1	$0.735\,57\times10^{3}$	1.422×10
约定毫米汞柱/mmHg	$1.333\,224\times10^{2}$	$1.333\,224\times10^{-3}$	1.333 22	$1.359\,51\times10$	1.316×10^{-3}	$1.359\,51\times10^{-3}$	1	1.934×10^{-2}
磅力/英寸^2/(lbf/in^2)	$0.689\,49\times10^{4}$	$0.689\,49\times10^{-1}$	$0.089\,49\times10^{2}$	$0.703\,07\times10^{3}$	$0.680\,5\times10^{-1}$	0.707×10^{-1}	$0.517\,15\times10^{2}$	1

此表用法,先由纵列中找到被换算单位,再由横行中找到想要换算成的单位,两者的交点处便是换算比值。例如由工程大气压 at 换算成帕 Pa,先在单位行列里找到 at(在倒数第三行),在单位纵列里找到 Pa,在左边第一列,两者的交点处有数值 $0.980\ 665\times10^5$,故可知 $1\ \text{at}=0.980\ 665\times10^5\ \text{Pa}=0.098\ 066\ 5\ \text{MPa}\approx0.1\ \text{MPa}$。

又如由 at(工程大气压)换算成 lbf/in^2(磅力/英寸^2),可由表中倒数三行与最右边的一列交点处找到此值, $1\ \text{at}=1.422\ 398\times10\ \text{lbf/in}^2\approx14.2\ \text{lbf/in}^2$。

表 2.3 中约定毫米水柱 mmH_2O 是指 4℃时的水,即密度为 $1\ 000\ \text{kg/m}^3$ 的水所呈现的水柱高度。

(2) 测量压力时,有绝对压力和相对压力之分。绝对压力的数值是以真空(零压力)为起算点得到的环境大气压(简称大气压),完全由当时当地空气柱的重力所产生,与海拔高度和气象条件有关,可用专门的大气压力表测得绝对压力 p_0。各种普通压力表的指示值是相对压力,以环境大气压 $p_0=1$ 线作参考的称为表压,$\Delta p_0=p-p_0>0$ 称为正压,$\Delta p<0$ 称为负压(真空度)。如以其中一个被测压力作参考的称为差压 $\Delta p=p_2-p_1$,如图 2.12 所示。

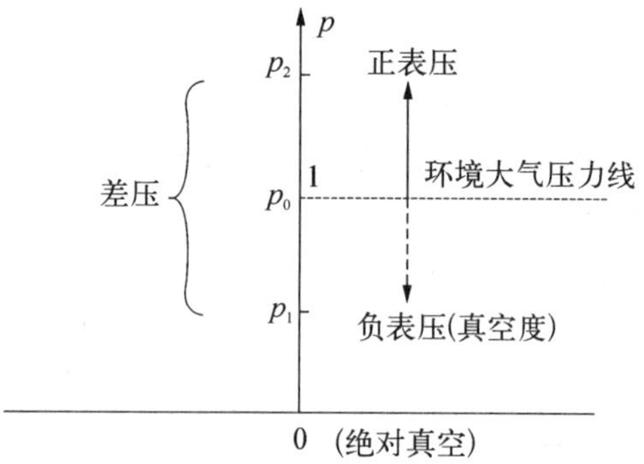

图 2.12 绝对和相对压力的关系

总之,**绝对参考大气压(p_0),相对差值是表压($\Delta p_0=p-p_0$),表压又分正负压($\Delta p_0>0$, $\Delta p_0<0$),两压相减为差压($\Delta p=p_2-p_1$)**。可分清绝对压力与相对压力,表压与差压,正压与负压。

2.2.2 压力传感器的介绍

压力传感器的种类很多,有金属或半导体做成的压阻式传感器,前者稳定性好,后者灵敏度高,均称为应变电阻片。还有电磁式霍耳传感器,以及由半导体、陶瓷或压电石英做成的压电式传感器等。

1. *应变电阻片及其用法*

将应变电阻片粘贴在测量压力的弹性元件表面上,当被测力变化时,弹性元件产生变形,这个变形应力使应变片的电阻也产生变化,变化电阻在电桥电路中产生不平衡的输出电压,其大小就是未知压力值。在电阻应变片式传感器中,最常用的转换测量电路是直流电桥,如图 2.13 所示,有下列几种情况:

(1) 温度自动补偿和单臂测力。一般情况下,应接成等臂电桥,且具有相同的温度系数,即 $R_1=R_2=R_3=R_4=R$,当无外力作用和有温度变化时,输出电压

$$U_{\text{ab}}=U_{\text{b}}-U_{\text{a}}=U\frac{R_4}{R_3+R_4}-U\frac{R_2}{R_1+R_2}=0$$

说明电桥平衡时,邻臂等值具有自动温度补偿功能,因为温度变化时,$R_1=R_2=R_2\pm\Delta R_2$,$R_3=R_4=R_4\pm\Delta R_4$,代入上式即可。

单臂受拉力时 $(R+\Delta R)$,则

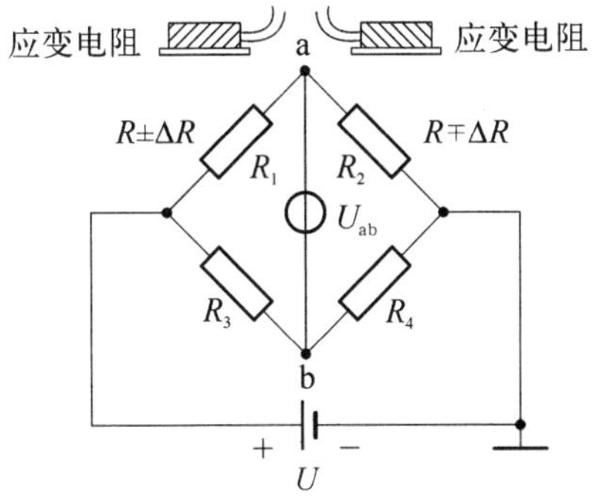

(a) 单、双臂电桥

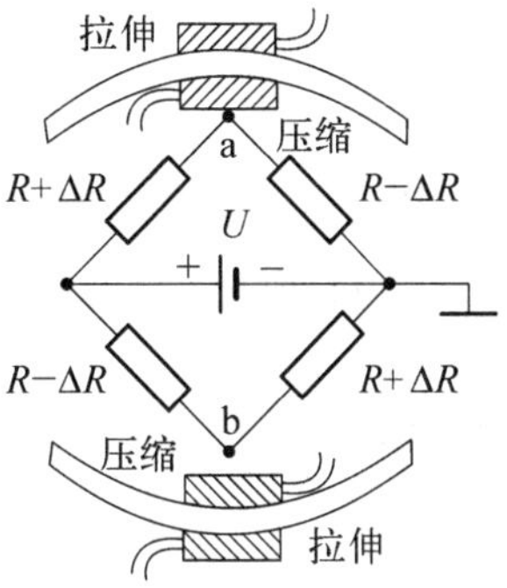

(b) 全桥电路

图 2.13　直流电阻电桥

$$U_{ab} = U_b - U_a = U\frac{R}{2R} - U\frac{R}{2R+\Delta R} = \frac{U}{4}\frac{\frac{\Delta R}{R}}{1+\frac{\Delta R}{2R}} \approx \frac{U}{4}\frac{\Delta R}{R} \tag{2.9}$$

单臂受力电桥的灵敏度 $S_{单} = \frac{U}{4}$。U_{ab} 大小代表受拉伸程度。这里忽略了非线性误差，$-\frac{\Delta R}{2R}\times 100\%$，但半桥电路和全桥电路则无非线性误差。

(2) 双臂电桥测量梁的受力弯曲程度。双臂反向受力时，其输出电压为

$$U_{ab} = U_b - U_a = U\frac{R}{2R} - U\frac{R-\Delta R}{2R} = \frac{U}{2}\frac{\Delta R}{R} \tag{2.10}$$

可见，邻臂接成差动式的半桥电路，其灵敏度提高了一倍，即 $S_{半} = 2S_{单}$。

(3) 全桥电路进行双梁检测，如图 2.13(b)所示。其输出电压为

$$U_{ab} = U\frac{R+\Delta R}{2R} - U\frac{R-\Delta R}{2R} = U\frac{\Delta R}{R} \tag{2.11}$$

四臂接成差动式的全桥电路，其灵敏度比双臂电桥又提高了一倍，即 $S_{全} = 2S_{半} = 4S_{单}$。

综上所述，差动电桥的输出电压自零开始，并可正可负，还具有较高的灵敏度、温度自补偿能力和无非线性误差等优点。如果换成交流电源 U(有效值)，则可将非线性变化的差动电感或差动电容转换成交流电压信号的线性输出，后续的测量电路可采用交流放大器和相敏检波器，其输出电压随被测量的大小和方向而变。在备制传感器芯片时，同时设计制造一些温度和非线性的补偿电路，以及信号放大和处理电路，就构成了集成压力传感器，如果进一步与微处理器相结合，就可组成智能传感器。

以基于物联网的道路状况参数监测节点上的压力传感器应用为例：

为道路参数监测节点选择压力传感器时，主要考虑的因素是传感器功耗、供电电压、信号输出方式、封装、信号调理电路功耗复杂度等。一般选用基于 MEMS(Micro-Electro-Mechanical System，微机电系统)技术硅压阻原理研制的传感器。一般内部集成信号调理电路、A/D 转换、温度补偿，并具有通用接口直接和微控制器相连，具有精度高、功耗低、体积

小、使用简单等特点。

(4) 测压系统实例。

应变式压力测量系统如图 2.14 所示,该系统由多个应变电阻片传感器、多路电桥、信号处理器和记录仪等所组成,其中多路电桥和信号处理器又称多通道动态应变仪,采用载波调制式和相敏检波器等电路。

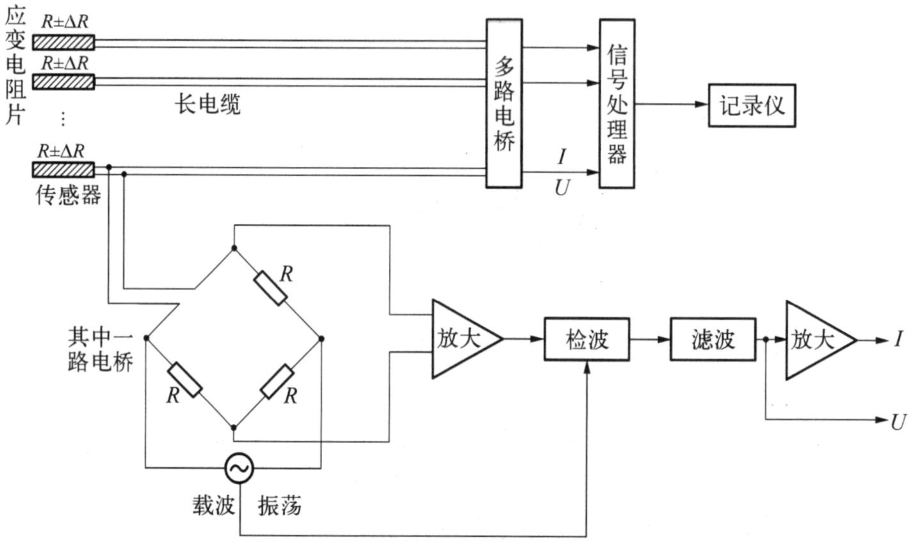

图 2.14 多通道调制型应变仪测压系统

多个传感器与多通道动态应变仪相连,其连接电缆应采用对称性能较好的四芯长电缆,以免因阻抗不同而在长距离传输时各路电桥的零点难以调整。同时,应减少和消除电线抖动引起的不平衡信号叠加到被测信号上。

采用现场直接标定。其标定曲线包括了长线传输的影响以及系统增益变化的影响。现场定标能使标定结果可靠和测量数据处理简便。

【例 2.3】 某测压系统的输出电流与压力的关系,如下表所测,试求该测压系统线性段的灵敏度和非线性误差。

压力/MPa	0	0.2	0.4	0.6	0.8	1.0
电流/mA	4	7	10	13	16	20

解: 从所测数据或所画转换特性曲线可知,其线性段灵敏度为

$$S=\frac{\Delta y}{\Delta x}=\frac{\Delta I}{\Delta p}=\frac{16-4}{0.8-0}=\frac{120}{8}=15(\mathrm{mA/MPa})$$

如果全量程线性,应是 1 MPa 对应 19 mA,这里产生了非线性误差:

$$\gamma=\frac{\delta_{\mathrm{m}}}{y_{\mathrm{m}}}=\frac{20-19}{20-4}=\frac{1}{16}\approx 6\%$$

另外,如果压力与流量(或平均流速)成正比,输出电流与脉冲数成正比,同样可求流量

传感器的灵敏度和非线性误差。

2. 霍耳(Hall)元件及用法

一片 N 型半导体放在垂直于磁场中(磁感应强度为 B),当有电流 I 时,将产生霍耳电压:

$$U_H = K_H B I \tag{2.12}$$

如图 2.15 所示,K_H为灵敏度,B 或 I 方向改变,U_H的方向也随之改变。当 N 型半导体置于恒磁场中,即 B 为常数,则 $U_H = (K_H B) I$,呈线性关系,可测量电流 I 大小和方向,并获得功率 $P = I^2 R$。霍耳元件大多数用恒流源供电,这时 I 为常数,则 $U_H = (K_H I) B$,U_H与 B 呈线性关系,常用于以下几方面:

(1) 测量磁场大小和方向。

(2) 如果采用市电激励线圈,产生 $B = K_B I_B$,则可在不断开输电线时,测得市电电流 $I_B > 10^5$ A。

(3) 又因 $U_H = (K_H K_B) I \times I_B$,可做成模拟乘法器、除法器、开方和平方等运算器。如图 2.16 所示,K_B 为 I_B 端通道的传输系数。

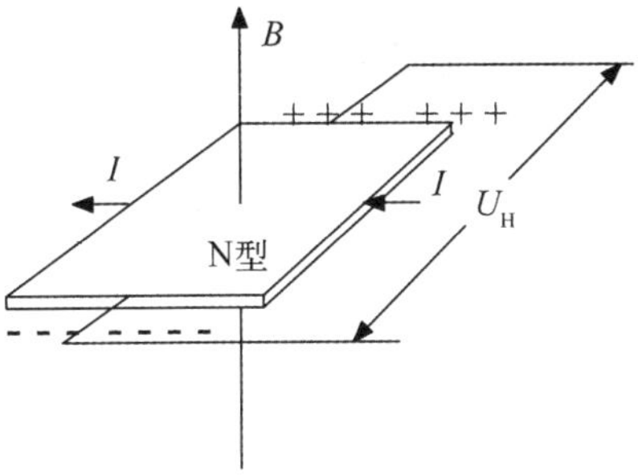

图 2.15 霍耳效应

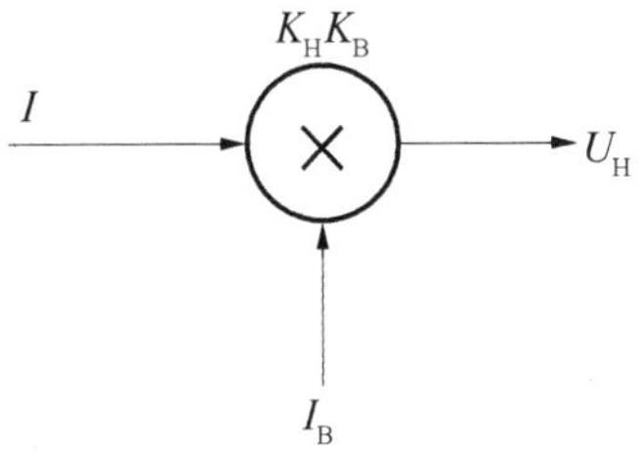

图 2.16 霍耳运算器

(4) 如果霍耳元件受压力或拉力(也可其他被测量)在恒磁场中产生位移 x,使霍耳元件在线性梯度磁场中感觉到 B 的变化,则其 $U_H = (K_H I) B$ 就与压力有线性关系,构成了霍耳压力计,如图 2.17 所示的位移 x 与磁感应强度 B 有线性关系,也可作位移传感器。

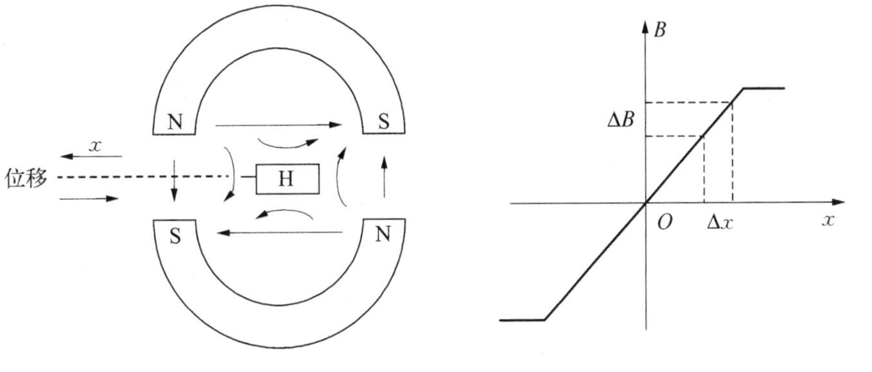

图 2.17 霍耳压力计

(5) 霍耳元件受温度影响也可用正温度系数的热敏电阻 R_t 来补偿，图 2.18 电路是方法之一，当环境温度升高时，霍耳元件的输出电流 I_0 将会增加，但由于 R_t 增大，使输出电压 U_0 保持不变，降温亦然。如果把补偿元件和 U_H 的放大器集成于一体，可组成线性传感器或开关传感器。另外，与霍耳元件相似的磁敏二、三极管，是 PN 结元件，更具有输出信号大、灵敏度高和应用简便等特点。

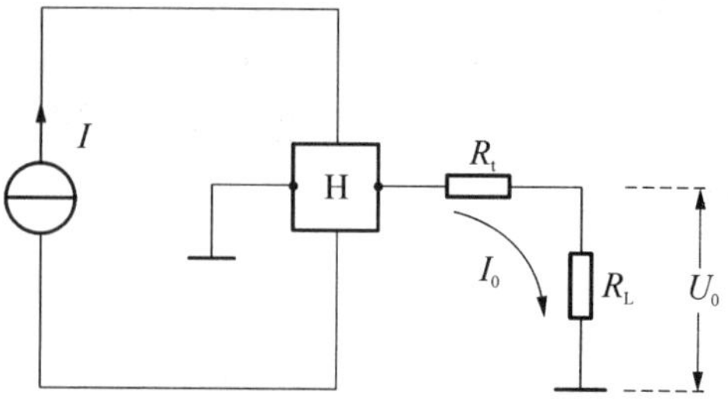

图 2.18　霍耳元件的温度补偿电路

2.2.3　位移传感器的介绍

1. 位移检测和常用传感器

位移检测是线性位移检测和角位移检测的统称。如工件的位置检测、机床工作台移动均匀性测量、转轴转角等。测量位移的方法很多，现已形成多种位移传感器。按所测位移量值范围来分，一般分为大位移测量和微小位移测量。表 2.4 列出常用位移传感器的主要特点和使用性能。

表 2.4　常用位移传感器的类型、测量范围和特点一览表

类型		测量范围(约值)	特点
电阻式	滑线式　线位移	1～300 mm	分辨率较好，可用于静态或动态测试。机械结构不牢固。
	滑线式　角位移	0°～360°	
	变阻器　线位移	1～1 000 mm	结构牢固，寿命长，但分辨力差，电噪声大。
	变阻器　角位移	0～60 转	
应变式	非粘贴	±0.15%应变	不牢固。
	粘贴	±0.3%应变	较牢固。
	半导体	±0.25%应变	牢固，使用方便，需温度补偿和高绝缘电阻。
电感式	自感式　变气隙型	±0.2 mm	只宜用于微小位移测量。
	自感式　螺管型	1.5～2 mm	测量范围较前者宽，使用方便可靠，动态性能较差。
	自感式　特大型	300～200 mm	
	差动变压器	±0.08～75 mm	分辨率好，受到杂散磁场干扰时需屏蔽。
	涡电流式	±2.5～±250 mm	分辨率好，受被测物体材料、形状、加工质量影响。
	同步机	360°	可在 1 200 r/min 的转速下工作，坚固，对温度和湿度不敏感。
	微动同步器	±10°	线性误差与变压比和测量范围有关。
	旋转变压器	±60°	

续 表

类　　型		测量范围(约值)	特　　点
电容式	变面积	0.001～100 mm	介电常数受环境湿度、温度的影响。
	变间距	0.001～10 mm	分辨率很好,但测量范围很小,只能在小范围内近似保持线性。
感应同步器	直线性	0.001～10 000 mm	模拟和数字混合测量系统,数字显示(直线式感应同步器的分辨率可达 1 μm)。
	旋转式	0°～360°	
计量光栅	长光栅	0.001～10 000 mm 以上	同上,长光栅分辨率 0.1～1 μm。
	圆光栅	0°～360°	
磁场	长磁栅	0.001～10 000 mm	测量时工作速度可达 12 m/min。
	圆磁栅	0°～360°	
	霍尔元件式	±1.5 mm	结构简单,动态特性好。
角度编码器	接触式	0°～360°	分辨率好,可靠性高。
	非接触式	0°～360°	

例如数控机床的内部,广泛使用了各种位移传感器及自动检测装置,来监视加工中的各个环节,从而实现加工过程中的自动检测和控制,如表 2.5 所示。

表 2.5　位移传感器在数控机床中的应用

在数控机床中的应用	使用的位移传感器类型
测量位置,如刀具、工件的位置等	电阻式、电感式、电涡流式、霍耳式、光电式、超声波式等
测量机械位移、角位移,如转轴转角、工件和刀具的位移等	编码器、光栅、磁栅、感应同步器

2. 位移传感器介绍

(1) 间接型传感器。

按敏感元件输出信号特征可将传感器分为间接型和直接型两大类。间接型传感器依靠敏感元件结构参数的变化实现信号变换,也称结构型或无源型。例如,电感式传感器依靠衔铁(或铁心)位移引起自感或互感的变化。

1) 电阻应变式位移传感器。

电阻应变片工作原理已有前述。如图 2.19 所示,将应变片贴在悬臂梁(弹性元件)上,当被测物移动,测杆移动,拉簧伸长,使悬臂梁变形,从而引起应变片电阻发生变化。这种方法可用于测力、位移、压力、加速度等物理参数。

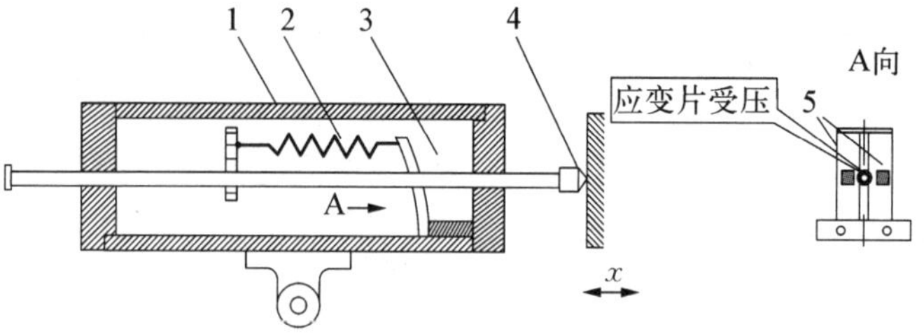

图 2.19　电阻应变式位移传感器

1—壳体；2—拉簧；3—悬臂梁；4—测杆；5—变压片

2）电感式传感器。

电感式传感器常用差动变压器形式，它是由一组初级线圈、一块铁心（衔铁）和两组次级线圈等组成的互感式传感器，将两组次级线圈反向串联（同名端连接），由于初、次级之间的互感，使次级引出差动电压输出，当衔铁偏离中间位置上下移动时，经过相敏整流电路将交流信号转换成正、负直流电压，其大小与衔铁位移成正比，其极性反映位移方向。

3）电容式传感器。

图 2.20 所示的平板电容 $C=\frac{\varepsilon_r A}{d}$，保持两个参数不变，可选择变面积 A、变位移 d 和变介电常数 ε_r（介质的湿度和成分）等多种电容传感器，例如采用差动变面积式，将两个变化的电容作为电桥相邻两臂，桥路的输出电压与电容量（覆盖面积）变化有关，即与位移有关。采用改变两极板间距 d 来使电容产生变化，电路的输出电压与极板位移成正比例。

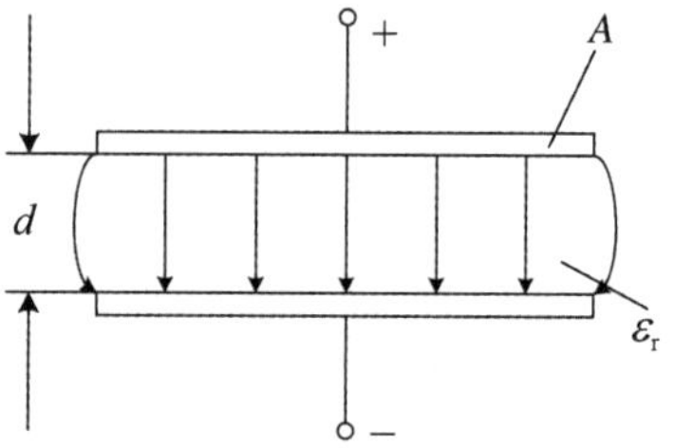

图 2.20　平板电容器

（2）直接型传感器。

直接型传感器是依靠敏感元件材料本身物理性质的变化来实现信号变换的，也称物性型或有源型。例如压电式测力传感器是利用了石英等材料的压电效应等。

1）压电式传感器。

压电传感器是一种双向机电有源传感器，基于压电材料的压电效应，在外力作用下，使电介质表面极化产生电荷，从而实现力电转换。反之，在交变电场中，也会产生机械振动。

压电材料可以因机械变形产生电场，也可以因电场作用产生机械变形，这种固有的机-电耦合效应使得压电材料在工程中得到了广泛的应用。所以压电材料广泛用于传感器元件中，例如地震传感器，力、速度和加速度的测量元件以及电声传感器等。

① 压电材料常见分类如下：

a. 压电晶体：石英晶体、水溶性压电晶体、铌酸锂晶体。

b. 经过极化处理的：压电陶瓷。

c. 高分子压电材料：聚偏二氟乙烯、聚氟乙烯。

② 压电传感器的应用。

a. 玻璃打碎报警装置。

将高分子压电测振薄膜粘贴在玻璃上，可以感受到玻璃破碎时会发出的振动，并将电压信号传送给集中报警系统。

b. 压电式周界报警系统。

将长的压电电缆埋在泥土的浅表层,可起分布式地下麦克风或听音器的作用,可在几十米范围内探测人的步行,对轮式或履带式车辆也可以通过信号处理系统分辨出来。

c. 交通监测。

将两根高分子压电电缆相距若干米,平行埋设于柏油公路的路面下约 5 cm 处。用来测量车速及汽车的载重量,并根据存储在计算机内部的档案数据,判定汽车的车型。

d. 压电式动态力传感器在车床中用于动态切削力的测量。

将压电动态传感器安装于车刀前端下方。切削前,虽然车刀压紧在传感器上,压电晶片在压紧的瞬间也产生很多电荷,但在几秒钟后正负电荷通过外电路的泄漏电阻中和了。在切削过程中,车刀在切削力的作用下,上下振动,将脉动力传给单向动态力传感器。经电荷放大装置转换成电压信号,在记录仪上记录下切削力的变化。

图 2.21 的超声波位移探头是电声微传感器之一,该类传感器与其他类型传感器相比的优点为:① 非接触式检测导体、绝缘体、铁电体和非铁电体;② 利用高频声波(20～50 kHz)对较脏的测试环境不敏感;③ 测量范围可扩至 5 m 以上。

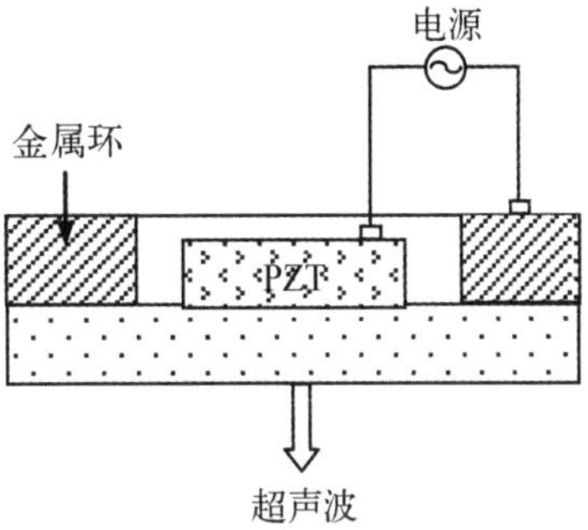

图 2.21 超声波位移探头的结构示意图

图 2.21 中的 PZT 是压电元件(如压电陶瓷块),既发出测试声波,也收集回声波。超声波传感器通常用来检测相对距离,也可检测液面高度,在商用中属于成本较低的类型。

2) 光栅数字位移传感器。

光栅是在基体上刻有均匀分布条纹的光学元件。用于位移测量的光栅称为计量光栅。计量光栅分为投射式及反射式两种。前者使光线通过光栅后产生明暗条纹,后者反射光线并使之产生明暗条纹。测量位移的光栅称为直光栅,测量角位移的光栅称为圆形光栅。在直光栅中,若 a 为刻线宽度,b 为缝隙宽度,则 $W=a+b$ 称为光栅的栅距(也称光栅常数)。通常 $a=b$,或 $a:b=1.1:0.9$。线纹密度一般为每毫米 100、50、25 和 10 线。

光栅传感器一般由一对光栅中的主光栅(即标尺光栅)和副光栅(即指示光栅)、光路系统和光电元件等组成。使用时两光栅相互重叠,两者之间有微小的空隙 d(取 $d=\frac{W^2}{\lambda}$,λ 为有效光波长),使其中一片固定,另一片随着被测物体移动,即可实现位移测量。

当指示光栅和标尺光栅的线纹以一个微小的夹角相交时,由于挡光效应(当线纹密度≤50 条/mm 时)或光的衍射作用(当线纹密度≥100 条/mm 时),在与光栅线纹大致垂直的方向上(两线纹夹角的等分线上)产生出亮、暗相间的条纹,这些条纹称为莫尔条纹,如图 2.22 莫尔条纹的生成所示。

在两光栅沿刻线的垂直方向作相对移动时,莫尔条纹在刻线方向移动。两光栅相对移动一个栅距 W,莫尔条纹也同步移动一个间距 B_H,固定点上的光强则变化一周。而且在光栅反向移动时,莫尔条纹移动方向也随之反向。莫尔条纹的间距与两光栅线纹夹角 θ 之间

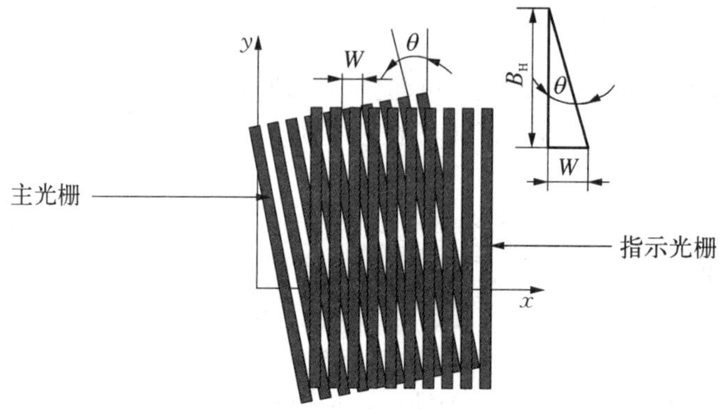

图 2.22　莫尔条纹的产生

的关系为

$$B_H = \frac{W}{2\sin\frac{\theta}{2}} \approx \frac{W}{\theta} \tag{2.13}$$

式中，B_H——莫尔条纹的间距；

W——光栅栅距；

θ——两光栅刻线间的夹角(rad)。

若用光电元件接收莫尔条纹移动时光强的变化，则光信号被转换为电信号(电压或电流)输出。输出电压信号的幅值为光栅位移量 x 的函数，即

$$u = u_0 + u_m \sin\left(\frac{2\pi x}{W}\right) \tag{2.14}$$

式中，u_0——输出信号中的直流分量；

u_m——输出正弦信号的幅值；

x——两光栅间的瞬时相对位移。

将该电压信号放大、整形使其变为方波，经微分电路转换成脉冲信号，再经过辨向电路和可逆计数器计数，则可在显示器上以数字形式实时地显示出位移量的大小。位移量为脉冲数与栅距的乘积。当栅距为单位长度时，所显示的脉冲数则直接表示出位移量的大小。

光栅式位移传感器具有分辨力高(可达 1 μm 或更小)、测量范围大(几乎不受限制)、动态范围宽等优点，且易于实现数字化测量和自动控制，是数控机床和精密测量中应用较广的检测元件。其缺点是对使用环境要求较高，在现场使用时要求密封，以防止油污、灰尘、铁屑等的污染。

3) 磁栅位移传感器。

磁栅是一种利用电磁特性和录磁原理对位移进行检测的装置。它一般分为磁性标尺、拾磁磁头以及检测电路三部分。在磁性标尺上，有用录磁磁头录制的具有一定波长的方波或正弦波信号。检测时，拾磁磁头读取磁性标尺上的方波或正弦波电磁信号，并将其转化为电信号，根据此电信号，实现对位移的检测。磁栅按磁性标尺基体的形状可分为平面实体形磁栅、带状磁栅、线状磁栅和圆形磁栅，前三种用于直线位移测量，后一种用于角位移测量。

下面以直线型磁栅位移传感器为例，说明磁栅传感器的工作原理。

直线型磁栅位移传感器的结构如图2.23所示。它有两组绕组 N_1 和 N_2，N_1 为励磁绕组，N_2 为感应输出绕组。当磁尺与磁头之间的相对位置发生变化时，读取磁头的铁心使磁栅标尺的磁通有效地通过绕组，在电磁感应作用下，信号输出绕组中将产生感应电动势。该电动势随着磁栅尺磁场强度的周期变化而变化，实现位移量转换成电信号输出，输出波形如图2.23中3所示。

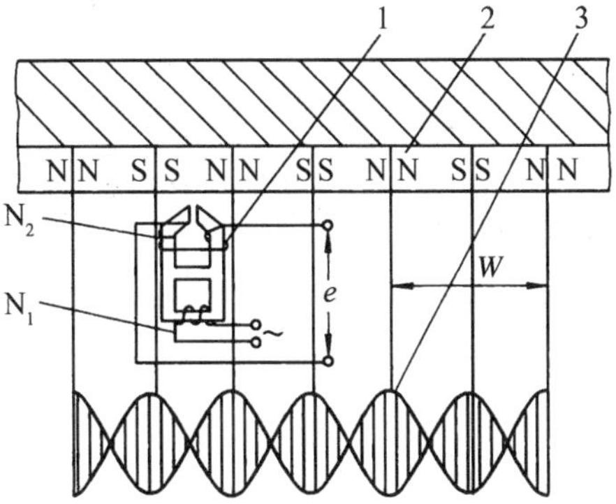

图2.23 直线型磁栅位移传感器

1—读取磁头；2—磁栅标尺；3—磁头输出信号

磁栅与光栅相比，测量精度略低一些，但它有如下特点：

① 制作简单，安装、调整方便，成本低。磁栅上的磁化信号录制完，若发现不符合要求，可抹去重录。亦可安装在机床上再录磁，避免安装误差。

② 磁尺的长度可任意选择，亦可录制任意节距的磁信号。

③ 耐油污、灰尘等，对使用环境要求较低。

④ 但反应速度受到限制：因磁头与磁尺有接触的相对运动产生磨损，对磁栅的使用寿命产生影响。

4）霍耳元件位移传感器。

霍耳元件的工作原理已有前述，将其作为位移（位置和角位移）传感器现介绍两种：

① 本书的实训中，有“霍耳传感器位移特性测试”的内容，在具有线性梯度的恒磁场中，霍耳元件每移动 $\Delta x=0.2$ mm 时，能产生十分明显的霍耳电压的线性变化 ΔU_0，根据测出的 $U_0\sim x$ 曲线，就可定出霍耳位移或位置传感器的灵敏度与非线性误差，即其应用的主要技术指标。

② 本书的实训中，有“霍耳传感器的车轮行速测定”的内容，在模拟行速的目标轮上装有非接触的霍耳元件，目标轮转动时，就会产生霍耳电压的脉冲波 U_y，根据脉冲重复周期 T_0 和目标个数 m，可算出轮子的转速 $n=\dfrac{1}{mT_0}\times 3\,600$（r/h），如果已知车轮直径 D，即可知道行车的速度 $v=n\pi D$（km/h）。

5）角位移传感器。

有多种的线性位移传感器，只要在结构上做适当变动，几乎都能实现角位移的测量。下面简单介绍两种常用的角位移传感器。

① 旋转变压器。

旋转变压器属于磁电式位置检测传感器，可用于角位移的测量。在结构上与绕线式异步电机相似，由定子和转子组成。当激励电压加到定子绕组时，转子绕组产生感应电动势，输出电压随着被测角位移的变化而变化。

② 脉冲编码器。

一种光学式位置检测元件，装在旋转轴上，以测出轴的旋转角度位移和速度变化，其输出信号为电脉冲，按编码的方式，可分为增量码盘和绝对值码盘。有接触式、磁电式和光电式等类型。其工作原理相同，只是敏感元件不同。

光电式码盘是目前应用较多的一种，它是在透明材料的圆盘上精确地印制上二进制编码。如图 2.24 所示为四位二进制码盘，码盘上各圆环分别代表一位二进制的数字码道，在同一个码道上印制黑、白等间隔图案，形成一套编码。黑色不透光区和白色透光区分别代表二进制的“0”和“1”。在一个四位光电码盘上，有四圈数字码道，在圆周范围内可编数码数为 $2^4=16$ 个。

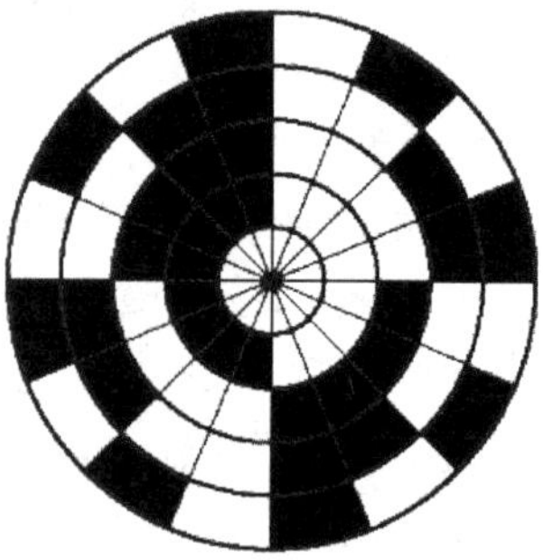

图 2.24　四位二进制码盘

工作时，码盘的一侧放置电源，另一侧放置光电接收装置，每个数位都对应有一个光电管及放大、整形电路。码盘转到不同位置，光电元件接受光信号，并转成相应的电信号，经放大整形后，成为相应数码电信号。

2.3　流量与速度的检测

知识点与能力目标

◇ 理解体积流量、质量流量及其流量总量的表达式，并能分别进行计算。

◇ 了解流量计的工作原理，能选用差压式、电磁式和超声波式等流量计。

◇ 熟悉速度传感器的测速原理，能选用霍耳式、光电式和多普勒雷达式等测速传感器。

2.3.1　流量及测量方法

1. 流量的概念及单位

在生活生产中，气体、液体和粉状物的传递，都有流量的检测和控制过程。流量是指在单位时间内流过某截面的体积或质量，分别称为体积流量和质量流量。

(1) 体积流量

$$q_v = A\bar{v}\ (\mathrm{m^2 \cdot m/s = m^3/s}) \tag{2.15}$$

(2) 质量流量

$$q_m = q_v\rho\ (\mathrm{m^3/s \cdot kg/m^3 = kg/s}) \tag{2.16}$$

必须提出，管道截面 A 上各点的速度并不相等，因此引入了平均速度 $\bar{v}=\dfrac{q_v}{A}$。水的密度 $\rho=1\,000\ \mathrm{kg/m^3}$，并受温度和压力等的影响。

(3) 在一段时间内流过的流体就是流量总量，即瞬时流量对时间的积累，可称累积总量

$$q_v' = \int_0^t q_v \mathrm{d}t \approx \sum_{i=1}^{n}(q_{vi} \cdot \Delta t_i)\ (\mathrm{m^3}) \tag{2.17}$$

$$q_m' = \int_0^t q_m \mathrm{d}t \approx \sum_{i=1}^{n} (q_{mi} \cdot \Delta t_i) \text{ (kg)} \tag{2.18}$$

如果在某段时间 Δt 内，流量比较平稳，则累积总量可相乘后相加而得。

2. 测量依据和方法

从 $q_m = \rho q_v = \rho A \bar{v}$ 可以看出，流量可以归结为平均速度和密度的测量，流体的流速和密度在管道内将会产生以下变化：

(1) 流管中放置障碍物使其产生压力变化，也能产生涡流、旋流和振动等现象。

(2) 流体冲击流管中的活动体，使其产生转动或位移。

(3) 流体切割磁力线，管外器件将产生感应电动势。

(4) 流体带走热量，流体中的温度因流动而发生变化。

(5) 流体中放入示踪剂或流体中的不均匀介质再现，测量流管内两点相关变化量。

(6) 流体改变电波或超声波的频率，使其接收频率 f_r 与发射频率 f_t 不同，产生了多普勒(Doppler)频移 $f_D = |f_r - f_t|$ 或 $\pm f_D = f_r - f_t$。

依据和适应上述的变化量，可以做成差压式、振动式、转轮式、电磁式、量热式、相关式、核磁共振式和多普勒测频式等流量计，以适用不同的测量对象和场合。

2.3.2 体积流量和质量流量的检测

为满足各种状况流量的测量，目前已有一百多种流量计。现介绍其中差压式、电磁式和质量流量计，作为了解流量的测量方法实例。

1. 差压式流量计

(1) 工作原理。

差压式流量计也称节流式流量计，在流管内设置一个节流装置(孔板或喷嘴)见图 2.25。流体经过时，流束收缩，流速提高，管壁所受压力减小，测出节流孔前后管壁处的压力差 $\Delta p = p_2 - p_1$，它与流量成正比。

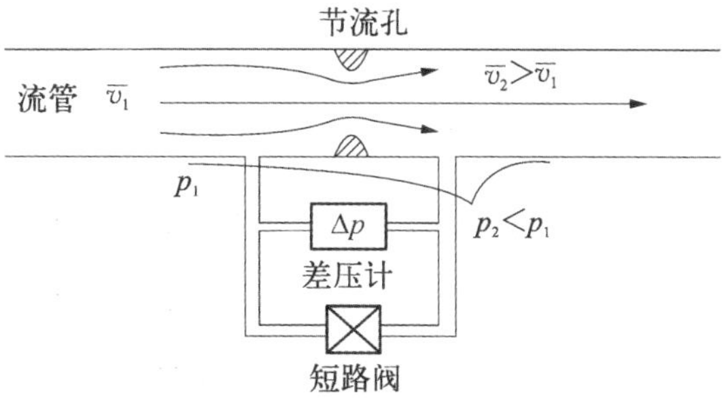

图 2.25 节流孔附近的压力分布及差压计

$$q_v = \alpha\varepsilon A_0 \sqrt{\frac{2}{\rho}\Delta p} \text{ 或 } q_m = \alpha\varepsilon A_0 \sqrt{2\rho\Delta p}$$

这里，α 为流量系数，ε 为膨胀系数，节流孔面积 $A_0 = \pi\left(\frac{d}{2}\right)^2$，$d$ 为节流孔直径。上式又可得到差压 $\Delta p = k_1 q_v^2 \rho$，其中 $k_1 = \frac{1}{2(\alpha\varepsilon A_0)^2}$。

(2) 使用方法。

由节流装置和差压计组成了标准化流量计，在工程上实用公式为：

$$q_v = 0.012\ 5\alpha\varepsilon d^2 \sqrt{\frac{\Delta p}{w}} = 0.012\ 5\alpha\varepsilon m D^2 \sqrt{\frac{\Delta p}{w}} \tag{2.19}$$

$$q_m = 0.0125\alpha\varepsilon d^2\sqrt{w\Delta p} = 0.0125\alpha\varepsilon m D^2\sqrt{w\Delta p} \quad (2.20)$$

这里 $m = \dfrac{A_0}{A} = \dfrac{d^2}{D^2}$，$D$ 为流管截面的直径，w 为流体密度。还必须注意：

① 安装必须标准。

② 要进行温度和压力影响的修正。

③ 由于 $\Delta p \propto q_v^2$，当 q_v 较小时，所测的 Δp 精度也变低。

2. 电磁式流量计

电磁式流量计是无阻碍、无压力损失的非接触测量，具有导电的流体流经塑料管道时，会切割磁力线，产生感应电动势：

$$U = DB\bar{v} \quad (2.21)$$

并与平均速度 $\bar{v}$ 和磁感应强度 B 相互垂直，如图 2.26 所示。则体积流量

$$q_v = A\bar{v} = \pi\left(\frac{D}{2}\right)^2 \cdot \frac{U}{DB} = \frac{\pi D}{4} \cdot \frac{U}{B}$$

当磁场恒定时，可得 $U = k_2 q_v$，这里 $k_2 = \dfrac{4B}{\pi D}$，测得 U 后便可算出 q_v。如果采用霍耳元件，便可以进行 $\dfrac{U}{B}$ 运算，用恒流源提供电流 I，并由 50 Hz 市电的电流 I_B 激励 B，则测得霍耳电压 $U_H = K_H I \cdot K_B I_B = K_H' I_B$ 为交流电压，便于信号处理。

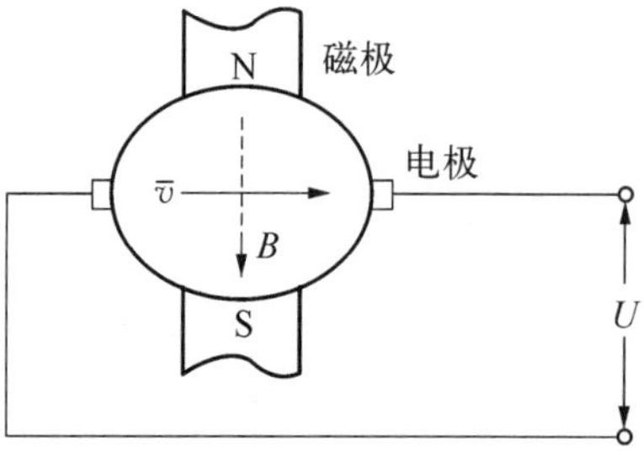

图 2.26 电磁流量计原理

3. 质量流量计

(1) 推导式质量流量计。

将测量差压 $\Delta p = k_1 q_v^2 \rho$ 的差压式流量计，与测量电动势 $U = k_2 q_v$ 的电磁流量计组合成推导式质量流量计，如图 2.27 所示。

两个流量计的输出通过除法器 $\dfrac{k_1\rho q_v^2}{k_2 q_v} = k\rho q_v = kq_m$，其中 $k = \dfrac{k_1}{k_2}$ 为运算系数，除法器输出信号送至 q_m 的指示器(kg/s)，并由积算器算得累积总量 q_m' (kg)。

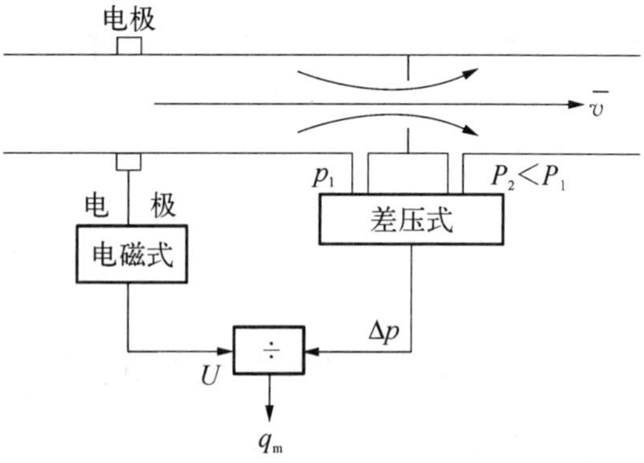

图 2.27 推导式质量流量计原理

(2) 超声波直接式质量流量计。

超声波与可闻声波(20 Hz～20 kHz)均是机械波，但其频率超过 20 kHz，而声速与介质密度和温度等有关，特点是：能量集中、方向性好、可穿透几厘米厚钢板而能量损失不大，以及遇到两种介质界面有明显的反射和折射现象等。超声波传感器也称为超声探头，常用声压/电压式换能，其可逆性兼做“发射”与“接收”用，即将脉冲电压加到压电元件上，向介质发射超声波作基准脉冲，同时又作为接收超声波的元件，在时间轴上产生回波脉冲。这种电压脉冲与声波相互转换的传感器，多用于通过介质的非接触式无损检测，可

谓超声机械波，穿透物内部，探头能收发，时域见分晓。现仅介绍超声波流量计，如图 2.28 所示。

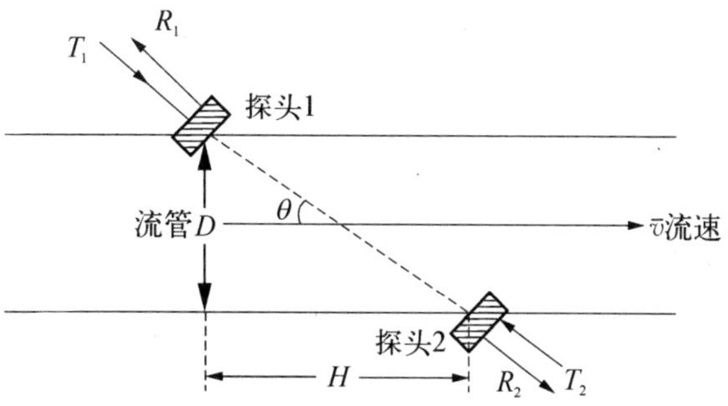

图 2.28　透射型测流量原理图

超声波流量计的工作原理是测量顺流和逆流方向的超声波传播时间差或频率差。由图 2.28 可见，当流体的平均流速为 $\bar{v}$ 时，探头 1 的发射器 T_1 发出的声速 v_s 的水平分量为 $(v_s\cos\theta+\bar{v})$，在两个探头水平距离为 H、管道直径为 D 内，顺流传到探头 2 接收器 R_2 的时间为 t_1：

$$t_1=\frac{H}{v_s\cos\theta+\bar{v}}\left(或\ t_1=\frac{\dfrac{D}{\sin\theta}}{v_s+\bar{v}\cos\theta}\right)$$

流速与超声波传播方向夹角：

$$\theta=\arctan\frac{D}{H}$$

同理，探头 2 的发射器 T_2 发出的超声波传到探头 1 的接收器 R_1，逆向传播的时间为

$$t_2=\frac{H}{v_s\cos\theta-\bar{v}}\left(或\ t_2=\frac{\dfrac{D}{\sin\theta}}{v_s-\bar{v}\cos\theta}\right)$$

可测得两者的频率差 Δf 及频率和 $\sum f$ 为：

$$\Delta f=f_1-f_2=\frac{1}{t_1}-\frac{1}{t_2}=\frac{v_s\cos\theta+\bar{v}}{H}-\frac{v_s\cos\theta-\bar{v}}{H}=\frac{2\bar{v}}{H}，则流速\ \bar{v}=\frac{H\cdot\Delta f}{2}$$

$$\sum f=f_1+f_2=\frac{1}{t_1}+\frac{1}{t_2}=\frac{v_s\cos\theta+\bar{v}}{H}+\frac{v_s\cos\theta-\bar{v}}{H}=\frac{2v_s\cos\theta}{H}，则超声波速度$$

$v_s=\dfrac{H\cdot\sum f}{2\cos\theta}$，与流体的密度 ρ 成比例，即 $\rho=k_s v_s$，质量流量 q_m 可通过下式求得：

$$q_m=A\bar{v}\rho=\frac{\pi}{4}D^2\cdot\frac{H\cdot\Delta f}{2}\cdot\frac{H\cdot\sum f}{2\cos\theta}k_s=K_m\cdot\Delta f\cdot\sum f \tag{2.22}$$

式中，$K_m=\dfrac{\pi(DH)^2}{16\cos\theta}k_s$ 在结构一定时为常数。用时钟脉冲分别计数出差频 Δf 及和频 $\sum f$，即可求出 q_m。声速 v_s 还可由测出超声多普勒频移

$$f_D=|f_r-f_t|=f_t\cdot\frac{\bar{v}\cos\theta}{\nu_s}=f_t\cdot\frac{\cos\theta}{\nu_s}\cdot\frac{H\Delta f}{2}$$

后计算：

$$\nu_s = f_t \cdot \frac{H\Delta f\cos\theta}{2f_D} = k_d \cdot \frac{\Delta f}{f_D}$$

式中，f_r、f_t 为超声波收、发的频率，系数 $k_d = \dfrac{f_t H\cos\theta}{2}$。

从探测质量流量 q_m 可知，不但要注意探头的安装角度 (θ)，还需谨防噪声干扰 (Δf、$\sum f$)。

【例 2.4】 参见图 2.28，当平均流速与超声波传播的方向夹角 $\theta = 0°$、$60°$、$90°$ 时，写出质量流量 q_m 的表达式，并指出安装超声探头时 θ 角的选择范围。

解： $q_m = \dfrac{\pi}{16}(DH)^2 \cdot \dfrac{\Delta f \cdot \sum f}{\cos\theta} K_s = K \cdot \dfrac{\sum f}{\cos\theta}$，$K = \dfrac{\pi K_s}{16}(DH)^2 = 1$（归一化）。

当 $\theta = 0°$ 时，$\cos\theta = 1$，$q_{m1} = \Delta f \cdot \sum f$ 为最小值(探头无法安装)；

当 $\theta = 60°$ 时，$\cos\theta = \dfrac{1}{2}$，$q_{m2} = 2\Delta f \cdot \sum f = 2q_{m1}$；

当 $\theta = 90°$ 时，$\cos\theta = 0$，$q_{m3} = \infty$，不能测出流量。

所以安装超声探头时应使 θ 角在 $0° < \theta < 90°$ 的范围内。

2.3.3 速度传感器的介绍

速度传感器是测量单位时间内运动物体的位移或转过的角度。在实际测量中，常把位移、气流或液流等转化为转速，或称转速传感器，有时也测量对空间的绝对速度或绕轴的绝对转速(又称转动率)。速度(转速)传感器的测量原理主要有霍耳式、光电式和多普勒雷达式等。现简介如下。

1. 霍耳式传感器

根据霍耳电压的计算公式 $U_H = (K_H I)B$ 可知，如改变磁感应强度 B 的有无或强弱，则霍耳电压 U_H 将作相应的变化，利用转盘上的铁磁块或齿轮就可改变 B 的变化频率，由频率变化即可检测到转速的快慢。

如图 2.29 所示，当位移、气流或液流推动输入轴时，转盘随之转动，固定在转盘附近(间隙约 1 mm)的霍耳传感器，便可在每个目标轮(齿轮或铁磁块)通过时产生一个相应的脉冲，检出脉冲重复周期 T_0，便可知转盘的转速 $n = \dfrac{1}{mT_0}$，转盘上的目标轮个数 m 的多少决定了传感器测量分辨率，经过电路处理，可显示出被测物体的

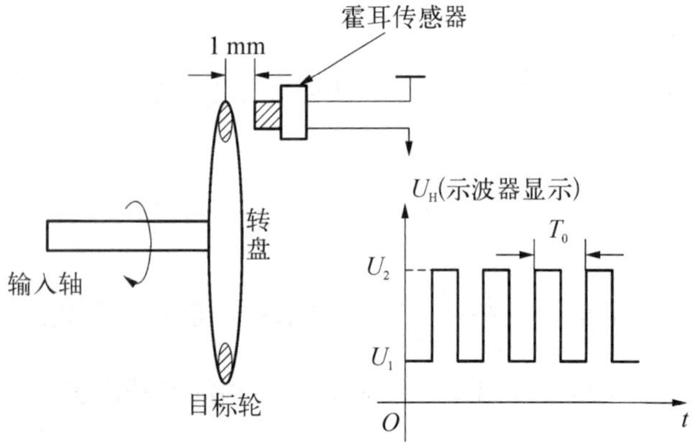

图 2.29 霍耳传感器测速原理图

速度。例如，知道了车轮的直径 ϕ，则车辆的行速 $v = \pi\phi n$。

2. 光电式传感器

光电式传感器测速原理与图 2.29 相似，只要将目标轮改成透光孔或反光镜（黑白相间条纹），由光电收发管或光纤探头等组成的光电传感器代替霍耳传感器。当输入轴转动时，将输出相应的电脉冲信号，单位时间内的脉冲数经过数字电路处理，便可显示被测物体的转速或速度。

3. 多普勒测速雷达

多普勒雷达测速原理基于常见的多普勒效应。如火车迎面而来，人耳听到汽笛音调较高，火车离人而去，则听到汽笛音调较低沉。设汽笛叫声的频率为 f_t，则人耳接受的频率 $f_r = f_t + f_D$ 或 $f_r = f_t - f_D$，其多普勒频移 $f_D = |f_r - f_t|$，正比于火车径向行速 $v_r = v\cos\theta$，而火车的速度为 $v = \dfrac{v_r}{\cos\theta}$，$\theta$ 为行速方向与传播方向的夹角，如图 2.30 所示。

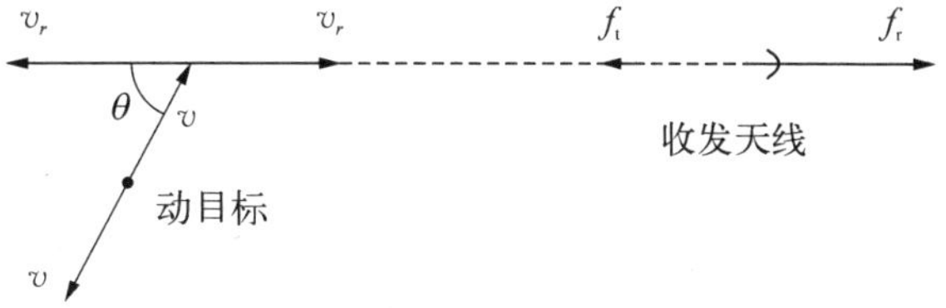

图 2.30 多普勒雷达测速原理图

如果采用发射频率 $f_t = 24 \sim 35$ GHz 的微波多普勒雷达（能发射和接收），可推导出多普勒频移 $f_D = \dfrac{2f_t}{c}v_r = \dfrac{2}{\lambda}v\cos\theta$，则运动目标的速度 $v = \dfrac{\lambda}{2\cos\theta}f_D$，这里微波波长 $\lambda = \dfrac{c}{f_t}$，c 为光速。测速公式说明了，当发射源与接收者之间有相对径向运动时，所接收到的信号频率 f_r 与发射频率 f_t 不同，两者之差与它们的相对运动速度成正比，比例系数为 $\dfrac{2f_r}{c}$ 或 $\dfrac{\lambda}{2\cos\theta}$，只要测出 f_D，就可得到 v。安装在车辆两侧面的测速雷达，可消除夹角变化的误差，而两者的速度差值还可判断车辆行驶时的方向角。

2.4 光学量与气体浓度的检测

知识点与能力目标

◇ 根据光电传感器的组成和光电转换特性，能对指定的光电传感器做出分析、评价和选用；

◇ 了解器件结构形式，能应用光电耦合器、光电开关器件、热释电晶体、CCD 图像传感器和光纤传感器等；

◇ 熟悉气体浓度传感器的工作特点，能选用氧气和烟尘等气体浓度传感器。

2.4.1 光学量测量方法和传感器

1. 测量方法与类型

(1) 视觉功能中最基本是对外界光强、光通量和光谱的检测功能，这些光学量的测量主要是通过光电转换元件将光谱能量转换成电能。由光电转换元器件等组成的光检测电路称为光电传感器，如图 2.31 所示。

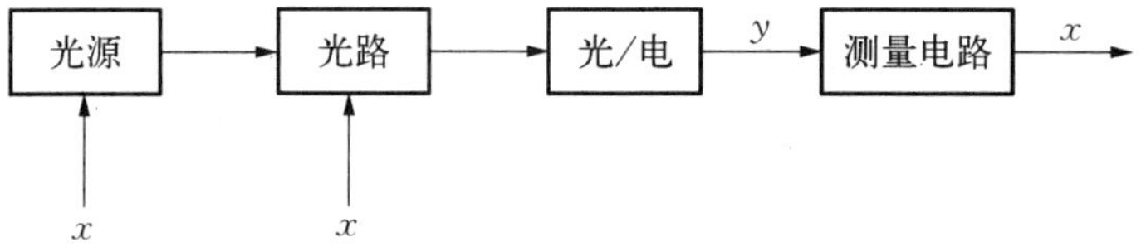

图 2.31 光电传感器组成

(2) 按照被测量 x 转换为光电元器件的入射光变化形式，测量方法的类型有：直接测量光源信号及 x 对光源作用，光源本身成了被测对象，这种传感器有光学高温计和火焰监测器等；光路中的光线被 x 反射到光电元器件，可判断反射体 x 的表面粗糙度等；光线穿过被测对象，根据光的衰耗的程度，可检测液体、气体和固体透明度或混浊度等；如果部分光线穿过 x，可测量物体的面积、尺寸和位移量等；如果 x 使光线产生“有”或“无”两种状态，其用途可作开关、计数和编码等。

(3) 光电元器件用得最多的是半导体材料，它有光电导型和光电势型两种，如图 2.32 (a)和(b)所示。

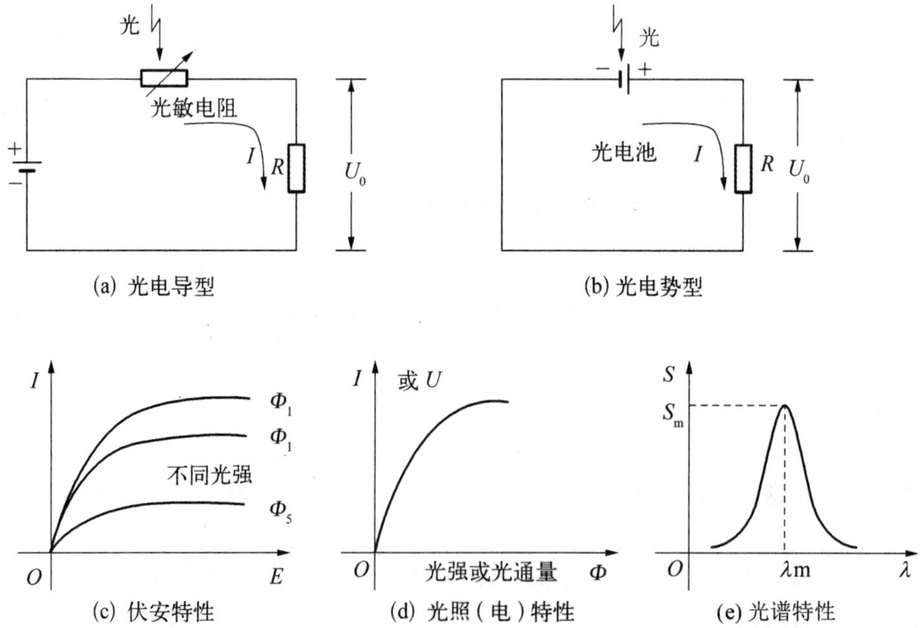

图 2.32 半导体光电传感器

图 2.32(a)所示，将偏置电压 E 加在半导体上，使回路有很小电流通过，当受到一定强度的光照射时，由于光能的作用激发出新的电子-空穴对，加强了导电性能，使阻值降低，光

线越强，阻值越低，使回路中的电流 I 增大，其特性如图 2.32(c)和(d)所示。检测出电流的变化便可知光强或光通量的变化，利用光电导效应做成的传感器有光敏电阻，光敏二、三极管，光敏晶闸管和电荷耦合器件等。在某段波长 λ_m 中具有较高的灵敏度 S_m，这个特性被称为光谱特性，如图 2.32(e)所示。

图 2.32(b)所示为光电势型传感器的示意图，它没有图 2.32(c)的伏安特性，但也具备光电特性和光谱特性。在半导体的 PN 结处，光的能量激发出电子-空穴对，从而产生电动势 U_0，利用这一效应做成的典型器件有各类的光电池，如太阳能电池、硅光电二极管和 InSb 光电二极管等，这类传感器是自动发电式的，即在有光线作用下这种传感器相当于电源。

2. 光电传感器应用举例

(1) 光电耦合器(E/O/E 器件)。

光电耦合器最常见的是由一个发光二极管和光敏三极管同封装在一个外壳内的电-光-电转换器件，如图 2.33 所示。由于发光管和光敏管之间的耦合电容很小(<2 pF)，以及隔离电阻和电压很大，因此输入与输出间绝缘和隔离性能好、共模抑制比高、响应速度快和工作稳定可靠，被广泛用做固体继电器、稳压电路、信号调制电路等。

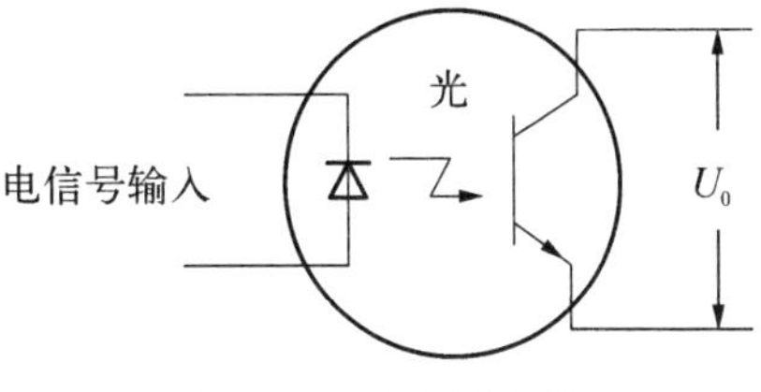

图 2.33 光电耦合器

(2) 光电开关器件。

较典型的光电开关电路是以光敏电阻和晶体管放大器为核心，配以继电器 J 组成的一种电子开关，如图 2.34 所示。当电源 E 接通时，如果光线不足，两个晶体三极管处于截止状态，继电器 J 的常开触点 J_1 断开，电源不通，电机 M 不转；如果光线充足，光敏二极管导通，两个晶体管也导通，J 得电而动作，J_1 闭合，M 受光源控制而转动。

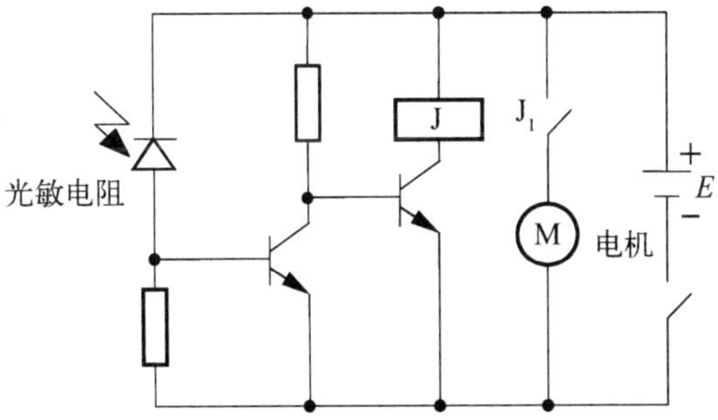

图 2.34 电子开关

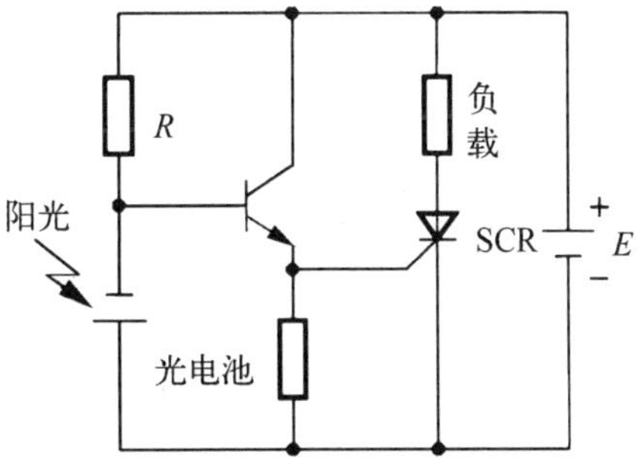

图 2.35 光电报警器

图 2.35 所示为光电报警器，当太阳光照射光电池时，晶闸管 SCR 有了门极触发电压，此时 SCR 导通，负载接通，电位器 R 调节光电平，使报警器(负载)发出声响。此电路也可作路灯控制器和自动航标灯控制器等。

(3) 热释电元件(晶体)。

热释电元件和压电陶瓷相似，都是铁电晶体，除具有压电效应外，当其表面温度发生变化引起表面电荷的变化，这种现象就是热释电效应。由滤光片、热释电元件、高输入阻抗放大器等组成的热释电红外线辐射传感器如图 2.36 所示。

对于测量人体等选择性目标，滤光片应选取 $\lambda = 7.5 \sim 14\ \mu m$ 波段，因为人体的连续温度为 37℃时，辐射的红外线在 9.35 μm 处最强。对于静止目标的红外辐射，由于热释电元件只能探测红外辐射变化量,只有交流的斩波式辐射才会有信号输出,我们需在其前面安装一片遮光叶,由慢速电机旋转而变成断续光信号。传感器输出电压平均值U_S将与红外线的辐射强度成正比,由此而得到被测物体的温度。

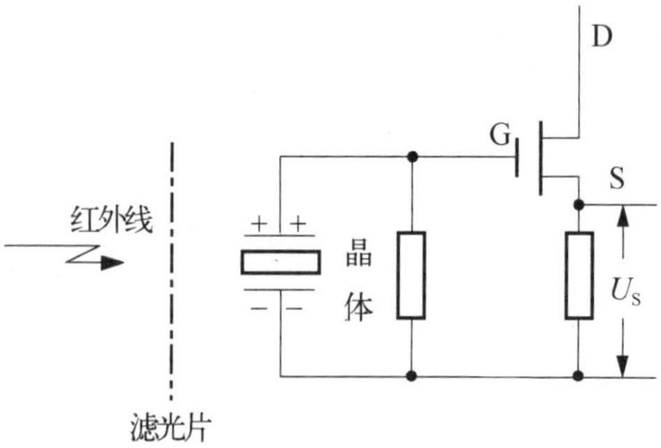

图 2.36　热释电传感器

防盗报警、自动门和自动灯等也可根据人体移动来实现控制,这时还得配由塑料制成的菲涅耳透镜,当移动物体或人体发射的红外线进入透镜时,其焦距对准热释电晶体,产生一个交替的“盲区”和“亮区”,很多“盲区”和“亮区”组成的透镜就会产生一系列光脉冲,经过热释电晶体实现了光电转换,一般由两片晶体反向串联,使不变的背景温度没有脉冲信号输出。实验证明,不加菲涅耳透镜,其检测距离仅 2 m 左右,而加了菲涅耳透镜后可达 10～20 m 以上。

(4) CCD 图像传感器。

由电荷耦合器件(Charge Coupled Device)为主构成的集成半导体图像传感器,是一种具有自扫描功能的摄像器件。它有形成势阱(底片)、光电转换(感光)、存储电荷(记忆)和扫描位移(传输)等功能,最后给出直观真实、多层次和内容丰富的可视图像信息。

由 MOS(金属-氧化物-半导体)构成 CCD 电容的感光像素如图 2.37 所示。当金属电极加正偏压时,排斥了半导体中的空穴,而电子被吸引到氧化物附近,一旦进入就不能复出,称“电子势阱”或“耗尽区”。光照时,光子的能量使半导体产生新的电子-空穴对,光生电子被电子势阱所俘获,光生空穴仍被电场排出势阱之外,这样一个光信号就转换为一个电脉冲,每个脉冲只反映一个光敏单元的受光情况,脉冲幅度反映受光强弱,输出脉冲顺序可以反映光敏单元的位置,这就起到图像传感器的作用。CCD 的集成度很高,在一块硅片上制造了紧密排列的许多光敏元件,也可以排列成二维平面矩阵,其数目如 2 048×2 048 个(约 400 万个像素)以上。当被测物由物镜成像在 CCD 阵列上时,由 CCD 芯片上的扫描电路,将储存的电荷逐位、逐行按顺序移到寄存器的输出端,从而得到串行脉冲信号,再通过视频显示电路显示出相应的图像。

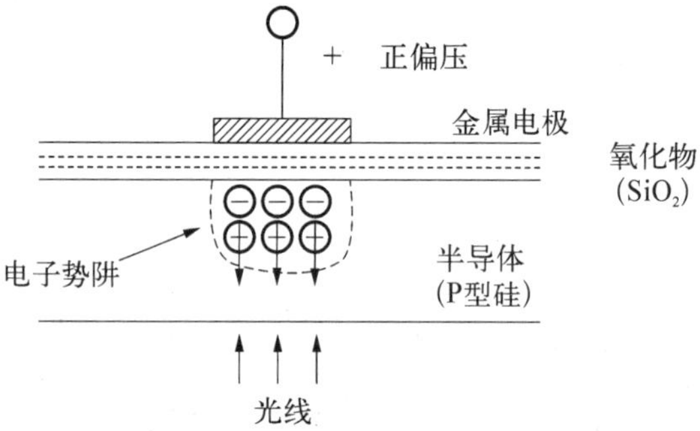

图 2.37　MOS 结构的光敏元件

(5) 基于物联网的远程医疗监护系统中的传感器应用举例。

基于物联网的远程医疗监护系统中用中央控制器对所需检测的生命指标传感器进行控制来采集数据,通过 Zigbee 无线通信方式将数据发送至监护基站设备,并由该基站装置将数据传输至所连接的 PC 机或者其他网络设备上,通过 Internet 等公网将数据传输至远程医疗中心,实现远程医疗。

系统中的无线传感器节点由数据采集模块(传感器)、无线收发模块和通用串行总线接口传输模块组成。其中，传感器根据不同需要进行设置，现以脉搏监测为例。

脉搏监测采用光电转换进行快速测量脉搏。测脉搏传感器可采用透过型和反射型两种，以透过型红外传感器为例。透过型脉搏传感器由红外发光二极管、光敏二极管和圆筒组成，在圆筒上挖两个小孔（两孔与圆筒截面的圆心在一条直线上），一侧放对血流敏感的红外发光二极管做光源，另一侧放中心频率与之配对的红外光敏管。当手指上通过的电流量不同，其透光率不同。光敏管对不同的透光率会有敏感的反映，通过的电流会随血液流量变化，把电流变化再转换成电压变化，随后进行测量。

3. 光纤传感器

光导纤维简称光纤，最初为了通信，后来又用于传感器。由于光纤传感器具有灵敏度高、抗干扰、耐腐蚀和高温，以及体小量轻等优点，广泛用于温度、压力、流量、位移、速度、电磁场和射线等的测量。

(1) 光纤结构和传光原理。

光纤由玻璃或塑料制成的导光纤芯及周围的包层组成，如图 2.38 所示，包层的外面应有外套保护。光纤按其导光模式分为单模和多模两类，如纤芯直径约为 5 μm 时（几倍光波波长）只能传输一个模式（途径和方法），称单模光纤，其传输性能好，属于（传感）功能型；如纤芯直径为 50 μm 以上时，能传输数百个模式，称多模光纤，具有制造和连接容易的优点，属于（传光）非功能型。

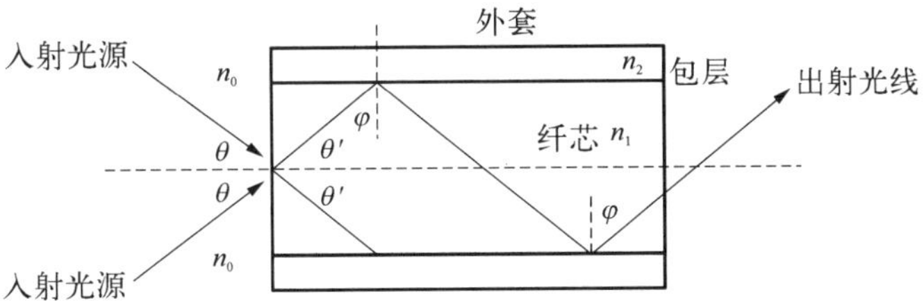

图 2.38　光纤结构和传光原理

光从折射率大（n_1）的光密物质射向光疏物质（$n_2<n_1$），当内部入射角 $\varphi>\varphi_c$（临界角）时，光线产生全反射，而以锯齿形的路线在纤芯中传输，在光纤末端便以 φ 角射出光纤。欲达到 $\varphi>\varphi_c$，势必要求从光纤所处环境（空气折射率 $n_0=1$）的入射角 θ 较小，并要求满足

$$NA \leqslant \sin\theta_c = \frac{\sqrt{n_1^2 - n_2^2}}{n_0} \tag{2.23}$$

这样，只有在 $2\theta_c$ 光锥角内的光线才能在纤芯内无耗传输（射入 n_2 为损耗），我们把 NA 称为数值孔径，传感器使用的光纤 NA 希望大些，可在较大入射角范围内被光锥输入全反射光，并保证向前传播，有利于提高耦合效率，但 NA 越大，光信号畸变就越严重，所以要适当选择。

(2) 光纤传感器工作类型。

光纤是电光和磁光材料，它与电磁相互作用的效应具有“传”和“感”两种功能。利用光纤本身具有某种敏感功能，对传输光进行调制是传感型，又称功能型；光纤仅起传输光波的介质，必须利用其他敏感元件来感受被测量变化对光波调制是传光型，又称非功能型。因此光纤传感器的基本工作原理是：被测量对光纤传输光进行调制，使传输光的强度、相位、频率或偏振态随被测量的变化而改变，再通过对被调制过的光信号进行检测和解调，从而获得被测参数，常用的调制方法有以下几种：

1）辐射式。被测量本身就是辐射源，直接进入出射光纤，由光电器件接收并测出其辐射能量。例如，温度使热电耦输出电压变化，再去影响发光元件（LED 等）的光强。而发光元件与出射光纤直接相连。

2）光纤位移式。如图 2.39 所示，入射光纤和出射光纤两者相距约 2～3 μm，端口为平面，被测量使其中之一作横向、纵向小位移，于是出射光纤输出的光强被其位移所调制。

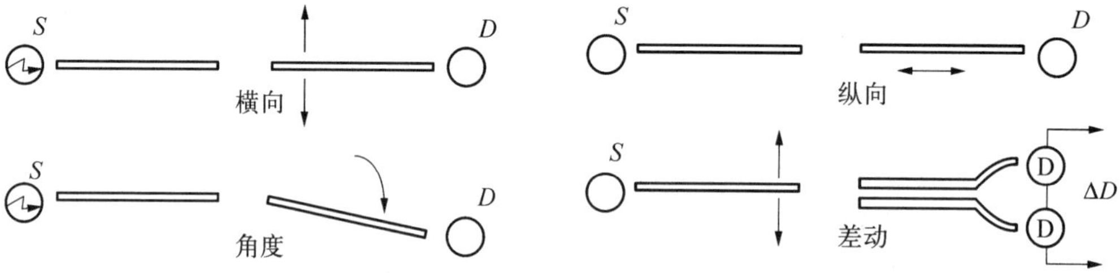

图 2.39　光强小位移调制

3）插入式。如图 2.40 所示，入射光纤与出射光纤间插入被测物，出射光纤输出的光通量即为被测量的函数。

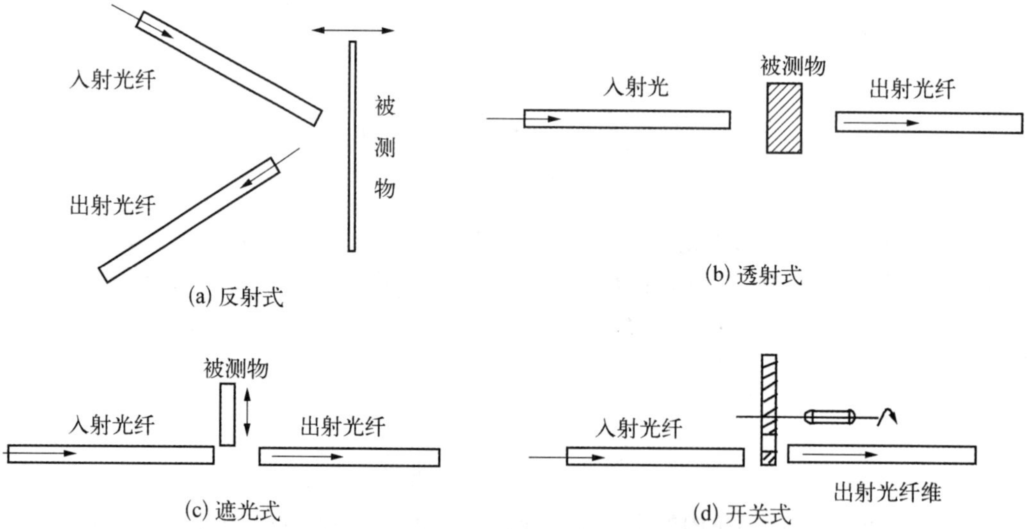

图 2.40　光路间插入被测物调制光通量的形式

4）微弯损耗式。如图 2.41 所示，当光纤弯曲到一定程度，不满足全反射条件而造成的损耗，从而引起光纤出射端输出的光通量发生变化，可测出弯曲力的信号。

另外，温度对光纤长度、折射率和纤径均将产生变化，传感型光纤作为敏感元件，使传输光的振幅或相位变化，从而来测定温度。

【例 2.5】　由实训测得光纤位移传感器的转换特性数据如下表：

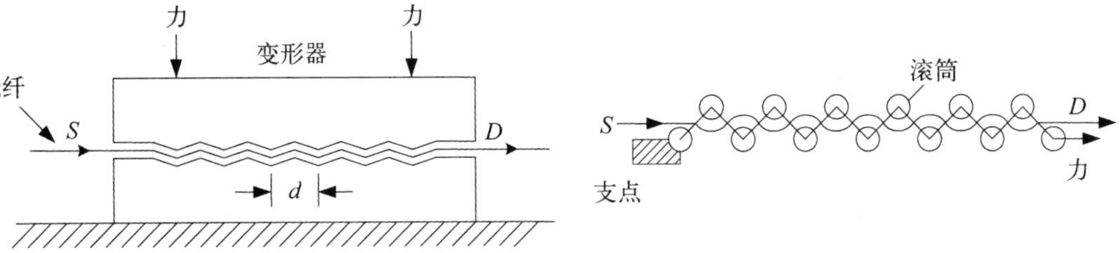

图 2.41 微弯损耗光强调制原理

位移 x(mm)	0.1	0.2	0.3	0.4	0.5	0.6	0.7	0.8	0.9	1.0
输出 U_0(V)	1	3	4	5	6	6.8	7.5	8.1	8.9	8.7

试计算不同线性范围的灵敏度和各自非线性误差。

解：从所测数据或所画转换特性曲线可知，有两个线性区：

第一个区的灵敏度 $S_1=\dfrac{\Delta y}{\Delta x}=\dfrac{\Delta U_1}{\Delta x_1}=\dfrac{6-3}{0.5-0.2}=10(\text{V/mm})$，$\delta_{m1}$ 产生在始端多增加了 1 V，故 $\gamma_1=\dfrac{\delta_{m1}}{y_{m1}}=\dfrac{1}{6-1}=20\%$。

第二个区的灵敏度 $S_2=\dfrac{\Delta y}{\Delta x}=\dfrac{\Delta U_2}{\Delta x_2}=\dfrac{8.9-6.8}{0.9-0.6}=7(\text{V/mm})$，$\delta_{m2}$ 产生在终端应增加到 9.0 V，少增加 0.3 V，故 $\gamma_2=\dfrac{\delta_{m2}}{y_{m2}}=\dfrac{0.3}{8.7-6.8}=\dfrac{3}{19}=16\%$。

2.4.2 气体浓度传感器的介绍

气体浓度传感器能检测各种气体成分的含量，种类繁多，仅在汽车中就有检测排气中的氧传感器、燃油机排碳传感器和车室内烟尘浓度传感器等，现介绍如下。

1. 氧传感器

氧气(O_2)传感器的功能是通过检测排放气体中氧含量，间接地反映出混合气体空(气)燃(气)比的高低，并将检测结果变成电压或电阻信号，反馈给计算机，不断修正喷油时间与喷油量，实现空燃比反馈的闭环控制，使发动机得到最佳浓度的混合气，从而降低有害气体的排放量，汽车中的电子控制单元(ECU)工作原理如图 2.42 所示。氧传感器有氧化锆式、氧化钛式和宽带全程式。

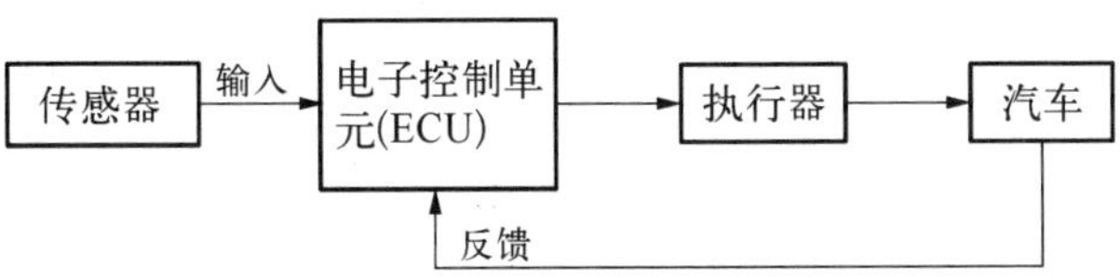

图 2.42 汽车计算机控制系统

(1) 氧化锆式氧传感器的基本元件是二氧化锆(ZrO_2)陶瓷管，亦称锆管，其结构示意与共组原理如图 2.43 所示。

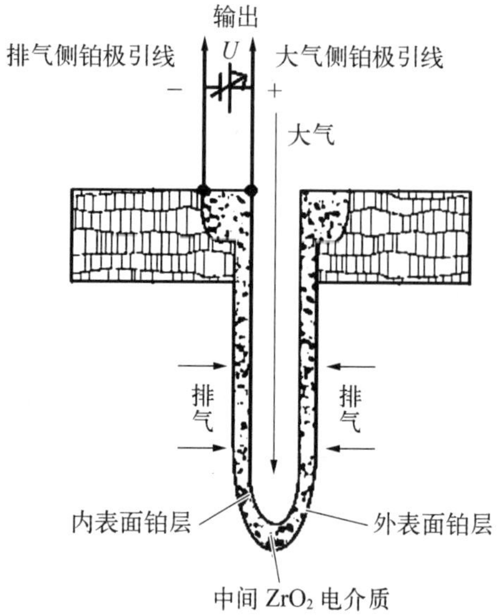

图 2.43　锆管的结构与工作原理示意图

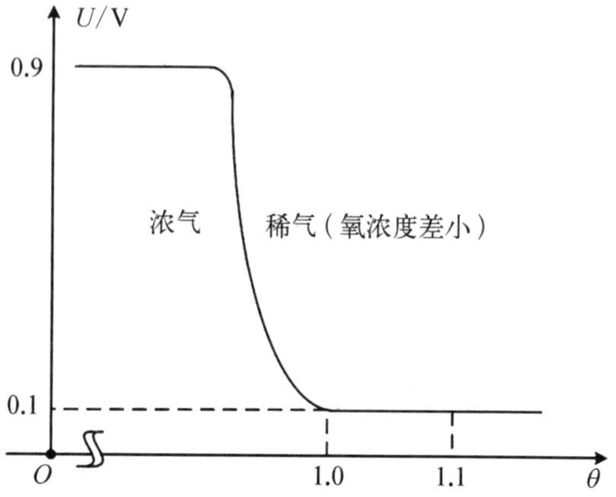

图 2.44　工作特性曲线

锆管的外表面铂极（"－"电极）处于氧气浓度较低的排放气体中，而锆管的内表面铂层（"＋"电极）与大气相通，氧离子浓度较大，且基本恒定，两表面氧气浓度差就产生了两极之间与氧气浓度成正比的电位差 U。采用具有催化剂作用的铂金作电极又能将其产生的电压放大，其工作特性曲线如图 2.44 所示。

当过量空气系数 $\theta<1$ 的浓混合气体时（CO 含量多），使排气中的氧离子含量更少，且由于铂金催化剂作用下与氧发生反应，将耗尽排气中的残余氧，加大了两极之间的氧气浓度差，使电位差陡升到接近 1 V；反之，稀混合气体时，O_2 含量多而浓度差小，使 $U\approx0$。工作时，输出电压从 0.1 V 到 0.9 V 的变化率通常在 10 s 内有 8 次以上，这种交替变化的输出信号通过计算机反馈控制可以维持可燃混合气体在理论空燃比（$\theta=1$）附近的一个狭小范围内波动。另外，锆管中的催化剂作用需要加热器加热到 300℃以上才能正常工作。

（2）二氧化钛（TiO_2）式氧传感器属 N 型半导体材料，其电阻值的大小取决于周围环境中氧离子的浓度。因此，该传感器相当于一个可变电阻，阻值在 $10^2\sim10^6$ Ω 之间交替变化。钛式氧传感器的工作原理与锆管有很大不同，而其结构及工作特性与锆管却十分相似，图 2.42 中的纵轴换成 $10^2\sim10^6$ Ω 即可。

（3）宽带（全程式）氧传感器。上述普通氧传感器仅用在过量空气系数 $\theta=1$ 的检测，而在 $\theta>1$ 或 $\theta<1$ 时，只能实现开环控制。因此，在应用上具有局限性，而宽带氧传感器是将锆管的输出电压送到比较器，与参考电压（$U_r=0.45$ V，$\theta=1$）比较后产生工作电流 $\pm I_p$，作为 ECU 的输入电信号，过稀混合气体则加大喷油量，过浓则减少喷油量，达到可以检测 $\theta=0.7\sim4.0$ 全范围空燃比的混合气体浓度。近年来，气缸内直喷稀燃（$\theta>1$）的发动机迅速推行，使普通氧传感器逐渐被宽带全程式氧传感器所替代。

宽带全程式氧传感器的工作特性曲线如图 2.45 所示，当 $\theta=1$ 的理论混合比时，工作电流 $I_p=0$；当 $\theta>1$ 的稀混合比时（O_2 多），I_p 升高；当 $\theta<1$ 的浓混合比（CO 多），I_p 转为负值。通过控制 I_p 大小与方向，电子控制单元（ECU）即可得到连续的含氧量，进而控制喷油量和

降低尾气排放量。

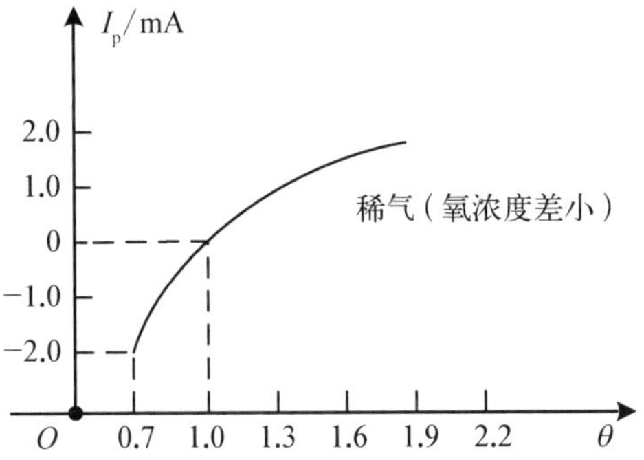

图 2.45　宽带工作特性

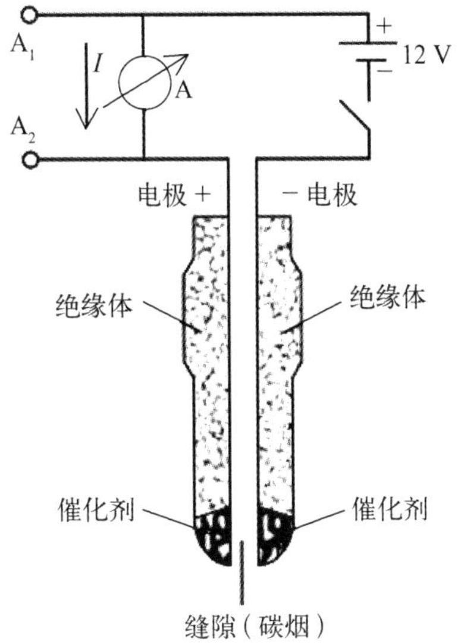

图 2.46　排碳传感器的工作原理

2. 燃油机排碳传感器

燃油机的重碳氢化合物的不完全燃烧,会形成大量的碳烟和碳粒,连续测量发动机排放量的传感器应由绝缘体、两个铂电极和催化剂等所组成,如图 2.46 所示。暴露在碳烟中的电极周围涂有强催化剂,在沉积在电极上的碳能迅速被氧化,保持了铂电极清洁,满足连续测量的要求。当传感器的感应头接到电路中时,无碳时电极之间的电阻很大,电流表 A 无电流指示,有碳尘时电阻变小,电流指示数与含碳量多少成正比。A_1、A_2 与 ECU 相连,输入到 ECU 的电流信号 I 可反馈控制碳的排放量。

3. 烟尘浓度传感器

因乘客吸烟或从车外侵入的烟尘等造成车内空气污染,需用空气净化器。当烟尘传感器感知一定浓度时,就会使空气净化器自动运转或停止工作,以保持车内空气清洁。烟光传感器可由发光管、光接收管和信号处理电路等组成。当发光管发出脉冲调制的红外光时,有烟尘粒子反射到光接收管,产生同步脉冲光电流,推动空气净化器工作。没有烟尘或不同脉冲周期的信号不会使净化器工作。

2.5　传感器的信号处理

知识点与能力目标

◇ 分析模拟信号处理电路的结构,能根据信噪比要求,选用传感器的前置电路;

◇ 熟悉传感器后续电路,能对传感器输出信号进行放大、转换、加工和选配接口电路。

2.5.1 模拟信号处理电路的结构

如图 2.47 所示，敏感元件输出可能有可用非电量、间接电量或电量，前两者经转换电路后也变成了电量，为了提高电量的信噪比，以及满足传输、测量和数字信号处理的要求，需对电量进行放大、转换和加工，模拟电量的放大器有三种基本结构：串接型、平衡型和差动型。现介绍如下。

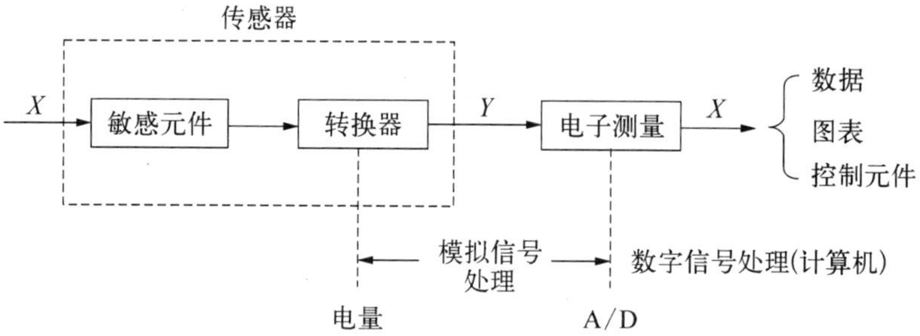

图 2.47 传感器的模拟信号处理部分

1. 串接型

由 i 个串联环节组成的放大器如图 2.48 所示，其信号 x 只沿一个方向进行的开环系统，各个环节都会引进一些干扰信号 $n_1, n_2, \cdots, n_i$，均要反映在输出量 y 中，这种结构在每一个环节都要求有选择有用信号的电路，否则整个系统的精度和稳定性较差。现以 $i=3$ 时为例，推导出信噪比 $\frac{S}{N}$ 的表达式：

$$y_1 = K_1(x + n_1)$$

$$y_2 = K_2(y_1 + n_2) = K_1K_2(x + n_1) + K_2n_2$$

$$y = K_3(y_2 + n_3) = K_1K_2K_3(x + n_1) + K_2K_3n_2 + K_3n_3$$

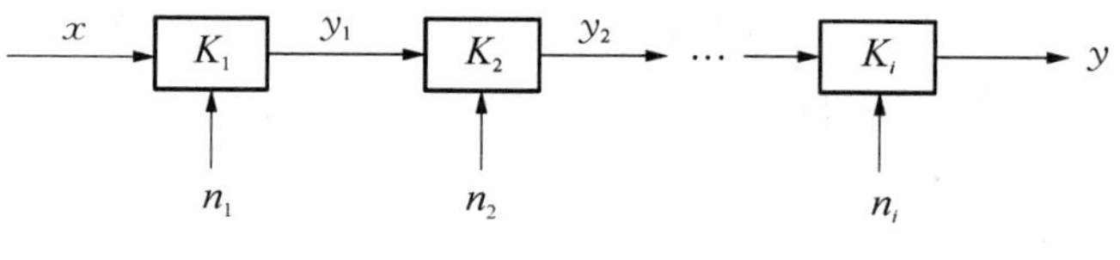

图 2.48 串接型模拟电量放大器

当传输系统 $K_1 = K_2 = K_3 = 1$ 和 $n_1 = n_2 = n_3 = n$ 时，则输出量 $y = x + 3n$ 包含信号 x 和噪声 $3n$，其信噪比：

$$\frac{S}{N} = \frac{x}{3n} \tag{2.24}$$

2. 平衡型

由正、反两个回路组成的放大器如图 2.49 所示，为计算方便这里可假定均有相同的传输系数和干扰信号，则

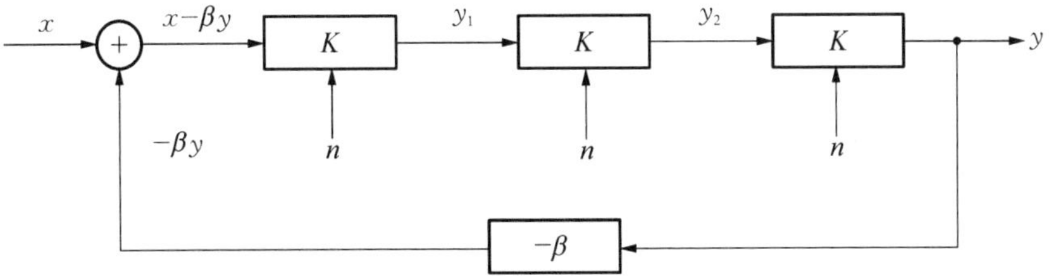

图 2.49 平衡型模拟电量放大器

$$y_1 = K(x - \beta y + n)$$
$$y_2 = K(y_1 + n) = K^2(n + x - \beta y) + Kn$$
$$y = K(y_2 + n) = K^3(n + x - \beta y) + K^2 n + Kn$$

当 $K = 1$ 时

$$y = x + 3n - \beta y$$

求出 $y = \dfrac{x + 3n}{1 + \beta}$，则

$$\frac{S}{N} = \frac{x}{3n}$$

如果调节反馈系数 $\beta = \dfrac{3n}{y}$，使 $3n - \beta y \approx 0$，则 $y \approx x$，理论上使 $\dfrac{S}{N} \to \infty$，实际上只能在很小的频率和温度范围内能做到 $\dfrac{S}{N} > \dfrac{x}{3n}$。

3. 差动型

由三个电路组成的放大器如图 2.50 所示，这里分别输入 x 和 $-x$ 的两个对称电路，其输出分别为

$$y_1 = K(x + n)$$
$$y_2 = K(-x + n)$$

一个差动电路的输出为

$$y = K_3[(y_1 - y_2) + n_3] = 2KK_3 x + K_3 n_3$$

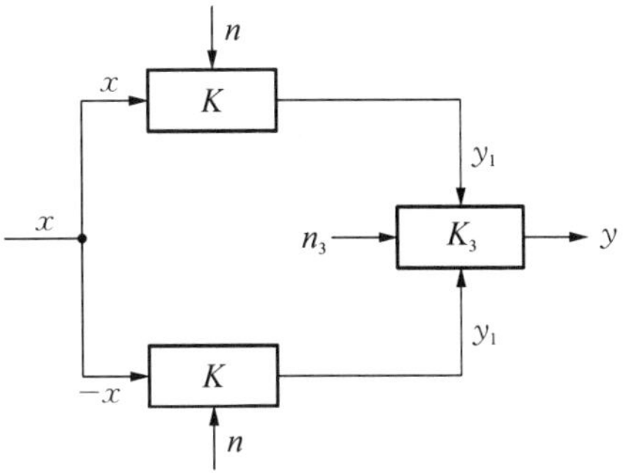

图 2.50 差动型模拟电量放大器

$$\frac{S}{N} = \frac{2Kx}{n_3}$$

如果 $K_3 = K = 1$，$n_3 = n$，则

$$y = 2x + n$$

$$\frac{S}{N} = \frac{2x}{n} \tag{2.25}$$

与串接型相比,信噪比至少提高了 6 倍。如果采用简单的差动电路,还可减少 n_3 值,所以这种电路能始终保证系统的精度和稳定性。

【例 2.6】 如图 2.50 所示,设 $x=1$ V,$K=10$,$K_3=2$,试求该电路输出电压 y 的表达式和 $n_3=0.1$ V 时的信噪比$\frac{S}{N}$,后者如何提高?

解: $y=2KK_3x+K_3n_3=2\times10\times2\times1+2n_3=40+2n_3$

$$\frac{S}{N}=\frac{2Kx}{n_3}=\frac{2\times10\times1}{0.1}=200$$

如果提高$\frac{S}{N}$,应做到:

① 提高输入电路对称性,使 n 抵消;

② 末级差动电路尽量简单,以减少 n_3。

2.5.2 传感器信号的加工及接口

一般传感器输出信号的能量较小,为了下一步的应用,需进行放大、转换和加工。在与其他器件和微机对接时,还需接口电路。这些电路应适合于传感器的性能及理想中的应用状态,较好的方法是不要将传感器与处理器分开,但又保持传感器本身的性能。

1. 电量转换器

(1) 电流电压转换器(I/V)。

如图 2.51 所示:

输入电压:

$$U=IR_1$$

输出电压:

$$U_0=\frac{R_3}{R_2}U=\frac{R_1R_3}{R_2}I=kI$$

比例系数:

$$k=\frac{R_1R_3}{R_2}$$

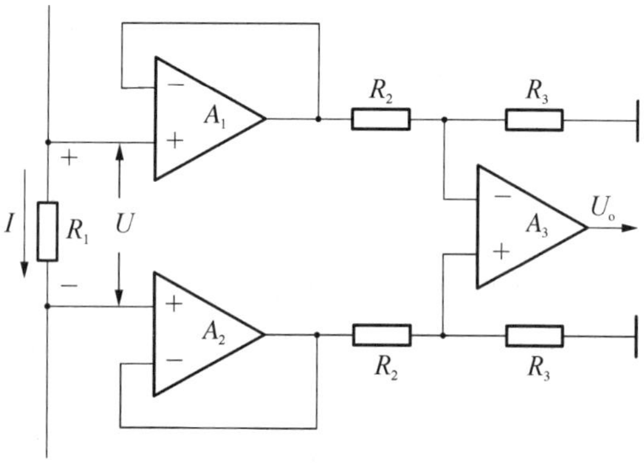

图 2.51 I/V 电路

为了提高 I/V 的精度和稳定性,对分流器 R_1 稳定性要求较高,集成运放 A_1、A_2、A_3 宜用高增益、低漂移和低噪声器件。

(2) 电压电流转换器(V/I)。

如图 2.52(a)所示,如果 $\frac{R_3}{R_2}=\frac{R_4}{R_1}$,则输出电流

$$I_0=\frac{U}{R_2}$$

图 2.52(b)负载电阻 R_L 不接地,宜于大功率,如果要求负载接地,可把 R_2 和 R_L 的位置对调。

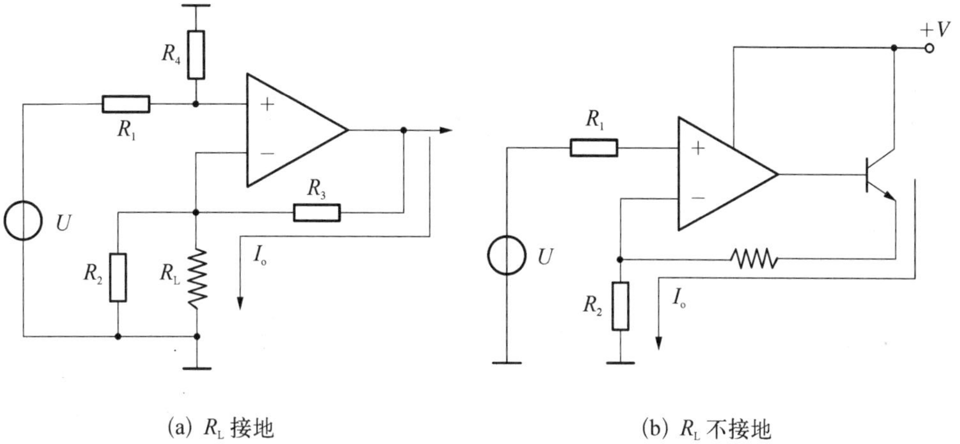

图 2.52　V/I 电路

(3) 模拟—数字转换器(ADC)

传感器在传输或读出之前，常要将传感器模拟信号转换成频率信号，这种将电信号转换成频率信号的方法是很方便的。例如图 2.53 所示的模拟电压到频率的转换，因为使用了商用的能对千万分之一进行计数的频率计数器，因而可进行精密测量。

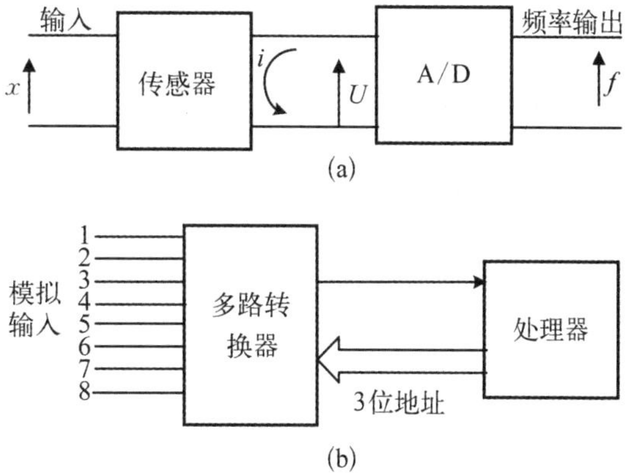

图 2.53　模拟电压到频率的转换

模拟—数字转换器(ADC)可广泛地用来提供数字信号，通过电缆进行高数据传输率和无噪声传输。图 2.54 表示一种最简单的模拟—数字转换器形式。这种电路将模拟输入电压 U_{in} 和由电阻阶梯网路产生的阶梯上升信号进行比较，从而产生数字信号。目前许多低价的模拟—数字转换器仍以这种原理工作，例如 FerrantiZN245。但近似式的模拟—数字转换器应用更为普遍。表 2.6 列出了 4 种单片式的和 5 种混合式的商用模拟—数字转换器。

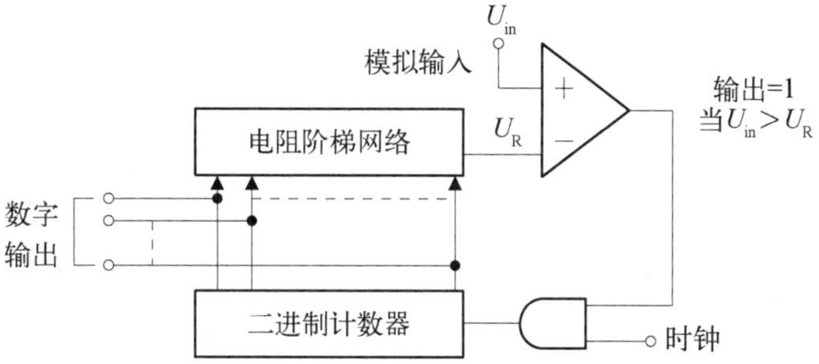

图 2.54　简单的阶梯模拟—数字转换(ADC)器

表 2.6 某些商业化的模拟—数字转换器实例

型 号	标 记	分辨率/bit	转换时间/μs	电源/V
AD570	Analog Devices	8	25	+5,−5
TSC7109	Intersil	12	33×10^{3}	+5
ADC0808	National	8	100	+5
MC10317	Motorola	7	30×10^{-3}	+5,−5
AD579	Analog Devices	10	2.2	+5,+15
AD574	Analog Devices	12	25	+5,+15
ADC71	Burr-Brown	16	50	+5,+15

2. 非线性校正

(1) 同函数闭环式。

如图 2.55 所示，要求线性方程 $y=kx$ 时，其输出量 $y=k_0(e^x-\beta y)=k_0e^x-k_0\beta y$ 求得 $y=\dfrac{k_0e^x}{1+k_0\beta}\approx\dfrac{1}{\beta}e^x$（当线性放大器的增益 $k_0\gg1$ 时），β 又是 e^x 型的非线性电路，则 $y=kx$ 为线性函数，k 为整个系统的线性传输系数。

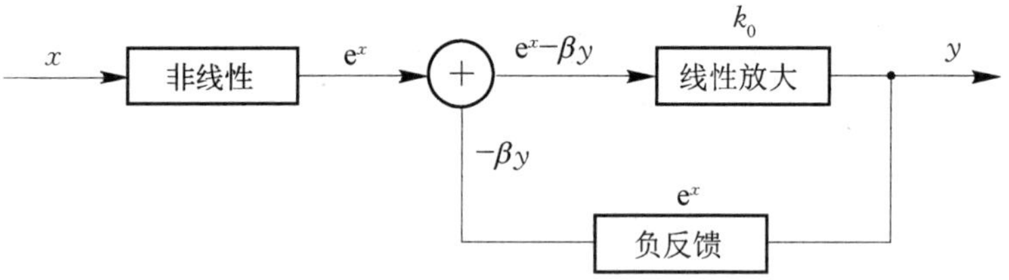

图 2.55 非线性闭环校正

(2) 反函数开环式。

如图 2.56 所示，要求达到 $y=kx$，求得 $y=e^x\cdot\ln x=kx$，即要求校正器由具有与非线性环节相反的特性函数元器件组成。

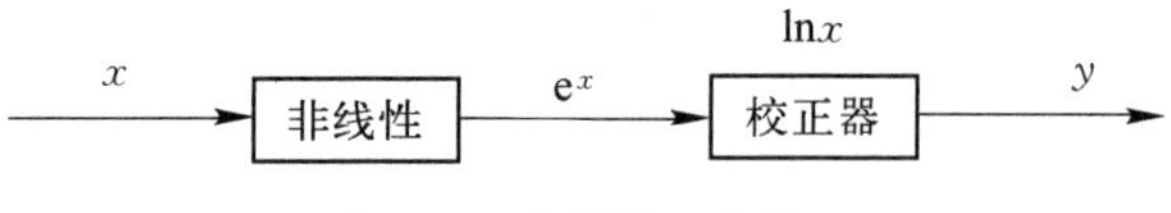

图 2.56 非线性开环校正

(3) 计算机校正——线性插值法。

由图 2.57(a)把非线性特性曲线按一定精度分成若干段，每段按线性处理的直线方程如下：

第一段：

$$y=y_0+\frac{y_1-y_0}{x_1-x_0}(x-x_0)$$

第二段：

$$y = y_1 + \frac{y_2 - y_1}{x_2 - x_1}(x - x_1)$$

第 n 段通式：

$$y = y_{n-1} + \frac{y_n - y_{n-1}}{x_n - x_{n-1}}(x - x_{n-1})$$

计算机线性插值法的非线性校正流程图如图 2.57(b)所示。

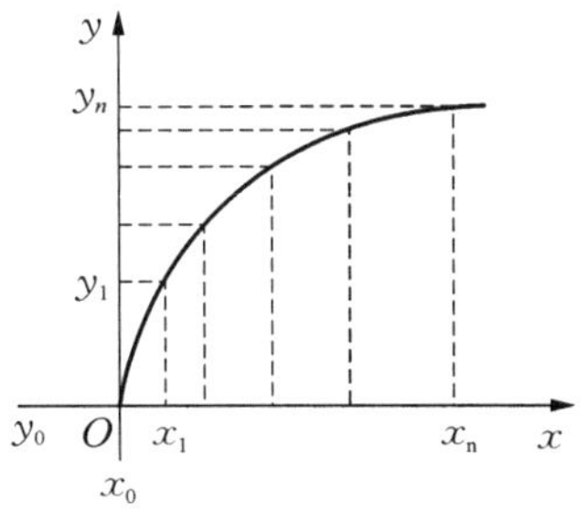

(a) 非线性曲线的分段

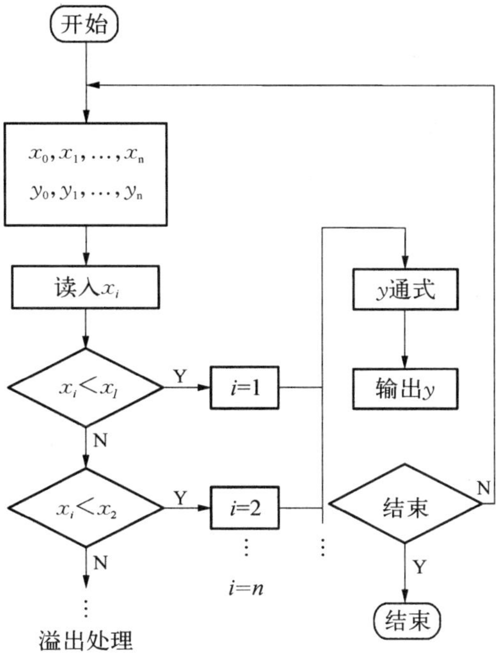

(b) 程序框图

图 2.57 线性插值法

3. 零点消除

(1) 固定零点消除。

如图 2.58 所示，如果传感器有固定零点 y_0，则 $y = y_0 + sx$，该电路的基准电压输入为 $U = U_R \frac{R}{R_w}$，其输出电压为

$$U_0 = \frac{R_3}{R_2}(y - U)$$
$$= \frac{R_3}{R_2}(y_0 - U) + \frac{R_3}{R_2}sx$$

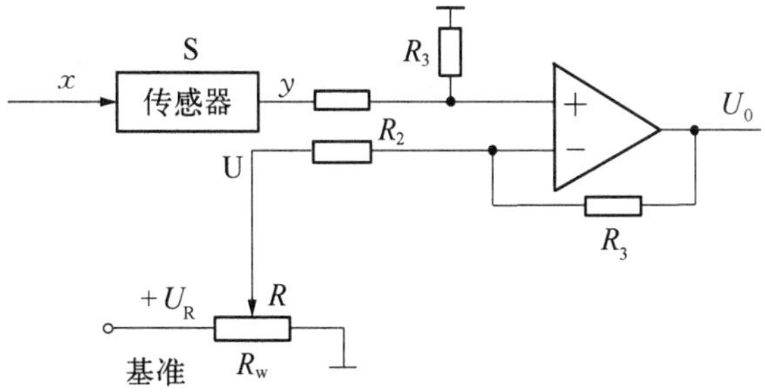

图 2.58 固定零点清除电路

固定零点消除的方法如下：当 $x = 0$ 时，调节电位器 R_w 使 $U_0 = 0$，即 $y_0 = U$，则 $U_0 = \frac{R_3}{R_2}sx = s'x$，但要求基准电源稳定，且零点值 y_0 不随时间而变。

(2) 计算机消除非固定零点。

如图 2.59 所示，由 $x=0$ 时测出的 y_0 和 $y=y_0+Sx$ 各存一单元，在单片机内不断进行 $y-y_0$ 的运算，就可消除非固定零点。

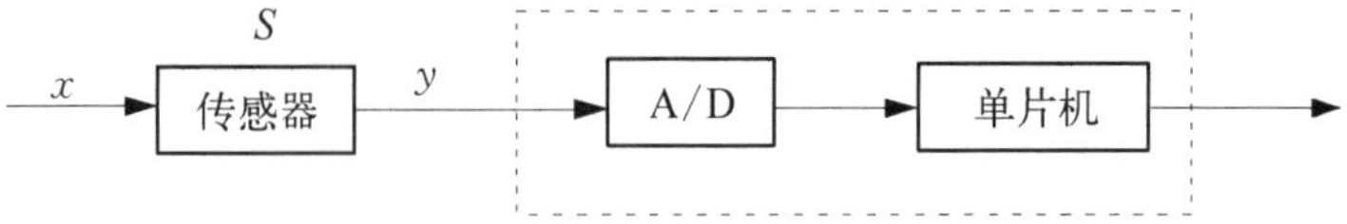

图 2.59 计算机消除零点

4. 灵敏度变化的消除

如图 2.60 所示，先把开关打到"1"，可得 $y_0=(S\pm\Delta S)x_0$，x_0 为恒幅稳频标准源的输入值，然后把开关打到"2"，得 $y=(S\pm\Delta S)x=\dfrac{y_0}{x_0}x$，在计算机内进行 $\dfrac{y_0}{x_0}$ 运算，可以消除灵敏度 S 随时间和温度变化 $(\pm\Delta S)$ 对测量的影响。

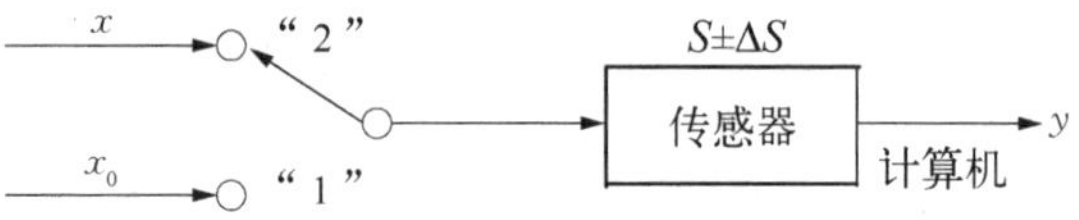

图 2.60 灵敏度变化的清除

5. 接口电路

传感器输出的电信号在被其他器件使用前，往往需要经过处理，位于传感器数据系统或执行器之间的信号处理电路称为接口电路。图 2.61 表示具有接口电路的传感器系统的方框结构。接口电路不但可以把电阻、电容、电感的变化转换成电信号，同时还具有如表 2.7 所示的其他功能。

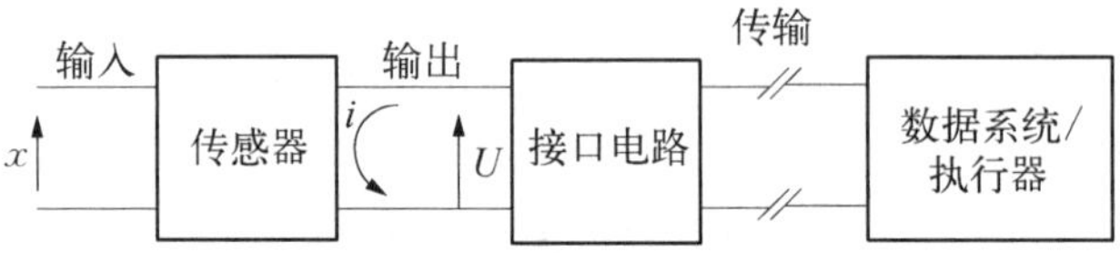

图 2.61 具有接口电路的传感器系统方框图

表 2.7 传感器接口电路的一般功能

功　能	实　　　例
放　大	使用两级 IC 技术的不可逆电压放大器
降低噪声	使用无源 RC－CR 网络作带通滤波器和数字滤波器
电　源	在热二极管中的偏压
补　偿	PTAT 热传感器，有源桥结构
控　制	智能传感器中的自测试
传　输	4～20 mA 输出标准，RS－232 标准

接口电路的首要作用往往是将未经处理的信号放大到能够实际使用的水平，像两级运算放大器一类的传统模拟电路常用来形成可逆或不可逆的放大器。当某些信号需要隔离时，希望将接口电路与热传感器集成在单片上，例如通过电压跟随器可以降低输出阻抗。

接口电路的第二个作用是使用适当的滤波器来降低噪声，这可能需要附加低通、高通或带通滤波器，但这也就可能限制了传感器输出的动态范围。滤波器也可以包含在主放大器线路内，例如集成放大器内。

接口电路的第三个作用是提供电源和将信号传送给调制传感器。因此，当接口电路提供稳定电源时，传感器的性能往往就与电源的稳定性密切相关。但对于电桥电路来讲，电源的稳定性显得不太重要，因为电路与电源的波动是无关的。

接口电路的第四个作用是可以弥补传感器在性能方面的某些缺陷，例如可以采用某种电路使输出线性化。PTAT 热传感器是很好的应用实例，它的输出是与绝对温度成正比的。进一步的接口电路包括对数放大器或者用模拟结构设计来补偿温度漂移，后者与传感器组合就可以认为具有某种智能，如与传感元件集成单片器件，则成了智能传感器。

接口电路的第五个作用是具有某种能产生控制信号的功能，例如可产生低压预警信号或具有自测试模式。尽管这种功能用模拟电路也可以实现，但更普遍的是采用数字处理系统。

最后，接口电路可以将信号传输给其他器件作准备，而数据传输的原理性方式可以是模拟电流或电压，频率转换以及数字式传输。

对短距离传输，比较容易接受的方法是使用电压信号（如 1～4 V）进行传输，例如可通过带状电缆传输的模拟—数字转换器或多路转换器。但是当模拟信号需要长距离传输时，还是用电流环方法比较好。工业标准中常用 4～20 mA 的电流环，而传感器信号应在此范围内。当无电流可测量时，那么无论是电缆、接口电路或传感器本身都将失效。

(1) 串行接口

现在已普遍使用接口电路来传输数字信号，其使用成本根据所要求的传输率及噪声水平有较大差别。表 2.8 表示支持来自数字接口电路信号的几种典型电缆的传输特性。

表 2.8　电缆信号传输

电　缆	最高传输率/(bit/s)	质量长度/(g/m)	价格/长度/($/m)	最高温度/℃
双扭线	7 M	8.6～3.2	1.00～0.64	80
带状电缆	5 M	0.10	0.12	105
同轴电缆 RG-58/Y	20 M	48.0	0.44	75
计算机电缆 RG-62/U	40 M	54.8	0.61	80
单模光纤	10 G	0.13	0.25	80～200
多模光纤	200 M	0.21	0.17	80～200

由表 2.8 可以看出，当需要高速传输大量数据时，光纤具有极大的潜在优势。数字信号一般是通过串行或并行通信总站在器件（如传感器）与个人电脑（PC 机）之间交换的。从理论上来说，串行数字接口仅需要 1 或 2 条线，因而明显地在价格上比并行接口（需要 8 条线）便宜。而且双线传输还可使用已有的通信设施，例如标准的电话电缆。

美国电子工业协会（EIA）已经制定了串行接口标准。对微机系统本身来说，最常用的接口标准是 NS-232，而 RS-422 和 RS-432 则用于长传输线或需要高数据流的情况。

图 2.62 表示上述三种串行接口的基本结构。数据流由标准的驱动器(如 Motorola MC/488 或 TI SN75188)产生并由标准的接收器(如 Motorola MC1489 或 TI SN75189)收集。RS-232 的接头是 25 脚的接头,其中大部分是控制线,这种相当复杂的结构起因于它的最初应用,即微机与调制解调器、打印机、绘图仪之间的信号交换。在某些情况下,就妨碍了实现遥控传感器的传输线的简单化和廉价。实际上 RS-232C 接口的传输线的可取长度(与负载有关)大约为 100 m,在双通道情况下其最高数据传输速度为 20 kb/s。

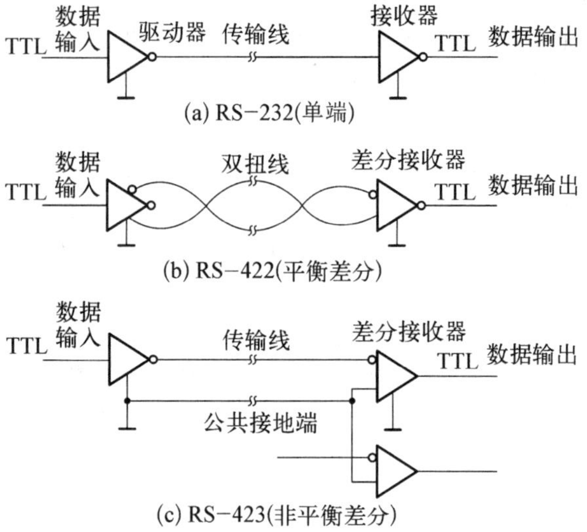

图 2.62　串行接口

(2) GPIB 接口。

生产商已经为数字控制设备专门开发了接口系统。通信和控制方式称为 GPIB (General Purpose Instrument Bus)并被 IEEE 在 1978 年制定为 IEEE488 标准。这种总线的结构可使单个处理器(如 PC 机)只使用一个接口就可控制多达 20 个其他器件。GPIB 使用非同步的符号交换方式来传输数据,因此其传输速度可达 2 Mb/s,远高于 RS-232C。它有 25 根线组成,其中 8 根用作控制线,8 根用作转载数据,8 根作地线。如图 2.63 所示,与总线相连的任何器件可以发送(说)也可以接收(听)数据,但其中一个器件用作控制器。商品化的接口卡已可用于 PC 机,它包括一个 Intel8291(说/听器)、一个 8291GPIB 控制器和两个 8293BPIB 总线说发两用机,这种卡可使 PC 机通过软件控制总线系统,虽然这种接口系

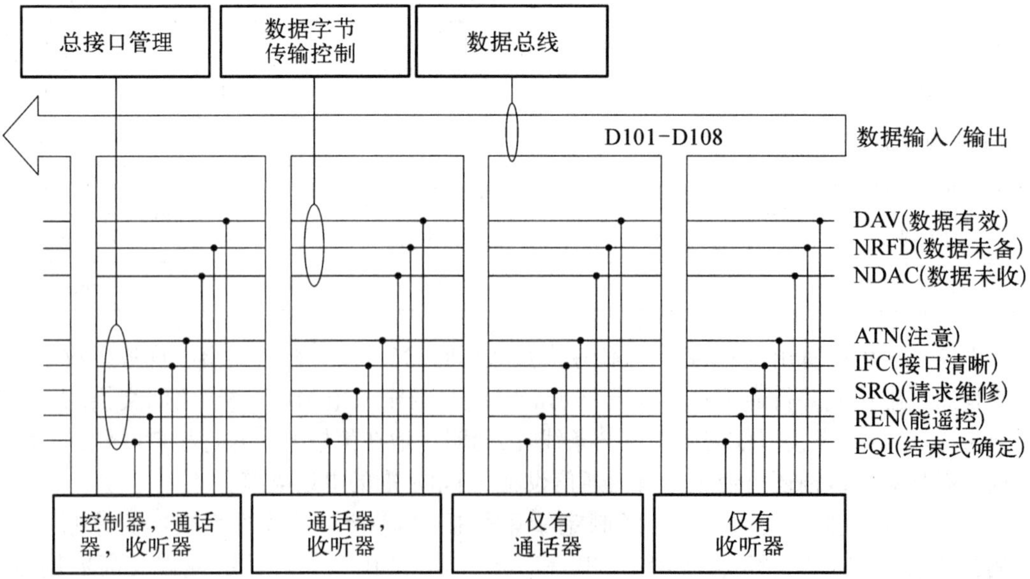

图 2.63　GPIB 的一般结构

统在设计上有极大的灵活性,例如可以极容易地在总线上添加或去除传感器,但接口卡目前的价格还是相当昂贵,还不适用于低成本的传感器应用,并且它只适用于 20 m 以下的短距离通信。

(3) 传感器接口。

将信号处理器与传感器进行集成具有许多潜在优势,例如可使用成本低、重轻、尺寸小等。迄今为止仍需开发处于总线与单个传感器之间的通用智能接口,图 2.64 表示一种仅使用 4 个串联字线的总线接口来代替 GPIB 中的 25 根线。而传感器的子系统可以很方便地添加到总线或从总线上去除,这些子系统可以是单独的传感器,也可以是多分立传感器阵列或阵列传感器。至今尚没有专门为传感器系统制定的总线标准,但不久将可出现使用简单总线标准的智能接口系统。

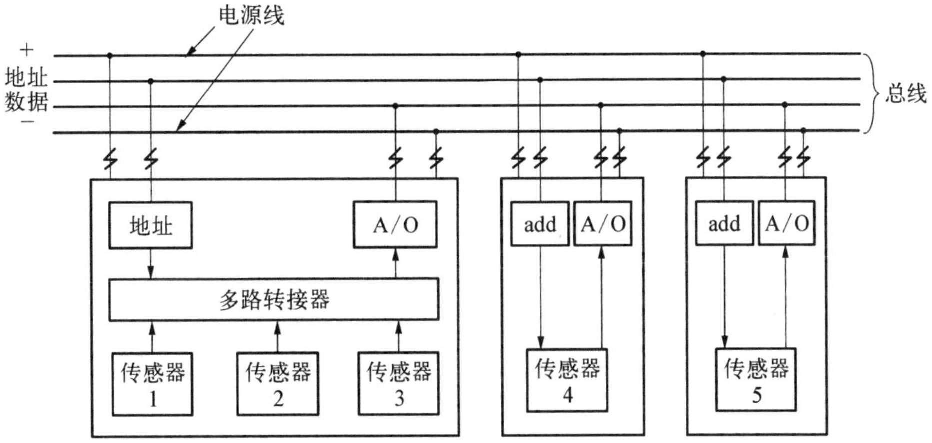

图 2.64 传感器总线接口

当前,传感器的信号处理电路,已非分列单元电路或上述的单功能集成电路,而是数字化、智能化系统的集成块。其内部各种电路的功能实现则由软件指令,以发挥最佳性能并可融入物联网等。

2.6 物联网传感技术简介

知识点与能力目标

◇ 了解物联网传感技术要点和构成。

◇ 通过体验与实训进一步熟悉物联网传感技术的应用方法。

物联网(IoT)的概念是在 20 世纪初问世的,顾名思义就是"与物相连的互联网"。由此可见,物联网的基础仍是互联网,而其用户端延伸和扩展到了任何物品与物品之间、人、事与物品之间进行信息交换。目前国内的物联网定义是:通过信息传感设备、按约定的协议把任何物品和事件与互联网连接起来,进行信息交换和通信,以实现智能化识别、定位、跟踪、监控、操作和管理的一种网络。物联网具有感知识别普遍化、异构设备互联化、联网终端规模化、管理调控智能化和应用服务链条化等特点。

世界各工业国家,均以极大的热情投入物联网的研究和产业的建立。以美国为代表的"智慧地球"概念广泛、深刻地影响和推动世界物联网技术与产业的发展。我国从政府到企业的各领域,也将物联网技术和产业的发展提高到了极为重要的地位,如"互联网+"概念。

2.6.1 物联网的关键技术

物联网是集当今物理、化学、信息、通信网络等技术高度综合的融合体。因此,物联网的技术构成,我们可以用图 2.65 进行简单概括。

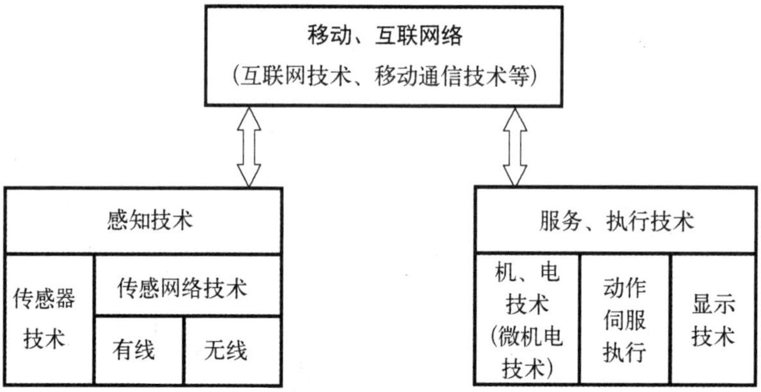

图 2.65 物联网的关键技术构成

1. 感知与识别技术

感知与识别技术处于物联网体系的最前端,是信息的获取和对信息来源的识别。信息获取的一般技术就是传感器技术,传感技术涉及面几乎是物理、化学、电子、机械等所有的自然科学和技术领域,而对于信息的有效获取和信息的有效利用,依赖于传感器及其电路技术的发展。

在传感的过程中,往往还需要对信息的来源进行识别和对目标物体状态的更新。而识别方式取决于信息的形式和信息获取的技术方式。如果我们传感某一机械位移量,可通过不同的传感器技术方式,得到的信息形式也不同;若采用电感位移传感器,位移信息则是通过电感量的变化来体现;若采用电容位移传感器,位移信息则是通过电容量的变化来体现;若依据物体位置的变化来获取物体的位移信息,我们可以通过室外 GPS 技术、室内射频定位技术。若依据信息来源的媒质(如物体本身),我们可以采用射频识别技术(RFID),射频识别主要是基于射频标签技术和无线通信技术。目前,RFID 技术已被广泛应用在各种领域。例如一辆汽车的生产管理过程中,其每一道工具或每安装一个零件,都始终有一片射频标签随车跟踪着、记录着,直至该汽车作为商品出售后,还是可以追溯其在生产或维修、部件更换,甚至到报废时期等所有的记录,相当于将该辆汽车赋予了生命。

2. 通信与网络技术

物联网技术中通信与网络的关键技术有:

(1) 无线网络基于 IEEE802.11 协议。

IEEE在1997年为无线局域网制定了第一个版本标准——IEEE802.11。它主要是解决无线局域网用户的接入认证问题，实现和规范用户级的接入控制。其中定义了媒体存取控制层(MAC层)和物理层。物理层定义了工作在2.4 GHz的ISM频段上的两种扩频调制方式，总数据传输速率设计为2 Mb/s。以后随全球无线网络要求的不断提高，IEEE又陆续对此标准进行了扩充和升级，以适应更高的网络通信要求。因此IEEE802.11标准陆续演进了多个符合不同通信要求的版本，为各种实际需求情况的无线组网和设备接入制定了规范。

(2) ZIGBEE技术。

基于IEEE802.15.4协议，IEEE802.15.4标准定义了在无线个人局域网中，通过无线射频方式在终端之间进行相互数据通信的规则和协议。其特点是支持低速率、低功耗、多节点的无线通信网络，随无线传感网络的应用发展，该标准受到更多的重视。IEEE802.15.4标准从网络的物理层和MAC层对无线个人区域网进行了定义和规范，现在被广泛应用于传感网、物联网子网的ZIGBEE技术，就是基于这种架构的一种应用协议。ZIGBEE技术可以用来构成物联网的局域子网，以及构成节点可移动的无线传感网。

(3) 移动通信技术。

2.5G是在第2代蜂窝式移动通信网络向第3代数字移动通信网络的过渡技术，其支持加载数据业务的无线移动通信方式。它是一种需要经公网接入运行的方式。如我们常见的GPRS方式中的短信业务就是利用2G通道中的数据信道进行的无线数据业务。虽然GPRS方式数据通信的速率高，但成本不低。

3G系统标准是基于CDMA多址技术，是以多媒体信息业务为主要方向的无线移动通信网。它的数据业务速率与带宽显著优于2.5G系统，我们熟知的TD-CDMA，WCDMA，CDMA2000等都是属于此方式，它具有大容量语音、高速数据(可高达2 Mb/s)和图像传输能力。因此，在物联网应用中，信息的实时性更好，特别是对于多媒体信息流。

4G系统是3G的升级，它比3G具有更高的数据传输速率，其最高数传速率期望值：下行达100 Mb/s，上行达20 Mb/s。可满足高质量传输多媒体流，使物联网中的视音频信息传输的实时性更好。

要注意的是：上述2.5G，3G，4G蜂窝式移动通信网络在物联网系统中的应用，都必须通过接入公网服务，才能将各相关的子网或局域网实现完整的物联网。

(4) 有线局域网技术。

局域网技术实际就是常见的计算机网络，虽然它有较高的传输速率和带宽，但服务区域小，在物联网技术中，常用以构成固定节点的子网或传感网。

(5) WiFi技术。

WiFi技术也是基于IEEE802.11规范的一种设备入网认证技术，它实际就是使计算机通过无线通信网络构成计算机网络。这种技术已极为广泛地被应用于无线计算机网络等领域。在物联网系统的构成中，各子网或传感子网由节点服务器通过WiFi技术无线地联接到上一级局域网或广域网。

3. 信息处理与服务执行技术

物联网技术的作用最终体现是实现对人类社会的高效服务。所谓“高效”就要求这些信息在互操作过程中，具有很高的工作效率和较低的成本。因此，信息处理技术在此有广阔的工作舞台，在信息处理中，根据不同的信息数据结构，采用不同的压缩信号的方式，使信息在互操作中，有很高的数据传输效率和占用很低的信道资源。如视频信息，目前采用 MPEG-4 压缩方式，其清晰度远优于之前常用的方式，而 MPEG-4 所占用的信道带宽，也极为显著地变小。同样，服务执行机构也是物联网领域的重要部分。最终的服务功能实现，都是由此部分进行的。因此，执行系统的可靠性、微型化、低功耗、高效化都是极为重要的要求。比如，目前采用微波无线控制的微机械技术等，都是这领域里的发展方向。

2.6.2 物联网的构成与应用

目前世界上比较一致地将物联网分成三个层次的架构。分别是：应用层、网络层、感知层。典型物联网的构成和应用，如图 2.66 所示。

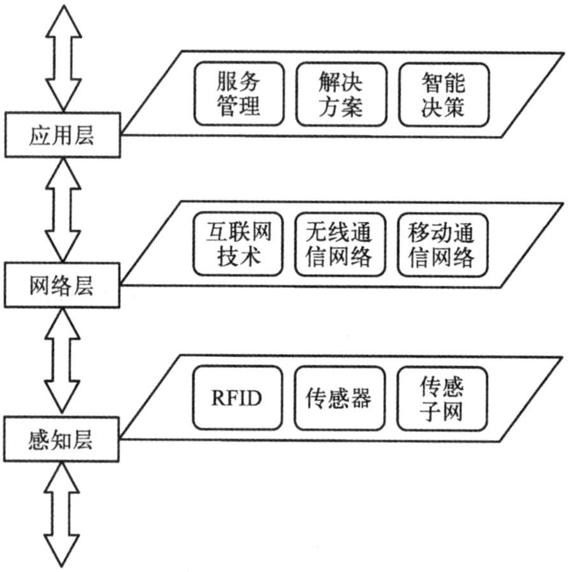

图 2.66 典型物联网的构成和应用

1. 应用层

应用层是物联网的执行终端，其主要职能是解决方案、智能决策和管理，就相当于人类的社会分工和社会各类应用与服务，后者有：工农业、远程医疗、环境保护、灾害监测预防、智能家居和智慧城市管理等。

2. 网络层

网络层是物联网的脉络基础，就相当于人的神经中枢和大脑。

构成物联网网络层的技术平台有：互联网技术、专用网络技术、计算机网络通信技术、移动通信网络及物联网网关技术。

3. 感知层(感知、识别与控制层)

感知层是物联网的信息前端，就相当于人的感觉器官。其功能是：物理量传感、化学量传感、生物医学传感、RFID(Radio Frequency Identification)技术等，并将这些传感技术嵌入到物体中，使各物体具有“生命”的属性。

基于物联网技术的传感器应用一般融入到无线传感器节点中。无线传感节点一般由传感单元、微处理器、无线通信芯片、电池等组成，如图 2.67 所示。其中传感单元中的传感器是根据具体应用需求及传感器本身特点决定使用哪种，各种被测物理量通过传感器变成电信号，再经放大、滤波、干扰抑制、多路转换等信号检测和预处理电路将模拟量的电压或电流送入 A/D 转换成数字量。

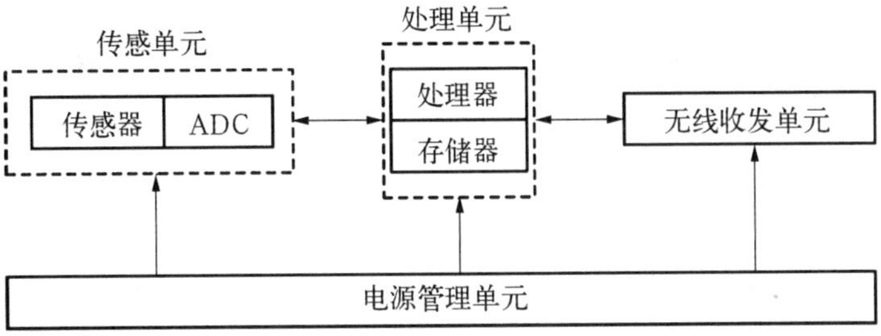

图 2.67 传感器节点基本硬件功能模块图

对于比较集中的传感区域，我们可以采用如蓝牙、ZigBee（ZigBee 是基于 IEEE802.15.4 标准的低功耗局域网协议）等形成短距离、自组织的无线传感网络，将该区域的各传感器联接成子系统，并以此为一个节点接入到系统中，构成结构更合理、效率更高的系统结构。

目前人类已进入第四次产业革命时代，也就是"工业 4.0"。信息革命在互联网技术上的又一次新浪潮，就是物联网。现在这些技术的进步使物联网的全面感知和可靠传输变得完全可能，使得生产管理、安全防范、生活和金融服务等的数据都能达到智能应用，人们的日常生活将发生极大变化。一般来说，实现物联网的主要步骤有如下几个方面：

(1) 对物体属性进行感知与标识。物体属性包括静态属性与动态属性，前者直接进行存储，后者需对各种类型传感器进行实时探测并进行存储和状态更新。

(2) 需要一定的识别设备，完成对物体属性的读取，并将信息转换为适合网络传输的数据格式。

(3) 将物体的信息通过网络传输到信息处理中心，完成通信的相关处理、存储、显示以及进行对执行设备的控制。现举一例窥见一斑。

【例 2.7】 物联网中的某安全防范监控子系统（本地中心）的框图，如图 2.68 所示，各重要模块的功能简介如下：

(1) 网络服务器：将用户系统的视频信号和报警、传感数据信号集成和控制，并经数据网络接口和视频网络接口，将本地网络接入到公共互联网（如：中国电信、中国移动等公共互联网），从而成为物联网系统中的一个子系统。

(2) 硬盘录像机（视频监控主机）：将多路监控视频信号（可包含声音信号），通过矩阵进行摄像头、云台、图像动态侦查设置、监视、录像回放等控制，并将多路视频组帧，由一路网线输出。其中，摄像机可采用 AV（视频同轴电缆输出）输出的，也可以用网络接口（网线）输出的，视视频监控主机而定。视频接入数目也由视频监控主机定，常见有：4、9、16 路等。

(3) 硬盘录像机报警联动：当运动侦查发生有告警时，就输出至相应的报警系统。

(4) 报警主机：用于各类开关量的报警、智能家居的数据控制、处理。其大都采用总线（大多为 485 总线）结构，可容易地进行信息点的扩容和信息点的地址识别。主机与外网的通信是通过网线接口实现的。

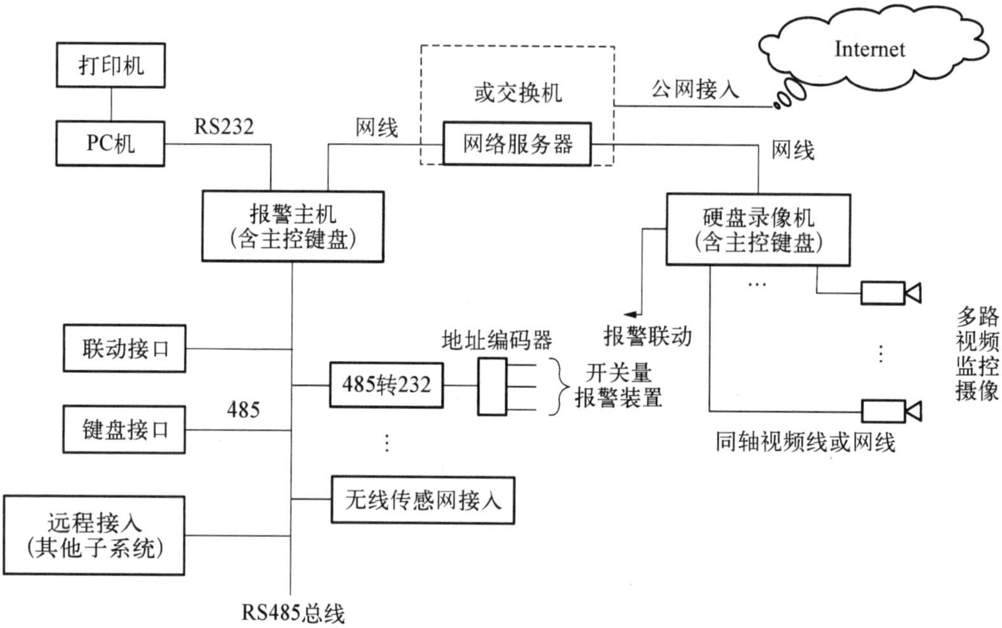

图 2.68　安全防范监控子系统框图

(5) 联动接口：多中心联网报警由联动接口进入。

(6) 键盘接口：在 300 m 距离内，控制键盘可扩展到 32 个，操作键盘还可作为高性能的报警中心。

(7) 远程接入接口：可以通过有线或无线的方式，接入其他独立的子系统。如：智能家居系统、远程医疗等。

(8) 485 转 232 接口：通过 232 接口，外挂地址编码器等，用于本地开关量的信号报警、控制和信息点地址的识别。如：室内报警系统，红外周界、电子围栏等周界报警系统。并且很方便地进行用户点的扩容。

(9) 无线传感网接入：通过短距无线通信方式，如蓝牙、ZigBee 等技术，将无线传感网络的子系统接入。

物联网的发展方兴未艾，正向纳米化迈进：利用微传感器、微处理器、微型供电装置和无线搭建起来的物联网，正迅速地把网络世界从计算机和移动装置扩至物质世界常见物品：空调、汽车、门锁甚至人和动物的跟踪器。科学家已开始把传感器尺寸从毫米或微米级缩小到纳米级，小到能在生物体内循环，小到能直接混合到各种材料中，进而使纳米物联网引领医学及其他许多行业，使其展现一个全新境界。

思考题 2

2.1　温标有何含义？从工作特性(变化量和类型)、检测电路比较热敏电阻和热电偶测温有什么不同(优缺点)？热敏电阻如何与热电偶、红外线测温仪和霍耳元件等联用？

2.2　辐射式测温有何特点？红外热电型和光电型的探测器有何不同？怎样减少测温误差和进行温度定标？

2.3 三种大气压如何定义？试述差压与表压、正压与负压的异同。

2.4 电阻应变片和霍尔元件，如何进行压力检测（电路和输出）和温度补偿（结构形式）？电桥中的敏感元件有何特点？为什么要采用电桥电路？

2.5 常用位移传感器分几种型式？并说明测位（位置和位移）、测距、测角和测过程的用途（举例）。

2.6 何谓体积流量、质量流量和累积总量（指出单位）？流体在管道中会引起哪些变化？试以推导式或直接式质量流量计为例加以说明。

2.7 速度与转速可转换时，采用何种传感器测速？不可转换时，如何测速？两者有何差异？

2.8 如何通过光信号感知被测量？光电转换的三种特性曲线有何作用？试举例说明光电导元件、光电势器件和光纤传感器的应用。

2.9 分别指出五种气体浓度传感器的基本元件和输出信号特性，宽带氧传感器有何特点？

2.10 模拟电量放大器的三种结构如何减少噪声？电压和电流如何相互转换？

2.11 试述校正非线性、消除零点和灵敏度变化的方法。归纳接口电路功能（不超过三点）。

练习题 2

2.1 摄氏温度 $C=17℃$ 时，国际温度 $T=$________K；当 $T=17$ K 时，$C=$________℃；当 $\lambda_m=10\ \mu m$ 时，$C=$________℃。

2.2 参见图 2.8，试画出同一型号热电偶串、并联的三种等效电路，并写出毫伏表两端（开路）输出电压 U_0 的表达式。对于图 2.8(b) 还要求出接负载 R_0 时的输出电压表达式，并指出产生误差的原因。

2.3 当一个热电阻所处的温度为 20℃和 25℃时，其阻值分别为 100 Ω 和 101.5 Ω。在线性段时，试计算当温度分别处于 −100℃和 150℃时的阻值。

2.4 压力的压强 $P=\dfrac{F}{A}$，其国际单位定义是________，换算成工程大气压 1 at=0.1 MPa，则 1 Pa= ________at。

2.5 有一个二线制压力表，测量范围为 0～1 MPa，当 24 V 供电时，对应的输出电流为 4～20 mA，要求：

(1) 画出压力 p 与输出电流 I 的转换特性曲线；

(2) 列出 I 与 p 的线性方程式，以及求出量程和分辨率；

(3) 当 p 为 0.1 MPa、0.2 MPa、0.3 MPa、0.4 MPa 和 0.5 MPa 时，求出压力表的输出电流，如果测得 $I=5$ mA，此时的压力为多少？

(4) 如果希望输出电压为 1～5 V，求负载电阻值。若测得为 0 V，试说明造成故障的原因有哪些。

(5) 画出二线制接线电路图。

2.6 已知传感器的转换特性 $y=2.25x=0$～20 mA，试求其灵敏度 S(mA/mm)、位移量 x(mm) 的测量范围和每毫安(mA)电流的分辨力 Δx(mm)。

2.7 在图 2.28 的超声波流量测量中，流体密度 $\rho=0.9\times10^3\ kg/m^3$，管道直径 $D=1$ m，$\theta=45°$，测得 $\Delta f=10$ Hz，求：1) 管道横截面积 A；2) 平均流速 $\bar{v}$；3) 体积流量 q_v；4) 质量流量 q_m；5) 1 h 的累积流量总量 q_m'。

2.8 参考图 2.28,试画出安装在管道同一侧反射型超声波测量流量的原理图,如果流速与超声波夹角 $\theta = 90^\circ$ 或仅用一个超声探头,行吗?

2.9 参见霍耳传感器测速原理图(图 2.29),转盘上有目标轮(齿轮或条纹)个数 $m=10$,测出脉冲重复周期 $T_0 = 10$ ms,当已知车轮的直径 $\phi = 0.6$ m 时,试求出车辆行速(km/h)。

2.10 已知多普勒雷达的发射频率 $f_t = 25$ GHz,测得多普勒频移 $f_D = 10$ kHz,试求飞行物的径向速度。如对准三叶台扇,测得多普勒频移 $f_D = 90$ Hz,问三叶台扇的转速为多少?

2.11 光强或光通量可用加入光源中的电流 I_0 来衡量,当 $I_0 = 10$ mA 和 20 mA 时,光敏电阻的阻值分别为 500 Ω 和 360 Ω,在线性段时,当 $I_0 = 0.5$ mA 和 5 mA 时光敏电阻的阻值各为多少?

2.12 下列每小题给出的四个选项中,至少有一个选项正确。

(1) 下列设备利用了光电传感器的是(　　)

A. 火灾报警器　　B. 电饭锅　　C. 测温仪　　D. 加速度计

(2) 下列说法正确的是(　　)

A. 话筒是一种常用的声传感器,其作用是将电信号转换为声信号。

B. 电熨斗能够自动控制温度的原因是它装有双金属片温度传感器,这种传感器的作用是控制电路的通断。

C. 电子秤所使用的测重装置是力敏传感器。

D. 半导体热敏电阻常用作温度传感器,因为温度越高,它的电阻值越大。

(3) 如图所示,R_1、R_2、R_3 是固定电阻,R_4 是光敏电阻,当开关 S 闭合后在没有光照射时,a、b 两点等电势,当用光照射 R_4 时(　　)

A. R_4 的阻值变大,a 点电势高于 b 点电势

B. R_4 的阻值变大,a 点电势低于 b 点电势

C. R_4 的阻值变小,a 点电势高于 b 点电势

D. R_4 的阻值变小,a 点电势低于 b 点电势

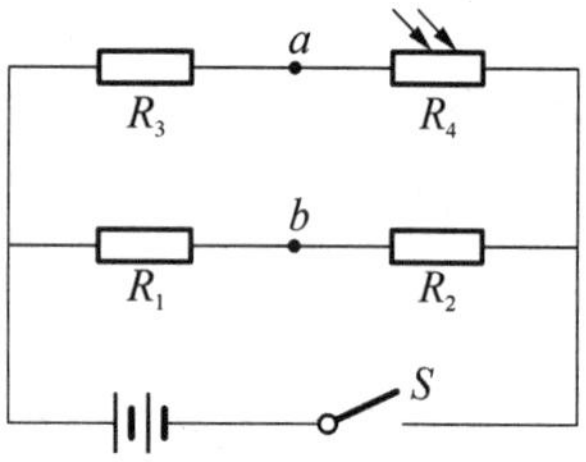

题 2.12(3)图

(4) 霍耳元件能转换哪两个物理量?(　　)

A. 把温度这个热学量转换成电阻这个电学量。

B. 把磁感应强度这个磁学量转换成电流这个电学量。

C. 把力这个力学量转换成电压这个电学量。

D. 把光照强弱这个光学量转换成电阻这个电学量。

2.13 某同学设计了一路灯控制电路如图所示,光照射光敏电阻 R_G 时,其阻值变小。设白天时继电器两端电压为 U_1,夜晚为 U_2,它们的大小关系是:________。现要使路灯比平时早一些亮起来,应如何调节 R_1? ______________。

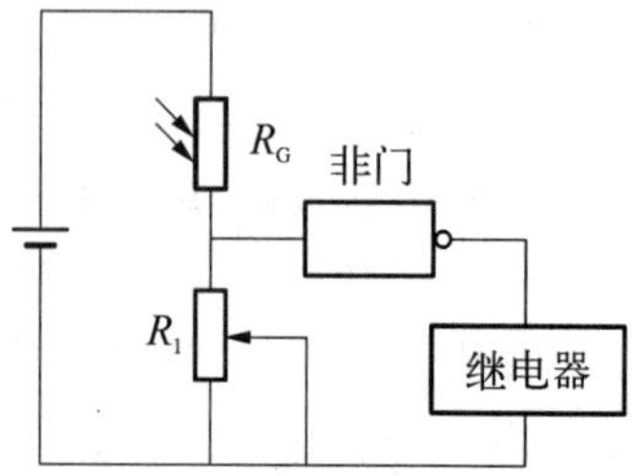

题 2.13 图

2.14 几种模拟电量转换器的电路结构,如图所示。

当转换系数 $K_1 = K_2 = K_3 = 1$,输入信号电压为 $U_i = m$(V) 和干扰信号电压为 $U_{n1} = U_{n2} = U_{n3} =$

n(V) 时，试分别求出它们的输出电压 U_0 的表达式和当 $n=0.1m$ 时的信噪比 $\frac{S}{N}$。

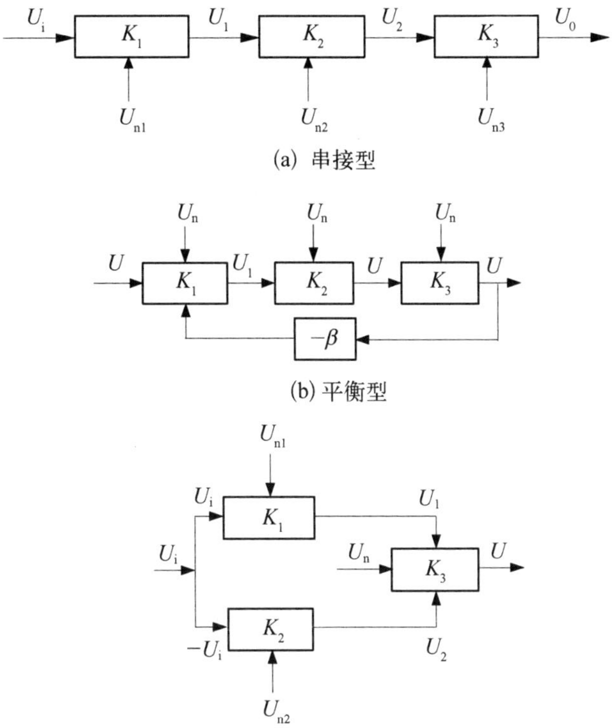

(a) 串接型

(b) 平衡型

(c) 差动型

题 2.14 图

第3章 电压、功率和噪声的测量

第3～6章分别讲述电子测量的原理、技术与应用，主要是电压、电路参数、射频网络参数、频域和时域等的测量方法，并涉及电子仪器。如加上计算机测试技术和误差处理，可自成一门“电子测量技术”的教材。

3.1 电压和电路元器件的测量

知识点与能力目标

◇ 了解电压表的量程和分辨率。能测量交、直流电压，对交流电压的峰值、有效值和平均值能相互转换。

◇ 熟悉测试仪表工作原理，能用电桥法和谐振Q表法测量电路参数(R,L,C及Q值)，并能计算伏安法测量电阻的误差。

◇ 基于PN结的单向导电性，能用万用表检测半导体的好坏、材料、极性和区分三极管的管脚。

电压是表征电信号或电力能量的基本参数，其派生参数有功率或电流，以及分贝。在测量电路元器件、调制度、失真度、灵敏度和射频参数等时也要用到电压测量。电路工作状态，如谐振、平衡、截止、饱和及动态范围，通常都以电压形式表达出来。电子设备的控制信号、反馈信号和噪声等，主要也表现为电压。因此电压测量是电子测量中最基本、最常用的测量。

3.1.1 交、直流电压表的结构和测量原理

1. 各种电压表的结构

(1) 图3.1各种电压表结构包括：直流模、数电子电压表；直流模、数万用表；交流模、数电子电压表；交流模、数万用表，共八种。

(2) 电子电压表较之万用表，具有输入阻抗高，灵敏度高(μV级)和分辨率高等优点。其缺点是体积大、价格高等。较之示波器测电压精度高，且简便。

(3) 万用表量程越小，内阻越低，测量误差越大，对被测电路影响也大。往往采用间接测量，即先分别测出U_A和U_B对地电压，再求电位差$U_{AB}=U_B-U_A$，比直接测量U_{AB}精度高。

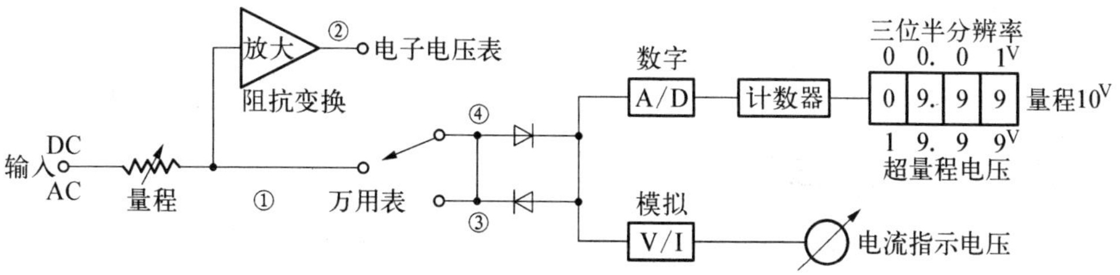

图 3.1 各种电压表结构

2. 数字电压表(DVM)的测量范围和分辨率

(1) 测量范围。

① 显示位数：整位能显示 0～9 数字，最高位只能显示 0 或 1，称半位或称$\frac{1}{2}$位。

② 量程：基本量程测量误差较小。扩展量程采用输入衰减或放大来完成，测量精度低于基本量程。

③ 具有半位和十进制量程的电压表，有 100%的超量程能力。

(2) 分辨率。

末位数字变化±1 的电压值即分辨率电压，不同量程具有不同的分辨率，最小量程具有最高的分辨率。

(3) 表 3.1 列出不同量程电压表的测量范围和分辨率。

表 3.1 量程、分辨率和超量程的电压

量 程	三 位	三位半	四 位
0.1 V	99.9 mV	099.9 mV	99.99 mV
	00.1 mV	000.1 mV	00.01 mV
		199.9 mV	
0.2 V	199 mV	199.9 mV	199.9 mV
	001 mV	000.1 mV	000.1 mV
5 V	4.99 V	04.99 V	4.999 V
	0.01 V	00.01 V	0.001 V
10 V	9.99 V	09.99 V	9.999 V
	0.01 V	00.01 V	0.001 V
		19.99 V	

从表中可知：

① 先定满量程的小数位。如 10 V 量程，3 位半表为 09.99 V，即两位小数，单位为 V。

② 在小数位和单位不变情况下的末位 1，便是分辨率。上述两位小数和单位为 V 的末位 1，即分辨率为 00.01 V。

③ 半位和十进量程表，具有 100%的超量程能力，见表 3.1 中的箭头最高位从 0 到 1。

【例 3.1】 五位 DVM 中最小量程为 1 V,若其最高分辨率为±1 个字,问该表可测的最小电压值为多少?

解: 五位电压表 1 V 量程: 999.99±0.01 mV,则该可测的最小电压值为 10 μV。

3.1.2 交流电压的量值及转换

交流电压除可用波形图和函数式表达外,通常还可用峰值、有效值、平均值等参数来计量。

1. 峰值 U_p

周期性交变电压 $u(t)$在一个周期内偏离零电平的最大值称为峰值 U_p。

如图 3.2 所示的对称波形,有正峰值 U_p^+ 和负峰值 U_p^- 之分,可正可负可为零。与峰峰值 U_{pp}、幅值 U_m 和直流电平 U_0 的关系:

$$U_{pp} = U_p^+ - U_p^- = 2U_m \text{及} U_p^+ + U_p^- = 2U_0 \quad (3.1)$$

当 $U_0 = 0$ 时,则

$$U_m = U_p^+ = U_p^- = U_p$$

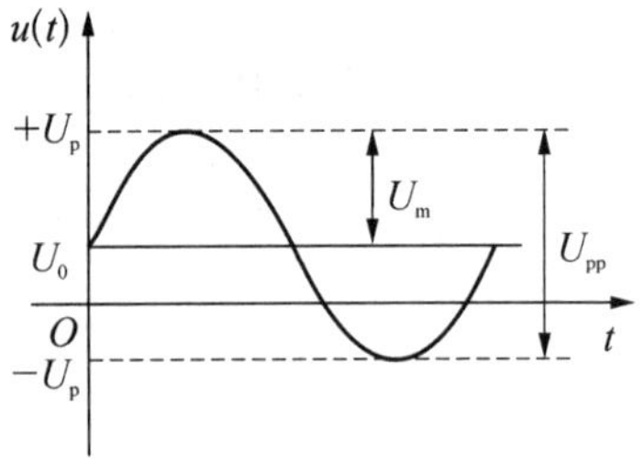

图 3.2 峰值位置

2. 有效值 U

根据热电效应来规定的 U 实际上是按数学上的均方根定义的:

$$U = \sqrt{\frac{1}{T}\int_0^t u^2(t)\mathrm{d}t} \tag{3.2}$$

在同一电阻上,如有多种电压和谐波的有效值,则具有能量的叠加性:

$$\text{总功率} \quad P = P_0 + P_1 + P_2 + \cdots$$

$$\text{或} \quad U^2 = U_0^2 + U_1^2 + U_2^2 + \cdots$$

另外,不同电表均以正弦波有效值 U 来标定刻度的,实现了应用的统一性。

3. 平均值 $\overline{U}$

在电子测量中,平均值通常指全波整流后的平均值,即

$$\overline{U} = \frac{1}{T}\int_0^t |u(t)|\mathrm{d}t \tag{3.3}$$

它避免了对称波形平均值为零的情况,因而反映了一个电波的实际平均效果。

4. 波峰因数 K_p 和波形因数 K_F

定义:

$$K_p = \frac{U_p}{U},\ K_F = \frac{U}{\overline{U}} \tag{3.4}$$

可得

$$K_p K_F = \frac{U_p}{\overline{U}}$$

表 3.2　部分波形的波形因数和波峰因数

名　　称	波形因数	波峰因数
正弦波	1.11	1.414
半波整流	1.57	2
全波整流	1.11	1.414
三角波	1.15	1.73
锯齿波	1.15	1.73
方　波	1	1
白噪声	1.25	3

例如正弦波 $K_{p\alpha}=\sqrt{2}$，$K_{F\alpha}=1.11$；噪声 $K_p=3$，$K_F=1.25$；三角波 $K_p=\sqrt{3}$，$K_F=\frac{2}{\sqrt{3}}$；方波均为1等有表3.2可查。并有 $U_p \geqslant U \geqslant \bar{U}$ 的规律。

三种电压表测量的峰值、有效值和平均值三值如表3.3所示。

表 3.3　峰值、有效值和平均值三值换算

三值 换算 电压表	峰　值	有效值	平均值
峰值表	U_p	$\frac{U_p}{K_p}$	$\frac{U_p}{K_pK_F}$
有效值表	K_pU	U	$\frac{U}{K_F}$
平均值表	$K_pK_F\bar{U}$	$K_F\bar{U}$	$\bar{U}$

各种电表示值，就是正弦波的有效值：

$$U_\alpha=\frac{U_p}{U_{p\alpha}},\ U_\alpha=K_{F\alpha}\bar{U}=K_{F\alpha}\cdot\frac{U_p}{K_pK_F}$$

用有效值表示其他测量值为：

$$U=K_F\bar{U}=K_F\cdot\frac{U_\alpha}{K_{F\alpha}};\ U=\frac{U_p}{K_p}=K_{p\alpha}\cdot\frac{U_\alpha}{K_p}$$

【例 3.2】 现测得三角波的有效值 $U=2$ V，试计算其峰值 U_p 和平均值 $\bar{U}$。试述计算方法有何规律？

解： 由 $K_p=\frac{U_p}{U}$ 得 $U_p=K_pU=1.73\times 2=3.46(\text{V})$，波峰因数 $K_p=1.73$ 由表3.2查得。

由 $K_F=\frac{U}{\bar{U}}$ 得 $\bar{U}=\frac{U}{K_F}=\frac{2}{1.15}=0.575(\text{V})$，波形因数 $K_F=1.15$ 由表3.2查得。

计算方法要诀：

交流电压有三值（U_p、U、$\overline{U}$），电表测出有效值（U），

波峰因数算峰值$\left(K_p=\frac{U_p}{U}\right)$，波形因数算均值$\left(K_F=\frac{U}{\overline{U}}\right)$。

3.1.3 电路元件和半导体管的测量

电路的基本元件一般指无源的电阻 R、电感 L 和电容 C。当呈现为集总参数时，可归结为电路的电压和频率等测量。当工作频率升高、呈现为分布参数时，则为微波装置的阻抗测量，此不涉及。

1. 电阻、电感和电容的测量

（1）电阻的测量。

1）在大多数情况下，用数字万用表测量电阻值，可满足要求。其原理是在 R_x 上加电压 U，测得电流 I，算得 $R_x=\frac{U}{I}$。

2）低值电阻（<100 Ω）精测，采用惠斯顿直流电桥，如图 3.3 所示。

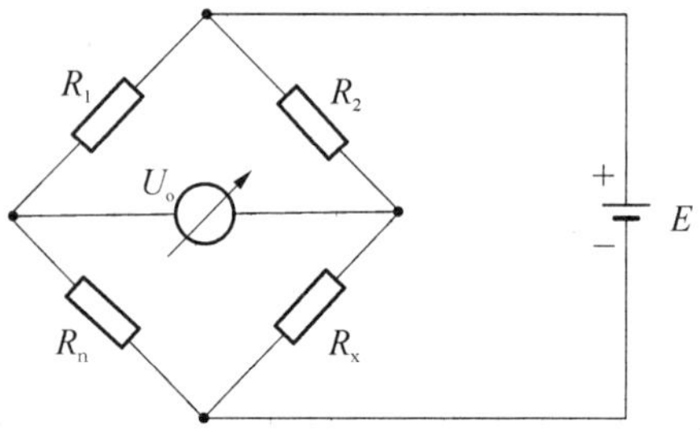

图 3.3 直流电阻电桥

改变比例系数 $k=\frac{R_1}{R_2}$，和标准电阻 R_n，可使电表指示 $U_o=0$，电桥平衡时，$R_1R_x=R_2R_n$，被测电阻及其测量范围为

$$R_x=\frac{R_2}{R_1}\cdot R_n=\frac{R_n}{k}=\frac{1\ \Omega\sim 10\ \text{k}\Omega}{0.001\sim 1\ 000}=0.001\ \Omega\sim 10\ \text{M}\Omega$$

【例 3.3】 参见图 3.3，$R_1\neq R_2$，且数值不详，但可能变化的范围各为 ΔR_1 和 ΔR_2，试找出两种方法可使 R_x 的测量值仅与 R_n 有关。

解： 方法 1：

$$R_x=\frac{R_2+\Delta R_2}{R_1+\Delta R_1}R_{n1}$$

R_1 和 R_2 互换后：

$$R_x=\frac{R_1+\Delta R_1}{R_2+\Delta R_2}R_{n2}$$

两式相乘得

$$R_x=\sqrt{R_{n1}R_{n2}}$$

适宜于 R_1 与 R_2 能互换的装置。

方法 2 提示：先用已知电阻 R 代替 R_x。适宜于有精确的已知电阻 R 的情况。

3）伏安法。伏安法是带电间接测量，用直接法测得电压 U 和电流 I，求得 $R_x=\frac{U}{I}$，但需要选择测量误差较小的电路。

图 3.4(a)测量值 $R_x' = \dfrac{U}{I} = \dfrac{I(R_A + R_x)}{I} = R_A + R_x > R_x$，电流表 A 内阻 R_A 越小，R_x'越近 R_x。

图 3.4(b)测量值 $R_x'' = \dfrac{U}{I} = \dfrac{U}{\dfrac{U}{R_x} + \dfrac{U}{R_V}} = \dfrac{R_x R_V}{R_x + R_V} < R_x$，电压表内阻 R_V越大，R_x''越近 R_x。

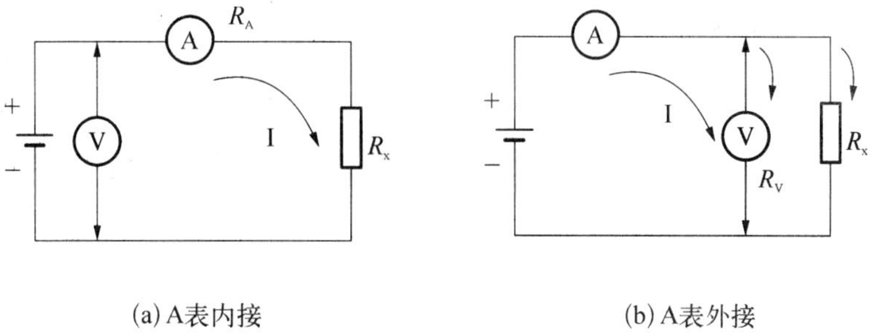

图 3.4　伏安法测量

图 3.4(a)的相对误差为

$$\frac{\Delta R_x'}{R_x} = \frac{R_x' - R_x}{R_x} = \frac{R_A}{R_x}$$

则

$$\Delta R_x' = R_A$$

修正值：

$$C = -R_A$$

图 3.4(b)的相对误差为

$$\frac{\Delta R_x''}{R_x} = \frac{R_x'' - R_x}{R_x} \approx \frac{R_x'' - R_x}{R_x''} = -\frac{R_x}{R_V} = -\frac{\dfrac{R_x^2}{R_V}}{R_x}$$

则

$$\Delta R_x'' = -\frac{R_x^2}{R_V}$$

修正值：

$$C = -\Delta R_x'' = \frac{R_x^2}{R_V}$$

当 $\left|\dfrac{\Delta R_x'}{R_x}\right| = \left|\dfrac{\Delta R_x''}{R_x}\right|$ 时，可求得中界电阻

$$R_{ox} = R_x = \sqrt{R_A R_V} \tag{3.5}$$

当 $R_x < R_{ox}$ 时,即 $R_V \gg R_x$,采用图 3.4(b)法误差较小。反之,当 $R_x > R_{ox}$ 时,采用图 3.4(a)法。用伏安法也可测得半导体二极管非线性电阻,由其特性曲线可知不同的外加电压,R_x是不同的。

(2) 电感和电容的测量。

测量未知电容 C_x 和电感 L_x,一般采用交流电桥平衡法、电路变换法和谐振 Q 表法等。分述如下:

1) 交流电桥法。

测量较大值采用低频电桥,如图 3.5 所示。

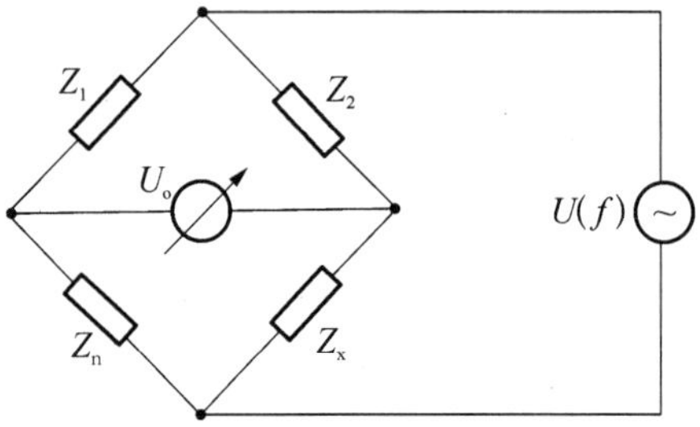

图 3.5 交流电桥

电桥平衡时,被测 $Z_x = \dfrac{(Z_2 \cdot Z_n)}{Z_1} = A + jB = R_x + jX$,则被测电阻 $R_x = A$。

当$+jB$时,$X_L = \omega L_x = B$,则被测电感 $L_x = \dfrac{B}{\omega}$;

当$-jB$时,$X_C = \dfrac{1}{\omega C_x} = B$,则被测电容 $C_x = \dfrac{1}{2\pi f B}$;

损耗角 δ 的正切 $\tan\delta = \dfrac{X}{R_x} = \dfrac{B}{A} = \dfrac{1}{Q}$。

【例 3.4】 海氏电桥测量 L_x,如图 3.6 所示。

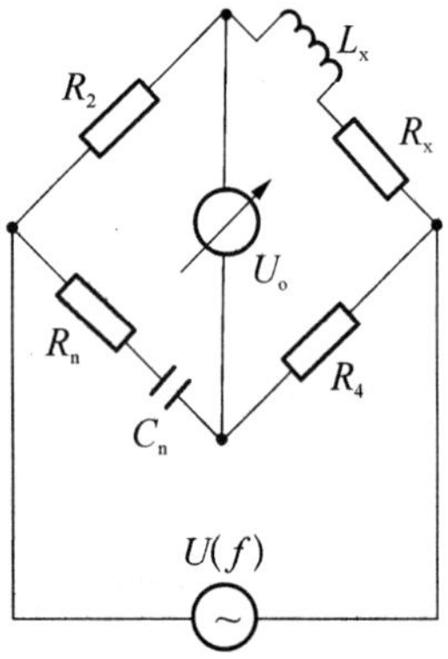

图 3.6 海式电桥

电桥平衡时有

$$R_2R_4 = (R_x + j\omega L_x)\left(R_n + \frac{1}{j\omega C_n}\right)$$

$$R_2R_4 - R_xR_n - \frac{L_x}{C_n} = j\left(\omega R_n L_x - \frac{R_x}{\omega C_n}\right)$$

设 $Q = \omega C_n R_n$,应用复数运算规则:

当 $\omega R_n L_x - \dfrac{R_x}{\omega C_n} = 0$ 时,则有

$$R_x = \omega C_n(\omega R_n L_x) = Q\omega L_x \quad 或 \quad R_x = \omega C_n(\omega R_n L_x) = Q\omega L_x$$

当 $R_2R_4 - R_xR_n - \dfrac{L_x}{C_n} = 0$ 时,则有

$$L_x = C_n(R_2R_4 - R_xR_n) = R_2R_4C_n - R_x R_n C_n$$

得

$$L_x = \frac{R_2R_4C_n}{1+Q^2}$$

又得

$$R_x = Q\omega L_x = Q\omega \frac{R_2R_4C_n}{1+Q^2} = \frac{Q^2}{1+Q^2}\frac{R_2R_4}{R_n} = \frac{1}{1+\frac{1}{Q^2}}\frac{R_2R_4}{R_n}$$

$$\approx \frac{R_2R_4}{R_n}\text{（近似关系需满足 }Q \geqslant 10\text{）}$$

$$\tan\delta = \frac{X_L}{R_x} = \frac{\omega L_x}{R_x} = \frac{\omega R_n C_n}{Q^2} = \frac{1}{Q}$$

2）电路变换法。

利用变换电路将被测元件的参数变换成相应的电压，然后经 A/D 转换后，进行数字化显示，常用的 LCR 测试仪内有两种电路：

① 测 C_x及其漏电阻 R_x的电路，见图 3.7(a)。

$$U_0 = U_r + jU_x = U\frac{R_f}{Z} = UR_fY$$

$$= UR_f\left(\frac{1}{R_x} + j\omega C_x\right)$$

$$= U\frac{R_f}{R_x} + j\omega C_x UR_f$$

则得

$$U_r = U\frac{R_f}{R_x},\quad U_x = \omega C_x UR_f \text{ 及 } \tan\delta = \frac{U_r}{U_x} = \frac{1}{\omega R_x C_x} = \frac{1}{Q_C}$$

U_o经两个乘法器才能分离出 U_r和 U_x，再分别经 A/D 后，可数显 R_x、C_x及 Q 值。

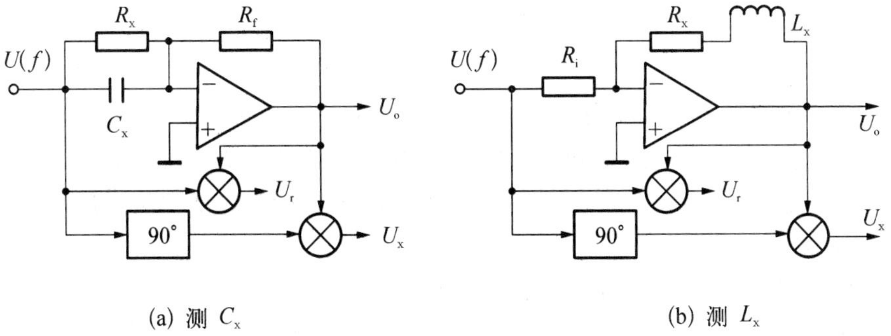

图 3.7　测 C_x和 L_x

② 测 L_x及其损耗电阻 R_x的电路，见图 3.7(b)。

$$U_o = U_r + jU_x = U\frac{Z_x}{R_i}$$

$$= U\frac{R_x + j\omega L_x}{R_i}$$

$$= U\frac{R_x}{R_i} + j\frac{\omega L_x U}{R_i}$$

则得

$$U_r = U\frac{R_x}{R_i},\ U_x = \frac{\omega L_x U}{R_i},\ \tan\delta = \frac{U_r}{U_x} = \frac{R_x}{\omega L_x} = \frac{1}{Q_L}$$

作为电路变换另一种方法，则通过下例来说明。

【例 3.5】 按习题 3.7，设计一个电感电容测试仪，指出它们的测量范围和所用仪表。

解：先设定被测元件折中值 L_x 或 C_x，并选用一个信号源的中间频率 f_0。现采用测量 $U_R=\frac{U}{2}$ 的方法，可算出电位器的中间值 $R_0=\frac{2}{\sqrt{3}}\pi f_0 L_x$ 或 $R_0=\frac{1}{2\sqrt{3}\pi f_0 C_x}$（参见例 1.4），尚可改变 f_0 来凑合现成电位器 R 阻值。当改变 R、f 到高、低端值时，可算出 L_x 或 C_x 的测量范围：

$$L_{xmax} = \frac{\sqrt{3}R_{max}}{2\pi f_{min}},\quad L_{xmin} = \frac{\sqrt{3}R_{min}}{2\pi f_{max}}$$

$$C_{xmax} = \frac{1}{2\sqrt{3}\pi f_{min}R_{min}},\quad C_{xmin} = \frac{1}{2\sqrt{3}\pi f_{max}R_{max}}$$

利用现成的信号源和示波器（或 mV 表），可制作一个电感、电容测试装置；该测试装置如与信号源、数显测量表和电源做成一体，则成为电感电容测试仪。

2. 半导体管的检测

(1) 万用表。

半导体管的检测原理基于 PN 结的单向导电性，并与外加电压极性及大小有关。万用表的欧姆“Ω”档，可测出正、反向阻值，但要注意不同“Ω”档阻值相差较大。万用表的二极管“o—▷|—o”档，可测出正向导通电压约为 0.1～0.7 V，其中 0.1～0.5 V 为锗管，0.4～0.7 V 为硅管。如果正、反向阻值或正、反向电压相同，则可判为坏管。

利用上述方法也可判别三极管的好坏、材料（锗或硅）和极性（NPN 或 PNP）。当区分管脚时，可先检测出基极 B，数字万用表有 h_{FE} 插孔，先插 B 孔，交换一次 E 和 C 的插孔，显示较大的 h_{FE} 值的一次，定出集电极 C 和发射极 E，而电流放大系数 $\beta \approx h_{FE}$（较大的一次）。至于晶闸管、场效应管和其他以 PN 结做成的集成块的判别方法也大同小异，可通过实训学会。

(2) 图示仪。

晶体管特性图示仪的组成和工作原理，如图 3.8 所示。

① 晶体管特性图示仪由阶梯波发生器、测试台（B、E、C）、扫描波发生器（U_{CE}）和示波器读数系统等所组成，可测二，三极管输入、输出特性曲线，从 U_{CE}（V）、I_C（mA）和 I_B（μA）的读数中算出它们的主要参数。

② 当同步开关置于“+”时，可测 NPN 型特性曲线和二极管正向特性曲线，这时基极 B 输入阶梯波（1～10 级）/簇，其级数等于输出特性曲线条数，每条间隔 I_B=0.2～50 μA；而集电极 C 加上取自电源 50 Hz 全波整流波形 U_{CE}=（0.05～50 V）/度，作为水平 x 轴的扫描波，使管子产生电流 I_c=（0.1～50 mA）/度，当 U_{CE} 一定时，可求出电流放大系数 $\beta=\frac{\Delta I_c}{\Delta I_B}$；当加大 U_{CE} 时，I_B=0 的曲线的向上转折点对应的 x 轴即为反向击穿电压 U_{CEO}。

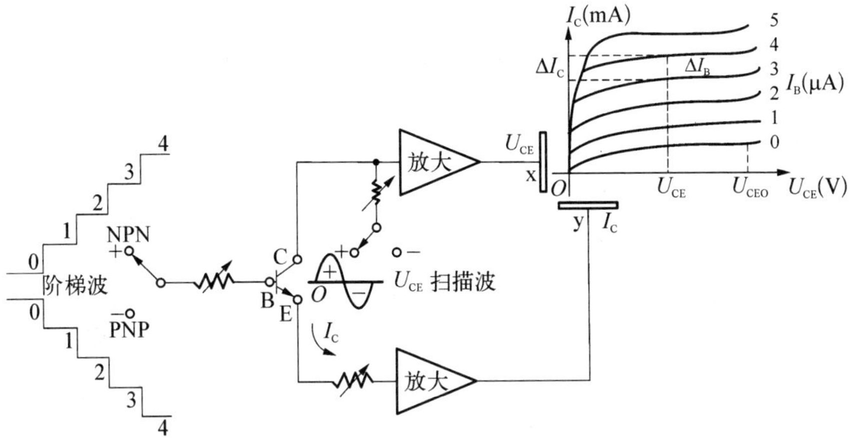

图 3.8 晶体管图示仪和 NPN 型晶体管的输出特性

③ 当用开关置于"－"时，可测 PNP 型特性曲线和二极管反向特性曲线。

④ 换接专用插件的测试台时，可测场效应管和三端集成电源块等半导体器件。

3.2 功率和射频功率的测量

知识点与能力目标

◇ 熟悉功率表达式及间接测量方法。

◇ 能用晶体检波器和热电转换器测量各种射频功率。

3.2.1 交、直流功率的测量

低频交流和直流功率均为 $P=UI=I^2R=\dfrac{U^2}{R}$，在一定的电阻 R 上测得交流有效值 U 或直流电压值 U_o，就可算得功率大小。当负载电阻 R 等于供能电源的内阻时，可获得最大输出功率。在弱功率应用时，均归结为电压的测量，而较少采用断开电路测电流 I 的方法。

3.2.2 射频功率的间接测量

射频或微波功率测量一般不能采用直接测量电压或电流，而是间接地测量检波后的电压，或更多的是量热换电而得。

(1) 晶体检波器的测量。

用微波半导体二极管等做成的晶体检波器，是一种最简便的功率或相对电平检测装置。它具有反应快、灵敏度和分辨率高的优点，其缺点是非线性和与温度有关等。一般在一定范围内对照校正曲线来读数，并采用温度稳定性较好的二极管，以及具有温度补偿装置和宽带匹配电路的晶体检波装置。另外，用作功率测量时，二极管非线性曲线也是小信号平方律检波的理论依据。

(2) 热电转换器的测量。

测量射频或微波功率用得较多的绝对标准是小功率热电敏感元件，如测热电阻或热电偶，以及量热固体或流体（水、油）作负载的大功率计。其中，铋锑热电偶小功率计和水负载大功率计用得较多，它们的优缺点几乎与晶体检波器互换。

图 3.9 为一射频小功率计定标装置，以铋锑热电偶为功率探头作为测小功率的标准。改变衰减器可测出晶体检波器的定标曲线 $P \sim U$，使简便的检波器可作为测量射频小功率用。固定衰减器是使检波二极管处于小信号平方律工作状态。

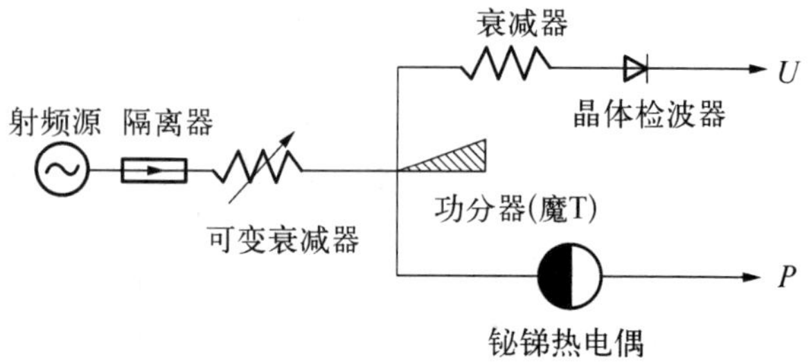

图 3.9　小功率定标装置

(3) 大功率的测量。

射频或微波大功率一般采用水负载量热转电功率计直读，也可采用小功率计扩展量程的方法来实现。如图 3.10 所示，被测大功率为

$$P_0 = P \times 10^{\frac{(A+B)}{10}} \tag{3.6}$$

这里 P 由小功率测出，A(dB) 为衰减量，B(dB)为定向耦合器的过渡衰减量（又称耦合量）。

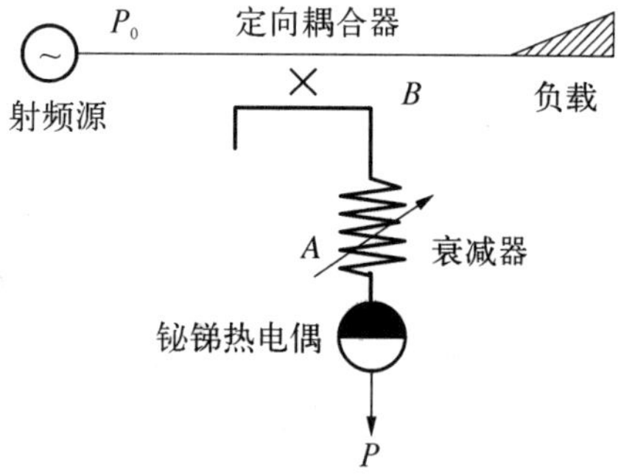

图 3.10　小功率扩展量程

【例 3.6】 有一小功率计，其最大量程为 100 mW，现要测 10～1 000 W 的大功率，现设计定向耦合器的耦合量 B(dB)和衰减器的衰减量A(dB)（其功率承受不超过 1 W），并指出测 10 W 时小功率计的读数 P_{10}，当 $A=0$ dB 时，能测多大功率？

解：式(3.6)两边取对数：

$$\lg \frac{P_0}{P} = \frac{A+B}{10}$$

总衰减量

$$A+B = 10\lg \frac{1\ 000\ \text{W}}{100\ \text{mW}} = 40\ \text{dB}$$

(1) 由于衰减器功率承受一定，限制定向耦合器的耦合输出 $\leqslant 1$ W，则耦合衰减 $B = 10\lg \frac{1\ 000\ \text{W}}{1\ \text{W}} = 30$ dB，即耦合量为$\frac{1}{1\ 000}$，这时，衰减器的衰减量 $A=40$ dB-30 dB$=$ 10 dB。

(2) 当 $P_0=10$ W 时，经 $B+A$ 衰减后为$\frac{10\ \text{W}}{10\ 000}=1$ mW，即小功率计示数 $P_{10}=1$ mW。

(3) 当 $A=0$ dB 时，仅有 $B=30$ dB$=10\lg \frac{P_0}{100\ \text{mW}}$，此时小功率计能测 $P_0=100$ W。

一般采用小功率计扩展量程的装置，应先经过校准，并作 $P \sim P_0$ 校准曲线，小功率计读出 P，就可找出 P_0 值。

射频脉冲功率 $P_t = P\dfrac{T}{\tau}$，其中 P 为用上述方法测出的平均功率，T 为脉冲重复周期，测准脉冲宽度 τ 是提高测量精度的关键。

家用微波炉内的微波加热功率 P_0，可用杯水量热法测出，并按下式进行估算：

$$P_0 = C_P \frac{\Delta T}{t}(\mathrm{W}) \tag{3.7}$$

系数 $C_P \approx 0.08 C_m C_n$，与被加热物的质量 C_m 和热容量 C_n 等有关（C_P 也可实验测定）。加热前后的温差或称温升 $\Delta T = T_2 - T_1$（℃），t 为加热时间，以分钟计。

用相同的三杯水还可测出炉腔内的加热不均匀度：

$$\eta = \left(\frac{\Delta T_m - \Delta \overline{T}}{\Delta \overline{T}}\right) \times 100\% \tag{3.8}$$

三杯水的平均温升 $\Delta \overline{T} = \dfrac{\Delta T_1 + \Delta T_2 + \Delta T_3}{3}$，$\Delta T_m$ 为其中温升最大差值，两者越接近，加热均匀性越好。

【例 3.7】 选购家用微波炉时，当场如何检验其标称功率 P_0？

解：(1) 准备好一支温度计（水银计或点温计），用塑料杯（或其他微波能透射的容器）盛水 200 mL（200 g），并测出当时的水温 T_1（℃）。

(2) 应用式(3.7)，系数 $C_P = 0.08 \times 200 \times 1 = 16$，全功率加热 2 分钟，测出水温 T_2（℃）。如果所购微波炉的标称功率 $P_0 = 700$ W，则温升 $\Delta T = \dfrac{2 \times 700}{16} \approx 88$℃，如果 $P_0 = 800$ W，则 $\Delta T = 100$℃，此时，杯中的水已烫手或煮沸（$T_2 = \Delta T + T_1 \approx 100$℃），并有蒸汽冒出，证明该微波炉主要指标合格（可测出 $T_2 =$ ________ ℃和计算 $P_0 = \dfrac{C_P \Delta T}{t} =$ ________ W，予以证实）。

3.2.3 分贝的计算与应用

在电参数中，常取两功率比 $\left(\dfrac{P_2}{P_1}\right)$ 或两电压之比 $\left(\dfrac{U_2}{U_1}\right)$ 的对数，来表示增益、衰减、灵敏度或信噪比等，因为符合感觉的自然规律和可化乘除为加减的运算，并用十分之一的贝尔(deciBel)称为分贝(dB)作单位，即相对功率的分贝数 N 为

$$N\mathrm{dB} = 10\lg \frac{P_2}{P_1} = 10\lg \frac{\dfrac{U_2^2}{R_0}}{\dfrac{U_1^2}{R_0}} = 10\lg \left(\frac{U_2}{U_1}\right)^2 = 20\lg \frac{U_2}{U_1} \tag{3.9}$$

上式说明，在相同的负载电阻 R_0 下，同一分贝的倍数关系为 $\dfrac{U_2}{U_1} = \sqrt{\dfrac{P_2}{P_1}}$。显然 0 dB 对

应 $\dfrac{P_2}{P_1}=\dfrac{U_2}{U_1}=1$，当 $P_2<P_1$ 或 $U_2<U_1$，则为负分贝。

在射频功率的测量中，常用分贝毫瓦 $\text{dB}_\text{m}=10\lg\dfrac{P_2}{1\ \text{mW}}$，或分贝瓦 $\text{dB}_\text{W}=10\lg\dfrac{P_2}{1\ \text{W}}$，显然，0 dB_m对应 $P_2=1$ mW，0 dB_W 对应 $P_2=1$ W；而负分贝，则 $P_2<1$ mW 或 $P_2<1$ W。负载电阻 R_0多为 600 Ω、75 Ω 和 50 Ω 等，如取 $R_0=600\ \Omega$，则 $P_1=1\ \text{mW}=\dfrac{U_1^2}{600\ \Omega}$，得到 $U_1=0.775$ V。如果 U_2 和 U_1 的负载电阻值不同，则需要按式(3.9)进行修正。

更重要的是记住三个 dB 的倍数，可把任意 dB 整数速算为倍数：

1 dB 对应倍数 $\dfrac{P_2}{P_1}=1.25$ 或 $\dfrac{U_2}{U_1}=\sqrt{1.25}$，−1 dB 对应倍数 $\dfrac{P_2}{P_1}=\dfrac{1}{1.25}$ 或 $\dfrac{U_2}{U_1}=\sqrt{0.8}$；

3 dB 对应倍数 $\dfrac{P_2}{P_1}=2$ 或 $\dfrac{U_2}{U_1}=\sqrt{2}$，−3 dB 对应倍数 $\dfrac{P_2}{P_1}=\dfrac{1}{2}$ 或 $\dfrac{U_2}{U_1}=\dfrac{1}{\sqrt{2}}$；

10 dB 对应倍数 $\dfrac{P_2}{P_1}=10$ 或 $\dfrac{U_2}{U_1}=\sqrt{10}$，−10 dB 对应倍数 $\dfrac{P_2}{P_1}=\dfrac{1}{10}$ 或 $\dfrac{U_2}{U_1}=\dfrac{1}{\sqrt{10}}$。

【例 3.8】 某电路的灵敏度为−32 dB_m，问该电路的增益(三种表达形式)和最小输入功率各为多少？与 32 dB_m 有何异同？

解：(1) 首先分解正分贝 32 dB $=10\lg\dfrac{P_2}{P_1}=(10+10+10+3-1)$dB，对应的值或倍数$\dfrac{P_2}{P_1}=10\times10\times10\times2\times\dfrac{1}{1.25}=1\ 600$，而$\dfrac{U_2}{U_1}=\sqrt{1\ 600}=40$。至此，该电路的增益可有三种表达：增益分贝数为 32 dB；功率的增益倍数为 1 600；电压的增益倍数为 40。有时也可表示信噪比或倍数。

(2) 正分贝的比值倒数为负分贝 −32 dB $=-10\lg\dfrac{P_2}{P_1}=10\lg\dfrac{P_1}{P_2}$，或称衰减分贝数，对应功率衰减倍数$\dfrac{P_1}{P_2}=\dfrac{1}{1\ 600}=6.25\times10^{-4}$ 其电压衰减倍数为$\dfrac{U_1}{U_2}=\sqrt{\dfrac{P_1}{P_2}}=\dfrac{1}{40}$。

(3) 比值的分母归一为 1 mW 称分贝毫瓦，$-32\ \text{dB}_\text{m}=-\lg\left(\dfrac{P_1}{1\ \text{mW}}\right)$，对应功率衰减倍数$\dfrac{P_1}{P_2}=\dfrac{P_1}{1\ \text{mW}}=6.25\times10^{-4}$，得到 $P_1=6.25\times10^{-4}$ mW，这就是该电路当输出功率 P_2 归一为 1 mW 时的最小输入功率(1 mW 衰减 32 dB)，或称接收机灵敏度。

32 dB_m可表示增量功率 P_2，即 32 $\text{dB}_\text{m}=10\lg\dfrac{P_2}{1\ \text{mW}}$，对应$\dfrac{P_2}{P_1}=\dfrac{P_2}{1\ \text{mW}}=1\ 600$，则 $P_2=1\ 600$ mW，为某电路但输入功率 $P_1=1$ mW 时经 32 dB_m 增益的输出功率，是 −32 dB_m 的倒数。

相同点：均与 1 mW 比较，单位为毫瓦，用对数表示称分贝毫瓦。如对 32 dB 进行加减操作(±1 dB，±3 dB，±10 dB)，可调节 P_1或 P_2的大小。

通过上例可知分贝速算倍数要诀：**三个分贝，记住倍数，分贝加减，倍数乘除；分贝负号，倍数颠倒；下标分贝，归一单位。**

3.3 噪声检测和电磁兼容

知识点与能力目标

◇ 掌握用示波器和宽带电压表测量噪声电压有效值的方法，并能用电压表的 dB 档测量放大器的信噪比。

◇ 了解电磁兼容性的骚扰限值和抗干扰度，通过实训学会其测量方法，从而采取抗干扰的措施。

电子电路中是把有用信号以外统称为噪声或干扰，电路及元器件内部分子热运动和外界干扰，使电子电路丧失接收、传输和变换微弱信号的能力，因此必须保证元器件、电路和设备的电磁兼容性。

3.3.1 噪声电压有效值的测量

频率从 0 到∞、变化随机、其瞬时值按高斯分布的白噪声，根据理论计算，其峰值 U_{np} 和检波平均值 $\overline{U}_n$ 的关系是：

波峰因数 $K_P = \dfrac{U_{np}}{U_n} = 3$，波形因数 $K_F = \dfrac{U_n}{\overline{U}_n} = \sqrt{\dfrac{\pi}{2}} = 1.25$。

(1) 用宽带平均值电压表测量时的读数为 U_α，以有效值表示为

$$U_n = K_F \overline{U}_n = K_F \cdot \frac{U_\alpha}{K_{F\alpha}} = 1.25\,\frac{U_\alpha}{1.11} = 1.13U_\alpha \tag{3.10}$$

(2) 用宽带示波器测量其峰峰值 U_{pp}，以有效值表示为

$$U_n = \frac{U_{np}}{K_{pn}} = \frac{1}{3}U_{np} = \frac{1}{3} \times \frac{1}{2}U_{pp} = \frac{1}{6}U_{pp}$$

3.3.2 放大器噪声的测量

1. 噪声系数的测量

定义噪声系数为

$$NF = \frac{\dfrac{P_{si}}{P_{ni}}}{\dfrac{P_{so}}{P_{no}}} = \frac{P_{no}}{A_p P_{ni}} = \frac{kT_{no}B}{A_p k T_{ni} B} = \frac{T_{no}}{A_p T_{ni}} \tag{3.11}$$

式中：输出、输入信号功率比为功率放大倍数 $A_p = \dfrac{P_{so}}{P_{si}}$，在热力学中，功率 P 与温度 T 的关

系是 $P=kTB$，k 为玻尔兹曼常数，B 为测试仪器的带宽(Hz)，用输入噪声功率 P_{ni} 和输出噪声功率 P_{no} 来测量放大器 NF 的原理如图 3.11 所示。

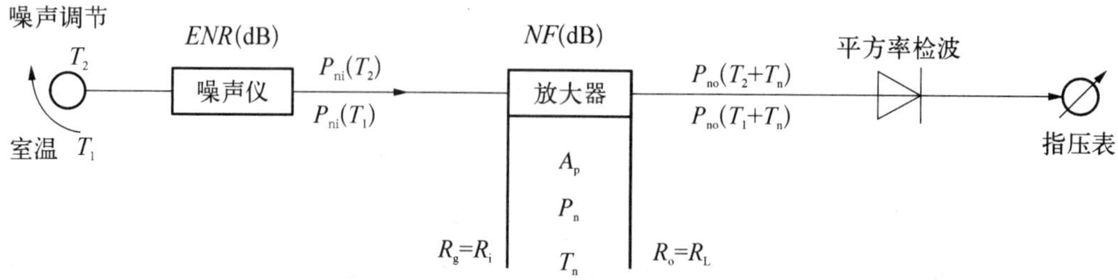

图 3.11 测量放大器 NF

图 3.11 中的噪声源是一个经过定标的噪声仪，有冷态和顺时针可调的热态。冷态相当于待测放大器(双口网络)接在室温为 T_1 的输入匹配电阻上($R_g=R_i$)，当放大器输出也匹配时($R_o=R_L$)，测出噪声功率为

$$P_{no}(T_1+T_n)=A_p(P_{ni1}+P_n)=A_pk(T_1+T_n)B$$

热态相当于放大器接在温度为 T_2 的输入匹配电阻上，此时测出的噪声功率为

$$P_{no}(T_2+T_n)=A_p(P_{ni2}+P_n)=A_pk(T_2+T_n)B$$

这里已把放大器的内部噪声(用 T_n 表示)折合到输入端，并引入系数 y

$$y=\frac{P_{no}(T_2+T_n)}{P_{no}(T_1+T_n)}=\frac{T_2+T_n}{T_1+T_n}$$

或放大器的噪声温度

$$T_n=\frac{T_2-yT_1}{y-1}$$

定义标准噪声温度 $T_0=290\ \text{K}(17℃)$，噪声源输出超过 T_0 的倍数称超标比：

$$ENR=\frac{T_n-T_0}{T_0}$$

于是有

$$NF=\frac{P_{no}}{A_pP_{ni}}=\frac{A_p(P_{ni}+P_n)}{A_pP_{ni}}=1+\frac{P_n}{P_{ni}}=1+\frac{T_n}{T_{ni}}\approx 1+\frac{T_n}{T_o}=1+\frac{T_2-yT_1}{T_0(y-1)}$$

$$=\frac{\left(\frac{T_2}{T_o}-1\right)\left[1-\frac{y(T_1-T_o)}{T_2-T_o}\right]}{y-1}=\frac{ENR}{y-1}\left[1-\frac{y(T_1-T_o)}{T_2-T_0}\right]$$

NF 与 A_p 和 B 无关，两边取对数得

$$NF(\text{dB})=ENR(\text{dB})-10\lg(y-1)+10\lg\left[1-\frac{y(T_1-T_o)}{T_2-T_o}\right]$$

$$\approx ENR(\text{dB}) - 10\lg(y-1) \tag{3.12}$$

式中，y 为系数方程。当采用功率倍增法时，$y=2$，则噪声仪的读数 $ENR(\text{dB})=NF(\text{dB})$。

实验室如有 XO－40 型饱和二极管噪声仪，预热一定时间后，把面板上的“噪声调节”旋到指示表的 0 dB，此时输出冷态功率 $P_{ni}(T_1)$，被测放大器输出的指压表有一 U_o 值，然后顺时针旋“噪声调节” 到热态功率 $P_{ni}(T_2)$，直到指压表为$\sqrt{2}U_o$ 为止(即 $y=2$)，最后读出噪声仪指示值 $ENR(\text{dB})=NF(\text{dB})$，如果达不到$\sqrt{2}U_0$，说明 A_p太大，应调小。

2. 信噪比的测量

用失真度仪的“相对电平”测量放大器的信噪比$\frac{S}{N}$(dB)，步骤如下：

(1) 连接好信号源、放大器和失真度仪输入，如图 3.12 所示，其电位器逆向到最小位置(可作 mV 表用)，使放大器在工作频率的输出有效值$U_0=3$ V，再顺调电位器到满度 10 dB，此时信号和噪声电压的量程应在 S_n dB(10 dB，3 V)。

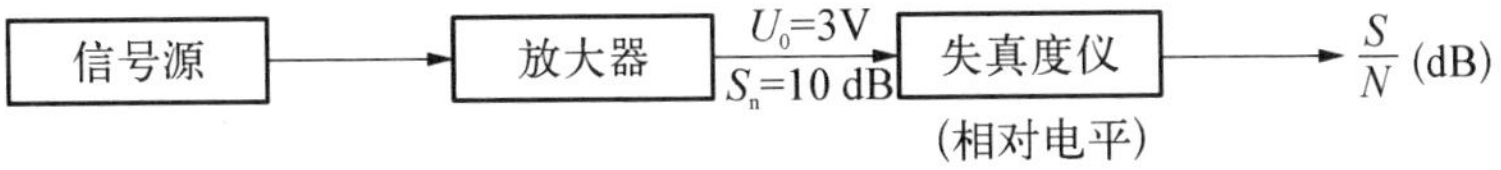

图 3.12　用失真度仪测量信噪比

(2) 使放大器输入端短路，此时“输入量程”应减小到的噪声电压量程 ndB，在此档量程内的噪声电压读数 N dB，则 $\frac{S}{N}(\text{dB})=S_n(\text{dB})-n(\text{dB})-N(\text{dB})$，对应比值 $\frac{S_n}{nN}=\frac{S}{N}$。

3.3.3　电磁兼容和抗干扰措施

1. 骚扰限值与抗干扰度

所谓电磁兼容(Electromagnetic Compatibity)是指设备或系统在共同的电磁环境中能一起执行各自功能的共同状态，即电磁波从甚低频到微波的辐射或传导(干扰源)不会对该环境中其他设备构成电磁干扰的能力，常用骚扰限值来度量，而该环境中的设备也不会受干扰而降级，常用抗扰度来衡量。

构成电磁干扰必须同时具备的三个要素是电磁干扰源(如雷电、冲击脉冲、静电放电和开关过程等)、对干扰源敏感的受扰器(又称接收器)和耦合通道(又称传递媒体)。随着超大规模集成电路和公众数据网的不断发展，导致了对人为或自然的过电压与过电流冲击更加敏感，例如半导体二极管在经受很高的瞬变电压后，其反向漏电流会增加，耐压和工作电流会降低，表面上仍能工作，其实不断积累的潜伏性损伤，终有一天会由于一个偶然的电磁冲击导致管子烧坏，而二极管在开关或雪崩工作状态时，也是一个电磁干扰源。

对于单个元器件(如二、三极管、PCB 板和电缆等)、整机和系统的骚扰限值与抗扰度的基本测试方法，应以各类标准为依据，采用频谱分析仪和 EMC 分析仪等的频域测量为基础，测试场所应为开阔场(天然无反射空间)、电磁暗室(人造无反射空间)和屏蔽室(无外界干扰)，但要在不同等级采用不同的方法，事先必须熟悉各类标准和等级。

2. 抗干扰措施

模拟电路输入级的噪声是主要的，并且最容易受到干扰。除选用低噪声器件和采取低温措施外，保证电磁兼容性的抗干扰方法如下：

（1）滤波技术：滤去噪声频率分量，提高信噪比。

（2）接地技术：有保证人身和设备的电力线安全接地；也有抑制公共阻抗耦合干扰的电路一点接地法，又称技术接地。

（3）屏蔽技术：防止静电或电磁的相互感应；隔断空间电磁的耦合通道；同时要合理布局和布线。

（4）与屏蔽接地相反的"浮置"：使放大器输入端与大地无直接联系，可大大减小共模干扰电流。

（5）变压器或光电的耦合隔离法：破坏干扰途径，切断干扰和噪声耦合通道。

（6）采用电桥平衡电路：自行抵消元器件噪声变化的影响。

（7）通过整形、积分和门限等措施，抑制脉冲信号中的噪声干扰。

（8）采用锁相环路(PLL)，提取有用信号，提高信噪比。

思考题 3

3.1 测量交、直流电压的模、数电表的电路结构如何？举例说明 DVM 的测量范围和分辨率。

3.2 不同直流电平的交流波形峰值如何测量？它与峰峰值和直流电平有何关系？交流波形的有效值有何意义？它与其峰值和平均值有何关系？

3.3 测量电阻、电感和电容等电路参数，各采用什么方法？有何共同点？

3.4 电桥法测量电阻和阻抗有何异同？

3.5 伏安法测量电阻的误差如何产生和改善？万用表检测半导体管基于什么原理和方法？如何判断坏管？

3.6 晶体管特性图示仪的阶梯波和扫描波各有何作用？在三极管输出特性曲线中如何求得电流放大系数值 β 和方向击穿电压 U_{ceo}？

3.7 功率相对电平、电压相对电平的分贝数如何表示和计算？频率响应曲线的半功率点电压和功率的分贝数如何表示？它们的下降倍数各为多少？

3.8 试述交、直流功率和微波功率的测量方法。

3.9 如何测量噪声电压、噪声系数和信噪比？何谓骚扰限值和抗扰度？保证电磁兼容性有何措施？

练习题 3

3.1 某四位半的 DVM，有五挡量程如表所示，试分别填空。

量　程	200 mV	2 V	20 V	200 V	1 000 V
量程电压					
分辨率					
超量程电压					

3.2 由示波器测出正弦波的峰峰值 $U_{pp}=2\ \text{V}$，当其直流电平分别为 $U_0=0\ \text{V}$、$\pm0.5\ \text{V}$、$\pm1.0\ \text{V}$ 和 $\pm1.5\ \text{V}$ 时，试分别画出七种波形位置，并算出它们的正、负峰值（U_p^+、U_p^-）。

3.3 印刷板上有三个接线柱 A，B，C 如图所示，已知里面装的元件只有两个（可能的元件是电池、电阻和二极管），并且两个接线柱之间最多只接一个元件，现用数字万用表去进行检测，其检测结果如下：

(1) 用直流电压挡测量，A，B，C 三接线柱之间均无电压；

(2) 用欧姆挡测量，A，C 之间正、反接电阻值不变；

(3) 用欧姆挡测量，黑表笔接 A，红表笔接 B，有电阻；黑表笔接 B，红表笔接 A，电阻值较大。

(4) 用欧姆挡测量，黑表笔接 C，红表笔接 B，有电阻，阻值比(2)测得的大；反接电阻值很大。

画出印刷板内两个元件的接法。

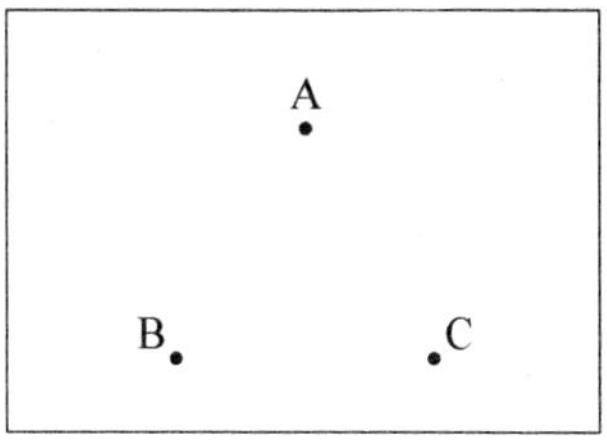

题 3.3 图

3.4 如图所示为用伏安法测量电阻的方法，电流表内阻 $r_i \ll R_x$，电压表的内阻 $R_i \gg R_x$，用方法(a)测量值 $R_x'=R_x+r_i$，方法(b)的测量值 $R_x''=\dfrac{R_xR_i}{R_x+R_i}$，试求 R_x 的修正后值和中界电阻值。

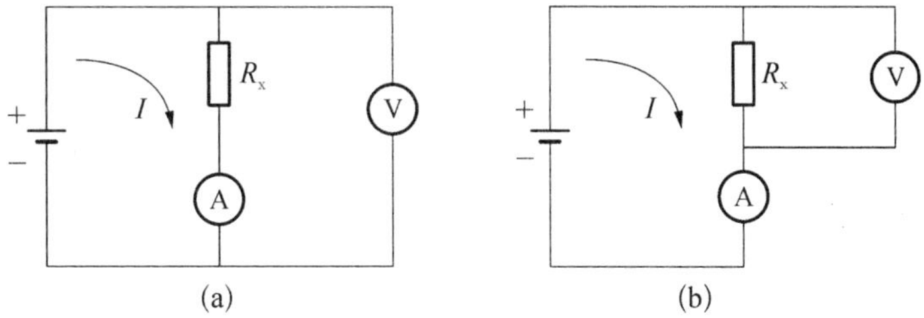

题 3.4 图

3.5 如图所示为直流电阻电桥，R_n 为可调可读的标准电阻箱，其范围为 1 Ω～10 kΩ，$\dfrac{R_1}{R_2}=0.001\sim1\ 000$ 内可调，问此电桥可测 R_x 的范围是多少？

3.6 上题中的 $R_1\neq R_2$，且数值不详，但可能变化的范围各为 ΔR_1 和 ΔR_2，试找出两种方法可使 R_x 的测量值仅与 R_n 有关。

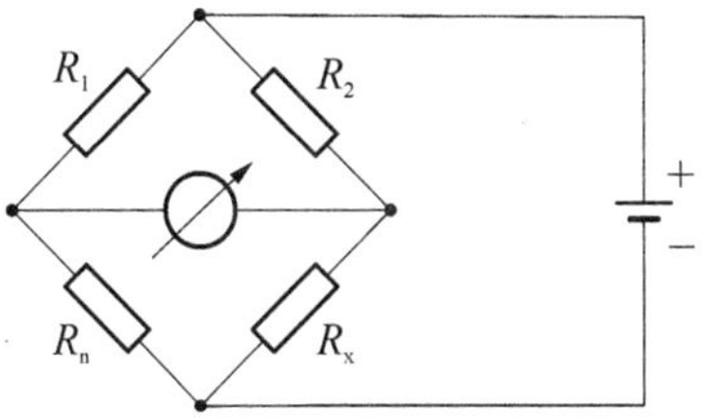

题 3.5 图

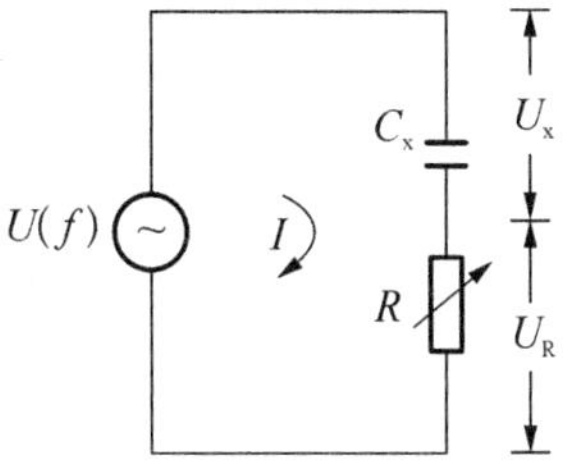

题 3.7 图

3.7 简易测量电容 C_x（或电感 L_x）原理电路如图所示，交流信号 U 的频率为 f，可调节电位

器 R 使 $U_R = \dfrac{U}{\sqrt{2}}$ 时,试求出 C_x(或 L_x)的表达式。

3.8 如果 1 mW 为 0 dB_m,则 20 mW 为________dB_m, 20 μW 为________dB_m;又如 1 V 为 0 dB_v,则 20 mV 为________dB_v, 46.8 dB_v 为________V。

3.9 某接收机的灵敏度为 −95 dB_m,问其增益(三种表述)和最小输入功率各为多少?

3.10 52 dB、−52 dB、−52 dB_m 和 52 dB_m,各表示什么?

第 4 章　射频网络特性参数测量与应用

电子测量技术扩至射频领域，能适应更广的专业方向。本章介绍波长概念和单、双口射频网络参数的测量方法，将使射频检测的应用具备一定的基础。

4.1　射频特性及网络参数

知识点与能力目标

- ◇ 了解无耗传输线上的驻波、阻抗与波长的关系，并能计算不同介质中的波长值；
- ◇ 熟悉计算公式，能计算反射系数、传输系数的模值、相位差及其派生参数。

4.1.1　射频特性简介

1. 波长与阻抗

射频(RF)可从高频直到光频，但其主要应用范围是在微波频段 $f = 300\ \text{MHz} \sim 300\ \text{GHz}$。电波每变化一周的行程为一个波长 $\lambda = v_p t$，在自由空间中波长为

$$\lambda = \lambda_0 = cT = \frac{c}{f} = \frac{3 \times 10^8\ \text{m/s}}{300 \times 10^6 \sim 300 \times 10^9\ \text{Hz}} = 1\ \text{m} \sim 1\ \text{mm}$$

这里：电波传播的相速 $v_p = c$（光速），变化一周的时间 $t = T$（周期）。

50 Hz 的市电在空气中的波长 $\lambda_0 = \dfrac{c}{50\ \text{Hz}} = 6\ 000\ \text{km}$。微波的波长与其相比要小得多，可谓微小的波长了。在传输线中，市电的大小可以认为处处相同，而微波电压 $U(\xi)$ 和电流 $I(\xi)$ 则处处不同，其阻抗 $Z(\xi) = \dfrac{U(\xi)}{I(\xi)}$，经过行程 $\xi = \dfrac{\lambda}{4}$，高阻抗和低阻抗互换；经过 $\dfrac{\lambda}{2}$ 又还原。如果终端的负载阻抗 $Z(0)$ 等于传输线的特性阻抗 Z_C，称匹配状态，是设计者追求的目标。在无耗传输线上，当 $\xi = n\dfrac{\lambda}{4}(n = 1, 2, 3, \cdots)$ 和匹配处均呈阻性，其他点则呈感性或容性，如图 4.1 所示。

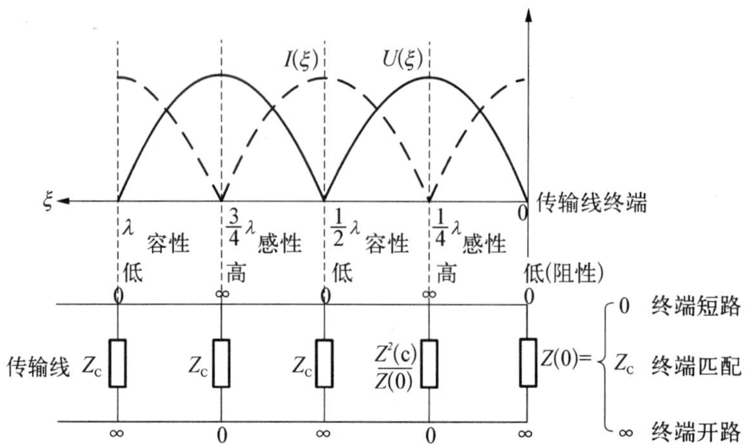

图 4.1　无耗传输线上的驻波、阻抗与波长的关系

2. 介质中的波长

这里的波长 λ 是一个泛指或待定值，在不同情况下 λ 的确定值，如表 4.1 所示。

表 4.1　介质中的波长

介质 / λ / 条件	空气中 $(\varepsilon_r=\mu_r=1)$	电磁介质中 $(\varepsilon_r>1,\ \mu_r>1)$	电介质中 $(\varepsilon_r>1,\ \mu_r=1)$
无限传播	$\lambda_0=\dfrac{c}{f}$	$\lambda_r=\dfrac{\lambda_0}{\sqrt{\varepsilon_r\mu_r}}$	$\lambda_\varepsilon=\dfrac{\lambda_0}{\sqrt{\varepsilon_r}}$
传输线中	$\lambda_{g0}=\dfrac{\lambda_0}{\sqrt{1-\left(\dfrac{\lambda_0}{\lambda_c}\right)^2}}$	$\lambda_{gr}=\dfrac{\lambda_0}{\sqrt{\varepsilon_r\mu_r-\left(\dfrac{\lambda_0}{\lambda_c}\right)^2}}$	$\lambda_{g\varepsilon}=\dfrac{\lambda_0}{\sqrt{\varepsilon_r-\left(\dfrac{\lambda_0}{\lambda_c}\right)^2}}$

表 4.1 中：ε_r 为相对介电常数（$\varepsilon_r=\varepsilon'-j\varepsilon''$，说明介质的储电能力和损耗，当 $\varepsilon'\ll\varepsilon''$ 时，常简作 $\varepsilon_r\approx|\varepsilon_r|$），$\mu_r$ 为相对导磁系数，表明电波在介质中传播时，其相速要受到介电常数和导磁系数的影响$\left(\dfrac{c}{\sqrt{\varepsilon_r\mu_r}}\right)$。传输线的截止波长 $\lambda_c=\dfrac{c}{f_c}$，f_c 为截止频率，表明电波通过传输线时，其波长受传输线截止波长的限制，使在传输线中的电波波长为 λ_g。射频在传输线中遵循其规律：线上阻抗处处变，四分之一高低换，半个波长又还原，不同介质有区别。

微波元器件及微波电路的设计主要依据是 λ、Z_c 和 ε_r，在应用中，还要掌握反射系数和传输系数的计算与测量。

4.1.2　射频网络参数

1. 单口网络的反射参数

微波在空间或传输线中，能作球向或定向传播，遇到物体易于反射和散射等，如图 4.2 所示，可以等效成为单口网络。

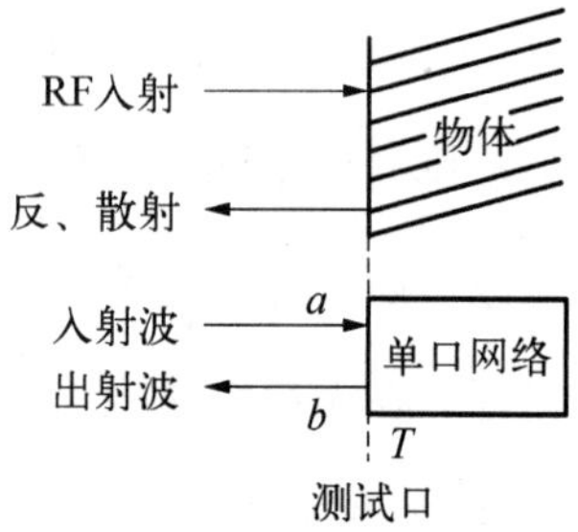

图 4.2　单口网络

在测试口 T，可以测得反射系数

$$\Gamma=\frac{b}{a}=\frac{|b|}{|a|}\mathrm{e}^{\mathrm{j}(\varphi_b-\varphi_a)}=|\Gamma|\angle\Delta\varphi=|\Gamma|(\cos\Delta\varphi+\mathrm{j}\sin\Delta\varphi)=x+\mathrm{j}y \quad (4.1)$$

这里，反射系数模值（损耗）$|\Gamma|=\frac{|b|}{|a|}=\sqrt{x^2+y^2}\leqslant 1$，回波损失 $RL=20\lg|\Gamma|$ (dB)，电压驻波比 $VR=\frac{1+|\Gamma|}{1-|\Gamma|}\geqslant 1$ 或 $|\Gamma|=\frac{VR-1}{VR+1}$。

反射系数的相位差：

$$\Delta\varphi=\varphi_b-\varphi_a=2\psi\xi \quad (4.2)$$

电波行程 $\xi=\frac{\Delta\varphi}{2\psi}$，相移常数 $\psi=\frac{2\pi}{\lambda}$。由于 Γ 是复数，其实部为 $x=|\Gamma|\cos\Delta\varphi$，虚部为 $y=|\Gamma|\sin\Delta\varphi$，因此相位差又可为

$$\Delta\varphi=\arccos\frac{x}{|\Gamma|}=\arcsin\frac{y}{|\Gamma|}$$

【例 4.1】 手机频率 $f=900$ MHz，当电波无限传播时，试求在空气中、电介质中（$\varepsilon_\mathrm{r}=4$）和电磁介质中（$\varepsilon_\mathrm{r}=4$，$\mu_\mathrm{r}=9$）的波长各为多少？如果后者做成传输线，要求电波传输时相移 180°和 360°时，试计算传输线长度 l_a 和 l_b。有何启发？

解：(1) 空气中波长

$$\lambda_0=\frac{c}{f}=\frac{3\times10^8\ \mathrm{m/s}}{900\times10^6\ \mathrm{Hz}}=\frac{1}{3}\ \mathrm{m}=33.33\ \mathrm{cm}$$

(2) 电介质中

$$\lambda_1=\frac{\lambda_0}{\sqrt{\varepsilon_\mathrm{r}}}=\frac{1}{3\sqrt{4}}=\frac{1}{6}\ \mathrm{m}=16.67\ \mathrm{cm}$$

(3) 电磁介质中

$$\lambda_2=\frac{\lambda_1}{\sqrt{\mu_\mathrm{r}}}=\frac{1}{6\sqrt{9}}=\frac{1}{18}\ \mathrm{m}=5.56\ \mathrm{cm}$$

(4) 由 $\Delta\varphi=2\psi\xi$ 得

$$\xi=l_\mathrm{a}=\frac{\Delta\varphi}{\frac{4\pi}{\lambda_2}}=\frac{180^\circ}{\frac{720^\circ}{\lambda_2}}=\frac{\lambda_2}{4}=1.39\ \mathrm{cm}$$

$$\xi=l_\mathrm{b}=\frac{\Delta\varphi}{\frac{4\pi}{\lambda_2}}=\frac{360^\circ}{\frac{720^\circ}{\lambda_2}}=\frac{\lambda_2}{2}=2.78\ \mathrm{cm}$$

通过计算可知：

① 射频在电磁介质中传播，波长缩至 $\frac{\lambda_0}{\sqrt{\varepsilon_\mathrm{r}\mu_\mathrm{r}}}$，如应用在制作介质天线时，尺寸会很小。

由于“不同介质有区别”，还可做成传感器和介质稳频振荡器等。

② 按图 4.1 驻波，$\frac{\lambda_2}{4}$ 对应相移 180°(反相)，$\frac{\lambda_2}{2}$ 对应相移 360°(还原)，印证了“四分之一高低换，半个波长又还原”的规律。故一段传输线可作相移器、阻抗变换器和开路/短路器等。

2. 双口网络的散射参数

微波传播遇到物体，除会反射和散射外，还能穿透物体，这时把物体等效成为双口网络，如图 4.3 所示。在两个测试口 T_1 和 T_2，可以测得四个散射参数，又称 S 参数，见表 4.2 的定义。

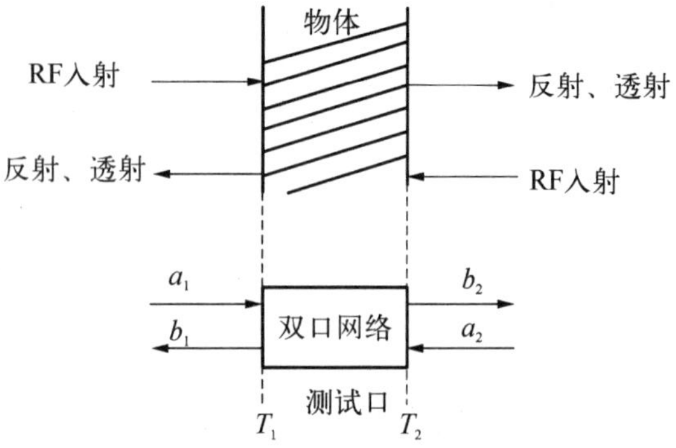

图 4.3 双口网络

表 4.2 S 参数的定义

测试口	T_1	T_2
反射参数	$S_{11}=\left.\frac{b_1}{a_1}\right\|_{a_2=0}$	$S_{22}=\left.\frac{b_2}{a_2}\right\|_{a_1=0}$
传输参数	$S_{21}=\left.\frac{b_2}{a_1}\right\|_{a_2=0}$	$S_{12}=\left.\frac{b_1}{a_2}\right\|_{a_1=0}$

其中：传输参数也可写成 $S_{21}=\frac{|b_2|}{|a_1|}e^{j(\varphi_{b_2}-\varphi_{a_1})}=|S_{21}|\angle\Delta\varphi_{21}$，这里，插入损耗(衰减)

$$A=20\lg\frac{1}{|S_{21}|} \tag{4.3}$$

无源网络的传输参数模值 $|S_{21}|<1$，则 A 为衰减量的分贝数，也可用负值表示 $A=-20\lg\frac{1}{|S_{21}|}$。相移 $\Delta\varphi_{21}=\varphi_{b_2}-\varphi_{a_1}=\varphi\xi=\frac{2\pi}{\lambda}\xi=\omega\Delta t$，说明双口网络的电抗延时 $\Delta t=\frac{\xi}{c}$。当 $S_{11}=S_{22}$，$S_{21}=S_{12}$ 时，称互易网络。T_1 端口的输入和反射功率分别为 $P_{i1}=|a_1|^2$，$P_{r1}=|b_1|^2$，T_2 端口的负载功率为 $P_{l2}=|b_2|^2-|a_2|^2$。

4.2 S 参数的测量

知识点与能力目标

◇ 了解自动网络分析仪(ANA)的组成、类型和工作原理。

◇ 通过示教、实训和工作实践能逐渐掌握测量反射系数和传输系数的方法。

4.2.1 网络分析仪的组成和类型

ANA 主要由信号源、测试装置和幅相检测器等部分组成，如图 4.4 所示。应用的类型主要有三种，如表 4.3 所示。

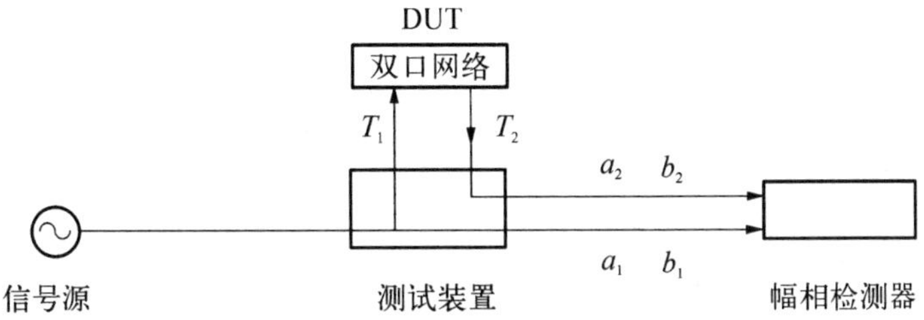

图 4.4 自动网络分析仪结构

表 4.3 ANA 的组成和类型

类型 \ 组成	信 号 源	测试装置	幅相检测器
矢量(ANA)	扫频源	定向耦合器和混频器	比值计和相位计
六端口(SPANA)	点频源	六端口电路	检波器或功率计
时域(TDANA)	脉冲源	延迟线段	取样示波器

4.2.2 网络分析仪的工作原理

(1) 如图 4.5 所示，当 S 选择开关置于测试口 T_1 时，入射波 a_1 分别进入双口网络的被测器件 DUT(Device Under Test)和谐波混频器，DUT 的出射波 b_1 经定向耦合器又进入另一谐波混频器，在幅相检测电路中完成了 $S_{11}=\left.\frac{b_1}{a_1}\right|_{a_2=0}$ 的测量；当 a_1 通过 DUT 时，在 T_2 口输出为 b_2，经定向耦合器再进入下一个谐波混频器，在幅相检测电路又完成了 $S_{21}=\left.\frac{b_2}{a_1}\right|_{a_2=0}$ 的测量，这时因为 T_2 口无输入，所以 $a_2=0$。当 S 选择开关置于测试口 T_2 时，同理可以完成 $S_{22}=\left.\frac{b_2}{a_2}\right|_{a_1=0}$ 和 $S_{21}=\left.\frac{b_1}{a_2}\right|_{a_1=0}$ 的测量。

(2) 四个谐波混频器的输出，包含了 a_1、b_1，a_2、b_2 的幅相信息，而中放的频率固定在 $f_1=20\ \text{MHz}=mf_L-f_i$，当扫频源的输出频率 $f_i=45\ \text{MHz}\sim22\ \text{GHz}$ 改变时，谐波次数 m 和锁相本振 VCO 的频率 f_L 也随之变化，这里 f_L 和扫描波均由锁相环路(PLL)跟踪锁定。

(3) 幅相检测电路的工作频率已降到 100 kHz，但仍保留了 a_1、b_1，a_2、b_2 的幅相信息，经过比值计后可得到模值 $|S|=\left|\frac{b}{a}\right|$；经过相位计后可得到相位差 $\varphi_{11}=\varphi_{b_1}-\varphi_{a_1}$，$\varphi_{21}=\varphi_{b_2}-\varphi_{b_1}$ 和 $\varphi_{22}=\varphi_{b_2}-\varphi_{a_2}$，$\varphi_{12}=\varphi_{b_1}-\varphi_{a_2}$ 最后得到四个 S 参数：S_{11}、S_{21} 和 S_{22}、S_{12}，由此可算出包括 Γ 的派生参数。

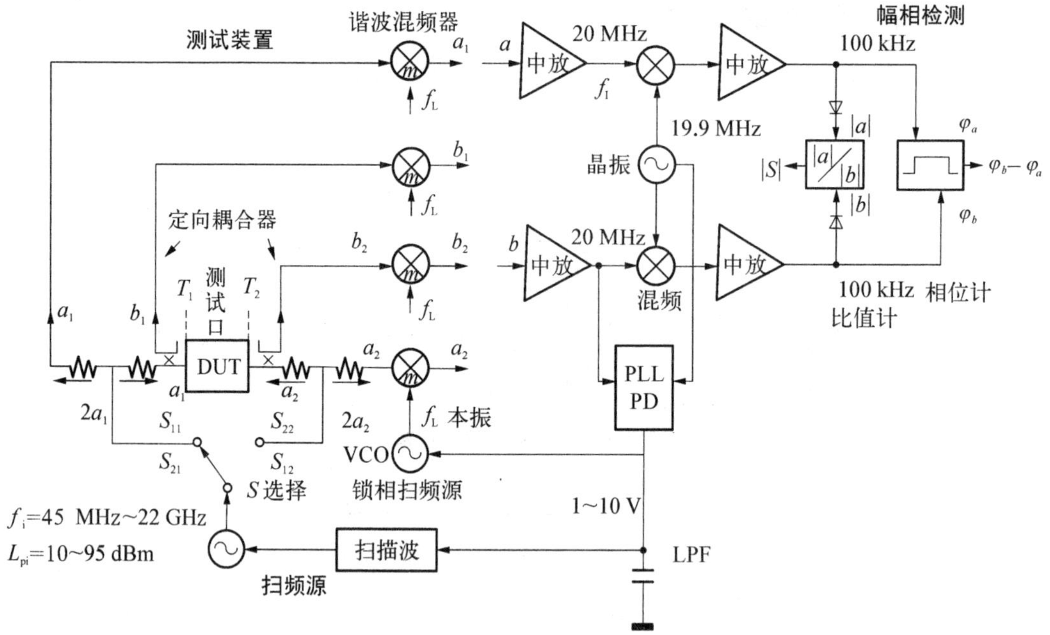

图 4.5 典型 ANA 的结构和工作原理

ANA 程序：入射双口走两路(a_1，a_2)，同口反射异透射(b_1，b_2)；反射参数同口比$\left(\frac{b_1}{a_1}，\frac{b_2}{a_2}\right)$，传输参数异口除$\left(\frac{b_2}{a_1}，\frac{b_1}{a_2}\right)$。

4.3 应用举例

微波的三大应用有检测(雷达、遥感、传感器等)、通信(中继通信、卫星通信、移动通信)和能源(微波加热、微波输能、微波引擎和微波光源等)。

4.3.1 微波传感器的检测原理

微波传感器也由信号源、测试装置和幅相检测器等所组成，测出双口网络的 S 参数，就可知道被测物体的位移和性质等。作为微波介质的物体，对网络参数的影响与其介电常数有关，例如，水的相对介电常数模值 $\varepsilon_r \approx 80$ (最大)，对微波吸收和反射均大，而几乎不能透射。空气的 $\varepsilon_r = 1$ (最小)，对微波是"透明"的，几乎没有反射。其他物质的 ε_r 则介于水和空气之间，所以用微波传感器测量物质的含水率和成分将会显得十分灵敏。

微波传感器的敏感元件是具有微波场的测试装置，或称微波电路，也可包括传输线、谐振腔和天线等微波元器件。可以与被测物(单、双口网络)接触或不接触。幅相检测器又称接收器，可以同时测出幅度比和相位差，如仅测幅度比，可用检波器或功率探头，如还要求测出频率差，需配有微波频率计。

微波传感器的优点是可实现非接触在线检测和实时处理，可在高温、高压和有害等恶劣环境条件下工作，并便于自动控制、遥控和遥测。微波作为载波可被较低频信号调制，又可作为信号去调制光波。微波传感器缺点是有零漂问题，应用时受温度、取样方法和取样位置等外界影响较多，因此定标较困难。

4.3.2 透射式测量

如图 4.6 所示，在流水线上的低湿物，犹如双口网络。当采用非接触测量时，可用发、收天线测其传输系数 $S_{21}=\dfrac{a_t}{a_i}=\left|\dfrac{a_t}{a_i}\right|e^{j(\varphi_t-\varphi_i)}=|S_{21}|\angle\varphi_{21}$，通过计算被测物的衰减量 $|S_{21}|$ 和相移量 φ_{21}，就可定标出物料的成分或含水率，并可控制流水线的速度。微波源使用不同频率，以及用非微波方法测出堆密度和厚度，更具有实用性。

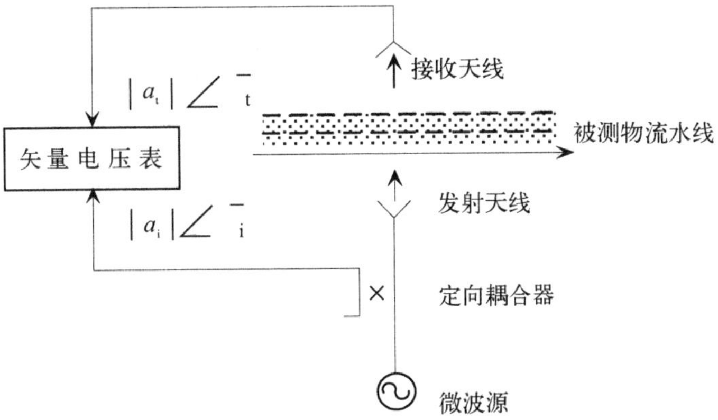

图 4.6　透射式测量

4.3.3 反射式测量

图 4.7 采用 X 波段微波源，通过宽带双定向耦合器，接触式测量输油管道里的原油，犹如单口网络。采用铋锑热电偶分别测得入射功率 P_i 和反射功率 P_r，通过计算比值 $\dfrac{P_r}{P_i}$，可获得流动混合液体的平均含水率 0～100%。如不能流动，则要解决均匀性问题。

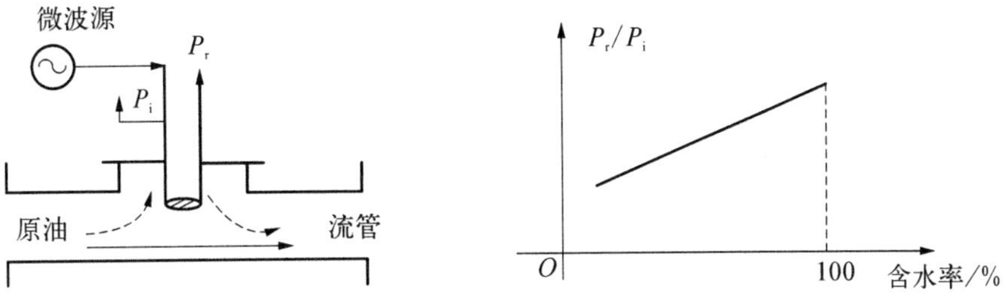

图 4.7　反射式测量及其定标曲线

对于仅区别不同介质负载，如油、水、气等，可用较简单的检波器测量 P_r 的电压 U_r，往往用于远距离多点监视和报警，如石油储罐周围水槽的漏油检测。远距离非接触的测量可采用简单的主动雷达，可同时测出物体的方位和性质。

思考题 4

4.1 在空气中、电介质中和电磁介质中的波长如何计算？何谓传输线的截止波长？有何影响？

4.2 试述射频应用的基本参数和检测原理，单、双口射频网络的特性参数如何定义和表达？

4.3 自动网络分析仪有哪几个主要部分？四个 S 参数如何测量？

练习题 4

4.1 试计算下列方框的分贝数或电压值，哪些分贝需要下标？

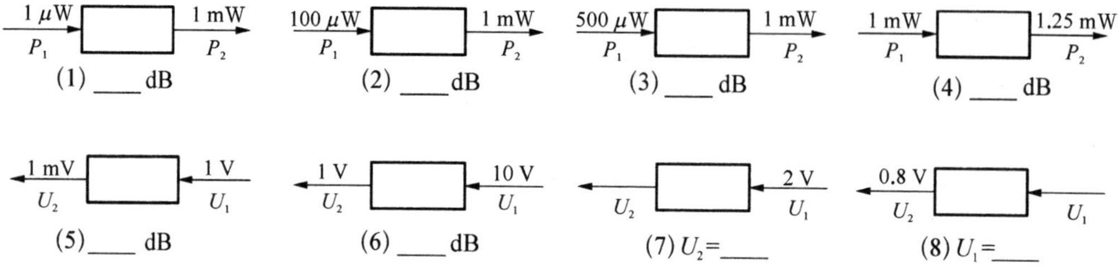

4.2 已知单口网络的反射系数 $\Gamma=0.3+\mathrm{j}0.4$ 和工作频率 $f=300\ \mathrm{MHz}$，试求回波损失 RL、电压驻波比 VR 和在空气中电波行程 ξ 的值。

第 5 章　信号参数的时、频域测量

本章介绍用计数电路测量信号的频率、周期和相位差。另一方面讲述示波器、失真度仪、扫频仪和频谱分析仪测量信号参数的工作原理，同时也说明了电压测量在时、频域中的应用方法。

5.1　计数器和示波器的测量方法

知识点与能力目标

- ◇ 能按计数法表述得到计数公式和量化误差公式。
- ◇ 能用计数器测量频率、周期、时差和相位差。
- ◇ 能用示波器测量正弦波和脉冲波的参数。

5.1.1　测量频率与周期

1. 计数法表述

由 4 个组件构成一个三端口的计数法电路，如图 5.1 所示，其主门的两个输入分别是周期为 t 的计数窄脉冲，以及周期为 T 的门控宽脉冲，主门的输出是在 T 内的 N 个窄脉冲，即 $T=Nt$，而 $t=\dfrac{1}{af_A}=\dfrac{T_A}{a}$，$T=\dfrac{1}{\dfrac{f_A}{b}}=bT_B$，则 $N=\dfrac{T}{t}=\dfrac{bT_B}{\dfrac{T_A}{a}}$ 由计数器读出。计数

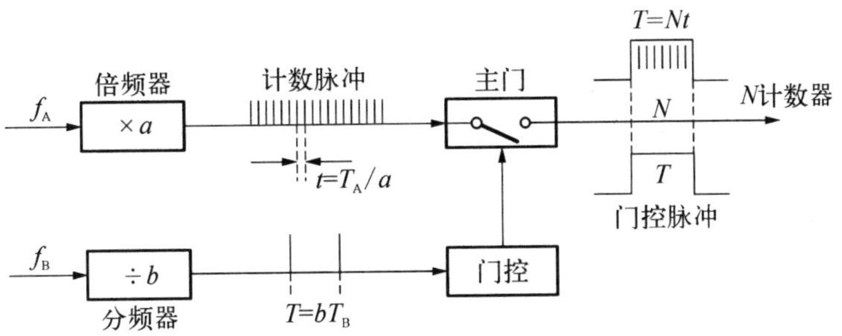

图 5.1　计数器工作原理

器的量化误差可用其相对误差来表示：

$$\frac{\Delta N}{N}=\frac{\pm 1}{\frac{T}{t}}=\frac{\pm 1}{af_A\,bT_B} \tag{5.1}$$

可见，门控脉冲越宽（$b\geqslant 1$，f_B 宜小），计数脉冲越窄（$a\geqslant 1$，f_A 宜大），量化误差 $\left(\frac{\Delta N}{N}\right)$ 越小。可归纳为：四块电路三端口，两入一出经主门；宽控开关窄计数，越宽越密高精度。分别说明了电路形式、工作原理、测量方法和随机误差来源。

2. 测量频率

参见图 5.1，被测信号的频率 f_x 经放大整形器（$a=1$），变成周期为 $t=\frac{1}{f_x}$ 的计数脉冲。主门的另一端输入是晶振频率 f_c 的时基信号，为了获得宽脉冲，需经分频器 $\left(\frac{f_c}{b}=\frac{1}{bT_c}\right)$ 和门控脉冲产生器，得到宽度为 bT_c 的门控脉冲，主门输出的脉宽为 $bT_c=\frac{N}{f_x}$，可测得

$$f_x=\frac{N}{bT_c}=\frac{Nf_c}{b} \tag{5.2}$$

这里，f_c 和 b 为已知，N 由计数器测出。

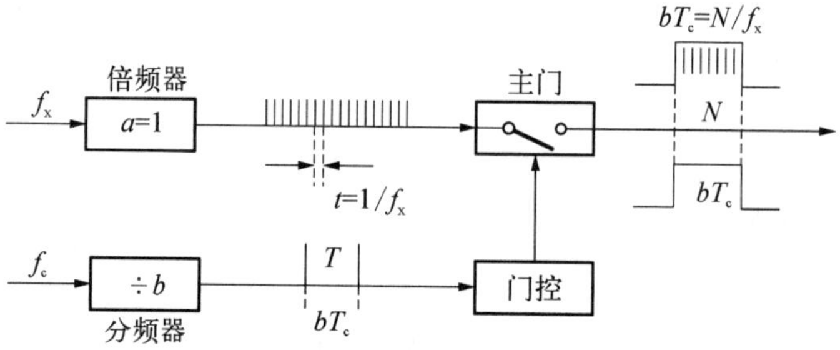

图 5.2　测量频率 f_x

3. 测量周期

如图 5.3 所示，被测信号的周期 T_x 经放大整形器（$b=1$），直接作为门控脉冲，在 T_x 内通过 N 个晶振时基信号周期 T_c（取 $a=1$），主门的输出直接测得

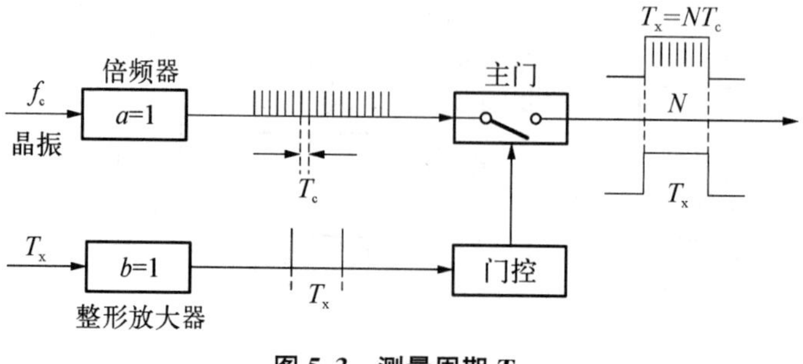

图 5.3　测量周期 T_x

$$T_x = NT_c = \frac{N}{f_c} \tag{5.3}$$

4. 测量误差和中界频率

(1) 测 f_x时,其相对误差为 $\dfrac{\Delta f_x}{f_x} = \dfrac{\Delta\left(\dfrac{Nf_c}{b}\right)}{\dfrac{Nf_c}{b}} = \dfrac{\Delta N}{N} + \dfrac{\Delta f_c}{f_c} \approx \dfrac{\Delta N}{N}$,这里晶振的频稳度 $\dfrac{\Delta f_c}{f_c} = 10^{-5} \sim 10^{-9}$,忽略不计,量化误差

$$\frac{\Delta N}{N} = \frac{\pm 1}{bT_c f_x} \tag{5.4}$$

可见,被测频率 f_x越高,门控脉冲 bT_c越宽,测量误差越小。

(2) 测 T_x时,其相对误差为

$$\frac{\Delta T_x}{T_x} = \frac{\Delta\left(\dfrac{N}{f_c}\right)}{\dfrac{N}{f_c}} = \frac{\Delta N}{N} + \frac{\Delta f_c}{f_c} \approx \frac{\Delta N}{N} = \frac{\pm 1}{T_x f_c} \tag{5.5}$$

可见,T_x越大,f_c越高,误差越小。

(3) 当 $\left|\dfrac{1}{bT_c f_x}\right| = \left|\dfrac{1}{T_x f_c}\right|$ 时,求出中界频率 $f_x = f_{ox} = \dfrac{f_c}{\sqrt{b}}$。由此可知:当被测频率 $f_x < f_{ox}$ 时,采用测周法时误差较小;当 $f_x > f_{ox}$ 时,采用测频法时误差较小。

5.1.2 测量时差与相位差

1. 测量时差

由于时间差和相位差均属时间的测量,所以测量电路应与测 T_x相似。但有两个同频信号的输入,放大整形电路也有两个,门控电路为双稳态触发器。

两个同频波形的时差 $\Delta t = NT_c = \dfrac{N}{f_c}$,与测 T_x相同,这时分频器的分频系数 $a=1$。

2. 测量相位差

两个同频波形的相位差

$$\Delta\varphi = 2\pi f_x \Delta t = 2\pi \frac{1}{T_x}\frac{N}{f_c} = \frac{2\pi NT_c}{T_x} \tag{5.6}$$

如果 T_x为未知,则需加一个副门,如图 5.4 所示。这时的分频系数 $a>1$,使晶振的周期扩展到 aT_c,去控制副门开关,而周期为 T_x的主门输出则作为计数脉冲串,使副门的输出脉宽为 $aT_c=MT_x$,从而得到 $T_x = \dfrac{aT_c}{M}$,代入式(5.6),得

$$\Delta\varphi = \frac{2\pi T_c N}{\frac{aT_c}{M}} = 2\pi \frac{MN}{a} \tag{5.7}$$

式中，a 为已知，M、N 由计数器测出。

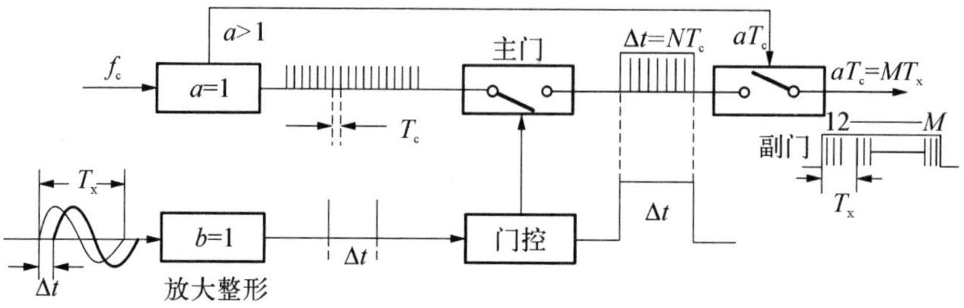

图 5.4　测量时差 Δt 和相差 $\Delta\varphi$

5.1.3　示波器的时域测量

1. 测量正弦波参数

(1) 水平 X 轴(扫描时间 t)，测量周期 T_x，算出频率 $f_x = \frac{1}{T_x}$。两个同频波形还可测出时差 Δt，算出相位差 $\Delta\varphi$，如图 5.5(a)所示。

$$\Delta\varphi = \frac{2\pi}{T_x}\Delta t \tag{5.8}$$

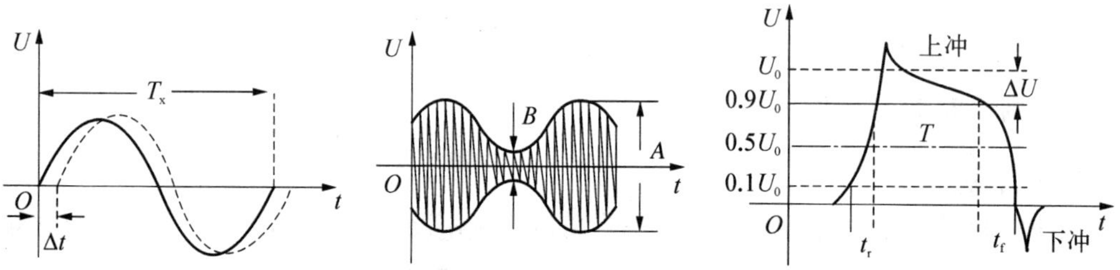

(a) 正弦波参数　(b) 调幅波参数　(c) 脉冲参数

图 5.5　示波器测量

(2) 垂直 Y 轴(幅度 U)，宜于测量峰峰值 U_{pp}。并利用 Y 轴输入的接地和直流(DC)档，测出波形的直流电平。对于调幅波，只要测出 A 和 B 值，就可算出调幅系数 $m_a = \frac{A-B}{A+B}(\%)$，如图 5.5(b)所示。

2. 测量脉冲波参数

(1) Y 轴测出幅度 U_0，顶降 ΔU，上、下冲量等。

(2) X 轴测出前沿 τ_r 和后沿 τ_f，均在 $0.1U_0$ 到 $0.9U_0$ 之间，在 $0.5U_0$ 时测出脉宽 τ，如图 5.5(c)所示。如果两组同频脉冲，利用双通道可测出时差 Δt。

5.2 信号失真和频域的测量

知识点与能力目标

◇ 熟悉非线性失真度的测量原理，能用失真度仪测量正弦波的实际失真度。

◇ 熟悉线性失真特性，能用扫频仪测出电路的带宽和 Q 值。

◇ 了解频谱分析仪的工作原理，通过实训能测量频谱参数和 dB_m 等。

5.2.1 非线性失真度的测量

1. 失真度的定义

定义理论上的失真度 $\gamma=\dfrac{\sqrt{U_2^2+U_3^2+\cdots}}{U_1}(\%)$，这里$\sqrt{U_2^2+U_3^2+\cdots}$为谐波分量，由于单独取出基波分量 U_1 困难较大，常用实际上的失真度为

$$\gamma_0=\frac{\sqrt{\sum\limits_{i=2}^{\infty}U_i^2}}{\sqrt{\sum\limits_{i=1}^{\infty}U_i^2}}\approx\frac{U_2}{\sqrt{U_1^2+U_2^2}}(\%) \tag{5.9}$$

两者关系 $\gamma=\dfrac{\gamma_0}{\sqrt{1-\gamma_0^2}}$，相对误差 $\dfrac{\Delta\gamma}{\gamma}=\dfrac{\gamma_0-\gamma}{\gamma}=\sqrt{1-\gamma_0^2}-1$，当 $\gamma_0<30\%$ 时，$\gamma_0\approx\gamma$。

2. 抑制基波法(单音法)测量 γ_0

(1) 图 5.6 所示，当开关向上时，“电压”档测出放大器输出的有效值$\sqrt{U_1^2+U_2^2+\cdots}$；“校正”档调节衰减器使$\sqrt{U_1^2+U_2^2}=1\text{ V}$。

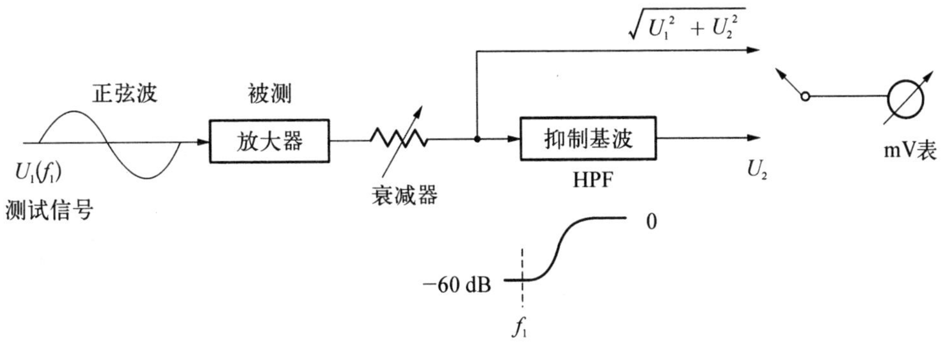

图 5.6 抑制基波测量 γ_0

(2) 当开关向下时，基频 f_1 被调在高通滤波器的阻带(HPF - 60 dB)，以最大限度抑制

基波分量$U_1(f_1)$，并使谐波分量损失最少。当调节衰减器使$\sqrt{U_1^2+U_2^2}=1$ V时，测得的U_2即为实际失真度

$$\gamma_0=\frac{U_2}{\sqrt{U_1^2+U_2^2}}=\frac{U_2}{1}=U_2(\%)$$

(3) 当测出$\gamma_0<1\%$时，测试信号$U_1(f_1)$的失真度γ_{01}不可忽略，此时被测放大器的实际失真度应为$\sqrt{\gamma_0^2-\gamma_{01}^2}$，$\gamma_{01}$的测法同上。

(4) 一般允许放大器$\gamma_0\leqslant 5\%$，这时放大器的输出幅度为最大不失真幅度，也是该电路的最大动态范围。

(5) 如果测试信号的频率连续可调(如频谱分析仪内自动扫频源)，还可测出放大器在通频带内的失真度曲线，以避免在某些频率时超过失真度指标。

(6) 新型失真度仪(如 DF4121 型)，已具备自动校正能力，使用时应注意到U_1过大过小，f_1过高过低，均亮"红灯"，要调到熄灭为止。

5.2.2 线性失真特性的测量

1. 点频法

线性失真特性即被测电路的幅频和相频曲线。有宽带(如放大器)和窄带(如带通滤波器 BPF)两种，当频率较低时，可用点频法测量，这时应保持输入电压U_i不变，改变信号源的频率f，测出输出电压U_o和相位差$(\varphi_o-\varphi_i)$，分别画出频响特性曲线，如图5.7(a)所示。

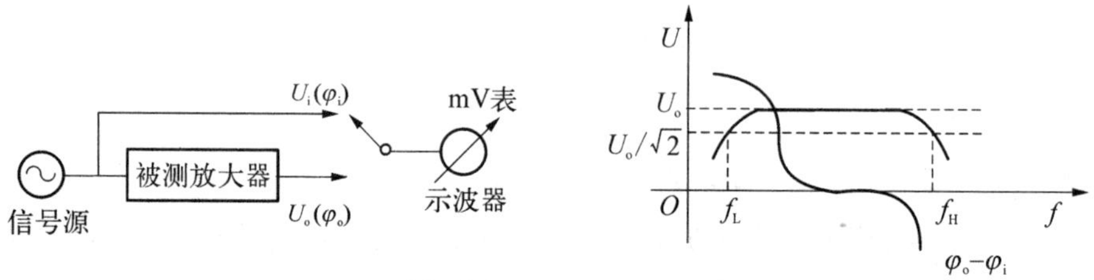

(a) 放大器及其频响曲线

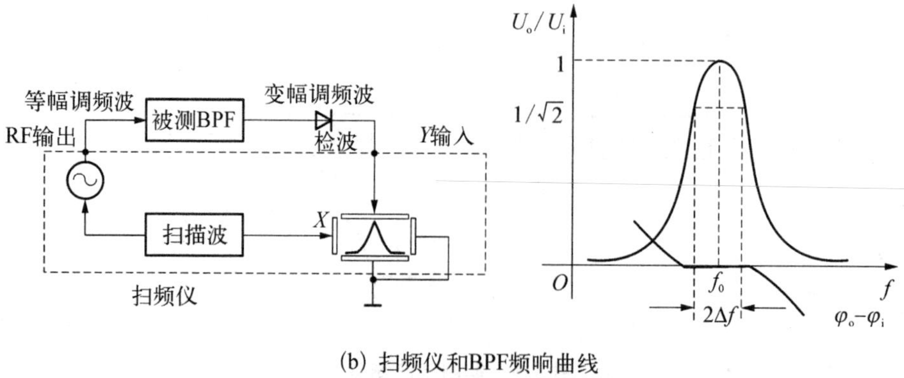

(b) 扫频仪和BPF频响曲线

图 5.7 线性失真特性测量

2. 扫频法

由于扫频技术的发展，扫频法的测量快捷而全面，专用扫频仪由扫频源、示波器及其幅频读数系统所组成，其“RF 输出”等幅调频波，作为被测电路（如 BPF）的输入测试信号，其“Y 输入”则可得到被测电路的频响曲线，通过幅、频的−3 dB 电压比 $\frac{U_o}{U_i}=\frac{1}{\sqrt{2}}$ 即可求出被测电路的通频带 $f_B=2\Delta f$ 和品质因数 $Q=\frac{f_o}{f_B}$，如图 5.7(b)所示。其相位差在低频时可用示波器测出，在高频时则需专用相位计。

5.2.3 频谱分析仪的工作原理与应用范围

1. 频谱分析仪的结构与性质

频谱分析在数学上用快速傅立叶变换（FFT），现用软件可把时域信号 $U(t)$ 变成频域信号 $U(f)$，也可反变换，如图 5.8 所示。

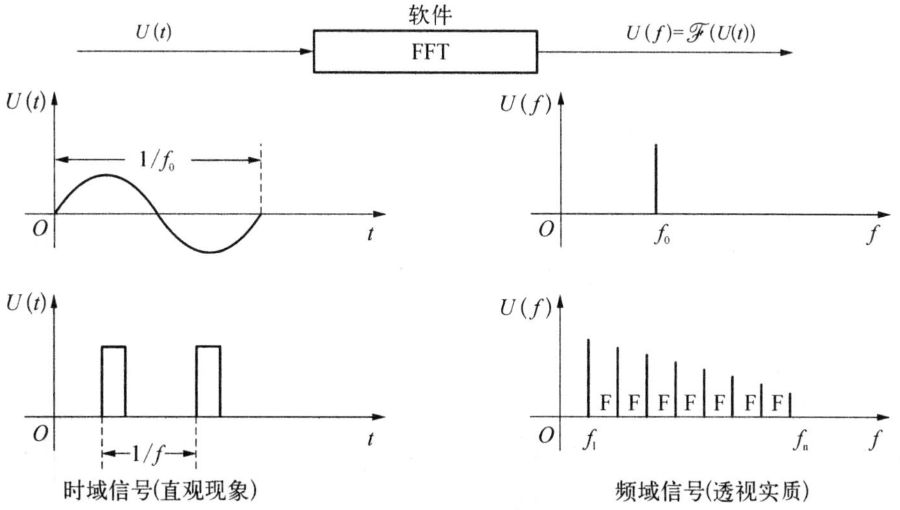

图 5.8 时域和频域信号

(1) 输入电路。

如图 5.9 所示，频谱分析仪的输入电路有：RF 衰减器、预选器（通带可调 BPF）、谐波混频器（谐波次数 m）、本振（压控振荡器 VCO）和第一级中频放大器（中放）等。输入电路后面还有几个普通混频器，直到末级中放，至此工作频率已降到 kHz 级，便于检波和放大。

(2) 基准电平控制。

频率为 f_i 和功率电平为 $L_{pi}(dB_m)$ 的被测信号，由 RF 衰减器和第一级中放增益 A_I 来控制。前者最大衰减量为−A(dB)，可保护频谱仪的输入电路免受高电平损坏，同时使谐波混频器达到最佳工作电平 $-x dB_m$，因而其输入功率电平的控制范围为

$$L_{pimax}(dB_m)\leqslant -x+A \qquad L_{pimin}(dB_m)\geqslant -x+0 \tag{5.10}$$

可见，衰减量决定了输入功率范围。调节 A_I，可使显示屏达到满偏，以提高观测分

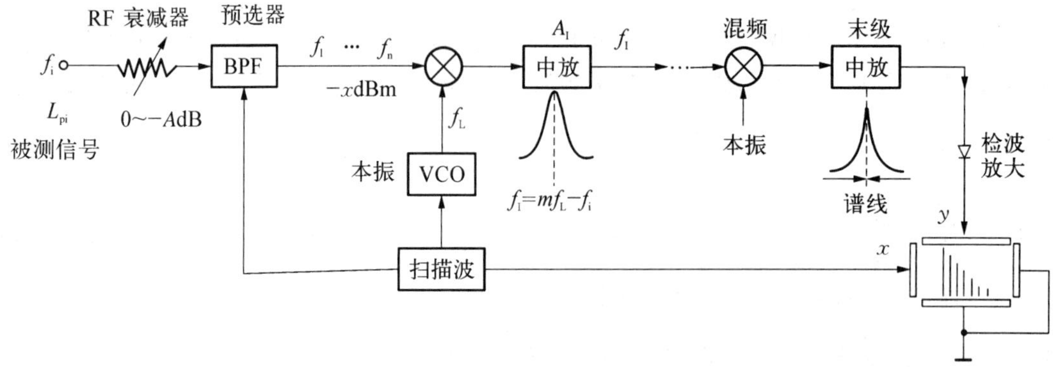

图 5.9 频谱仪结构和工作原理

辨率。

（3）频率测量范围。

频谱仪有规定的输入频率范围 f_{imax} 和 f_{imin}，对应的第一本振频率变化范围为 f_{Lmax} 和 f_{Lmin}。采用谐波混频器，其谐波次数为 m，而中放的频率 f_I 是固定的，基于相乘变频原理，则类似超外差式收音机的下变频式为

$$f_I = mf_{Lmax} - f_{imax} = mf_{Lmin} - f_{imin} \tag{5.11}$$

可见，第一本振频率变化范围和谐波次数决定了输入频率范围。而固定中频的放大器保证了输入电路选择性和高灵敏度。另外，预选器是通带可变的跟踪滤波器(BPF)，它阻止了非信号频率分量的输入，使频谱仪具有较强的抗干扰能力。

（4）分辨率及其他。

一般频谱仪的混频器及其中放和本振有多组，使中频越来越低，而末级中放通带宽度决定了谱线的宽度，即屏幕上的分辨率。

末级中放的输出经过检波就输入到视频放大器，其输出具有线性电压、dB 和 dB_m，使测量电压、相对电平和功率带来了读数方便。而具有 BPF 的视频放大还可抑制噪声，进一步提高了测量低电平信号的能见度。

一般频谱仪还带有扫频的跟踪信号发生器，并以它的输出幅度为基准来确定输入信号电平(dB_m)，同时跟踪输入信号的频率，从而读出 f_i 值及其谐波频率值。频谱仪还有其他的扩展功能，此处不详述。

2. 频谱分析仪的应用范围

（1）作连续式选频电压表用，测量电压、频率和频稳度等。

（2）作频域示波器用，测量调幅波和调频波参数，以及鉴定射频脉冲质量等。

（3）作扫频接收机用，遥测空间电波，测量天线方向图，以及测试 RF 电路的频响和噪声系数等。

另外，存储正常频谱图（频域信号），与各种非正常频谱图作比对，可进行产品检测和故障诊断。

总之，纵示幅横频域，高灵敏宽接收，频响内测噪声，频谱图比失真。

思考题5

5.1 计数器和示波器如何测量频率、时间差和相位差？提高精度靠什么？

5.2 如何测量非线性(谐波)失真度和线性(频率)失真特性？

5.3 频谱分析仪的输入电路(RF衰减、BPF预选、混频和本振、中放)各有何作用？末级中放决定什么指标？简述频谱仪的应用范围。

练习题5

5.1 采用计数器测量频率比$\frac{f_A}{f_B}$，A通道的倍率系数a，B通道的分频系数为b，试画出测量电路框图，并求出$\frac{f_A}{f_B}$的表达式和说明减少量化误差的方法。

5.2 说明题5.2图所示的工作原理，并求出非线性失真度γ_0的表达式，其测量精度取决于什么？$\left(\gamma_0=\frac{R_0}{R}\%\right)$

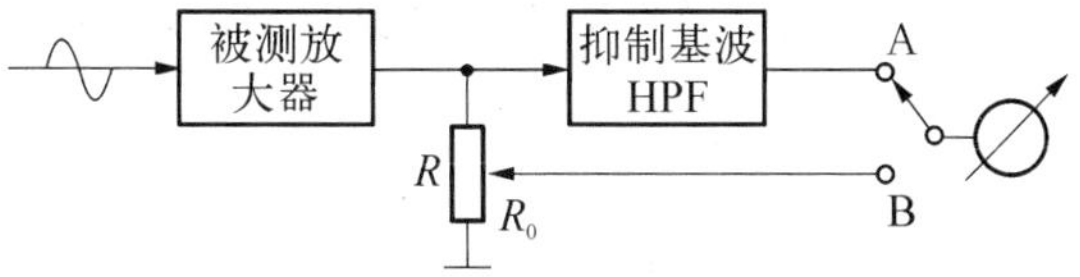

题5.2图

5.3 如图所示是频谱仪的输入电路。已知中放的谐振频率$f_I=460$ MHz，被测输入信号频率$f_i=0.1\sim1\,000$ MHz，谐波混频器的谐波次数$m=4$，其最佳工作状态为-30 dB_m，射频(RF)衰减器的可变范围为$0\sim-50$ dB。求输入功率电平L_{pi}的范围和本振频率f_L的变化范围。

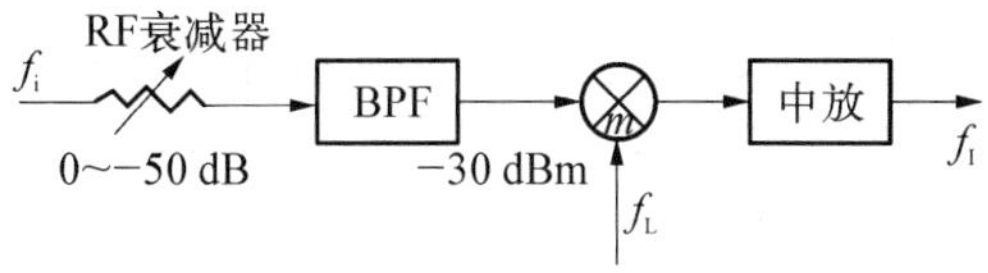

题5.3图

第 6 章　计算机的测试技术

随着科学技术的发展，测试工作量加大，测试任务复杂，对测量速度和精度的要求也越来越高。以计算机或微处理器为核心，将检测与自动控制技术、通信网络技术和计算机处理结果完美地结合起来，形成了计算机测试技术，为电子感测技术注入了新的活力。自 20 世纪 80 年代至今，集中反映了下述两个方面。

6.1　智能仪器与自动测试系统

知识点与能力目标

◇ 能说明智能仪器与自动测试系统的异同。

◇ 通过频响测试举例，能举一反三。

6.1.1　智能仪器简介

用一台现成的计算机程控多台智能仪器所组成的测试系统，称为自动测试系统(ATS)。智能仪器中一般都嵌入了微处理器的芯片系统(SDC)或数字信号处理器(DSP)，以及专用电路(ASIC)。其工作是以硬件为主，结合专用软件按一定顺序共同完成的。

6.1.2　频率响应测试举例

由于充分利用 PC 机的机箱、总线、电源及软件资料，这种仪器系统成为自动测试系统最廉价的构成形式，图 6.1 为典型的电压和频率参数的自动单功能测试系统。如还要测试相移、频谱、失真度和噪声系数等参数，则要另行组成该功能的 ATS。

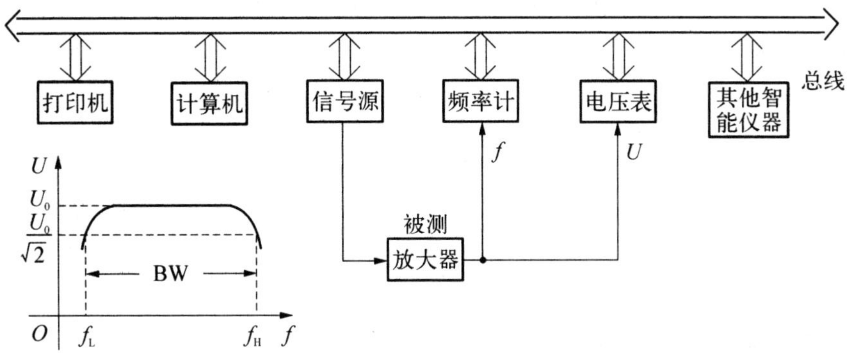

图 6.1 GPIB 自动测试放大器频响举例

6.2 虚拟仪器技术

知识点与能力目标

◇ 逐步掌握 LabVIEW 软件的应用方法。

◇ 通过实训能用虚拟仪器技术实现专用仪表的功能，并能组建简单的检测系统程序。

6.2.1 LabVIEW 虚拟仪器简介

1. 硬件平台

虚拟仪器(VI)是用软件来实现仪器的测试功能，可作为万用表、示波器、频谱分析仪和逻辑分析仪等。把计算机作为仪器的虚拟面板，用来操作(控制和指挥)、显示(数值、波形和图表)和输出(打印、储存和通信)。可见软件是构件仪器的核心，其简单的硬件连接框图如图 6.2 所示。

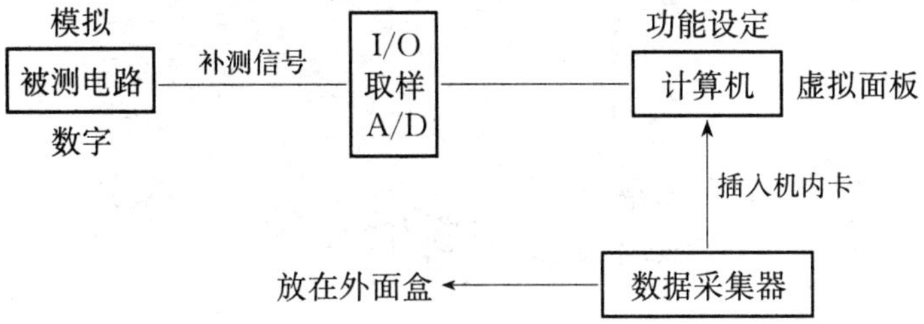

图 6.2 通用 VI 硬件平台

2. 与自动测试系统比较

虚拟仪器技术与自动测试系统的比较，见表 6.1。

表 6.1　虚拟仪器技术与自动测试系统的对比

系 统 比 较	自动测试系统	虚 拟 仪 器
相同点	计算机测试技术	
不同点	硬件为主，功能特定	软件为主，功能设定
优　点	高频、高速、高精度	多参数测试效率高，更新方便
缺　点	功能有限、体大价贵	单参数测试成本高，定标麻烦

6.2.2　创建简单的测试程序

LabVIEW(Laboratory Virtual Instrument Engineering Workbench)是一种图形化的编程语言，它广泛地被工业界、学术界和研究实验室所接受，视为一个标准的数据采集和仪器控制软件。

使用 LabVIEW 开发平台编制程序的虚拟仪器，其外观和操作类似于真实的物理仪器(如示波器和万用表)。

由 LabVIEW 开发出的虚拟仪器程序，简称 VI(Virtual Instrument)。VI 包括三个部分：程序前面板、框图程序和图标/连接器。

1. 程序前面板

程序前面板用于模拟真实仪器的前面板。在前面板上，用户可以设置输入量和观察输出量。

输入量被称为控制(Controls)，输出量被称为显示(Indicators)。控制和显示是以各种图标形式出现在前面板上，如旋钮、开关、按钮、图表、图形等。图 6.3 所示是一个频谱分析仪程序的前面版。

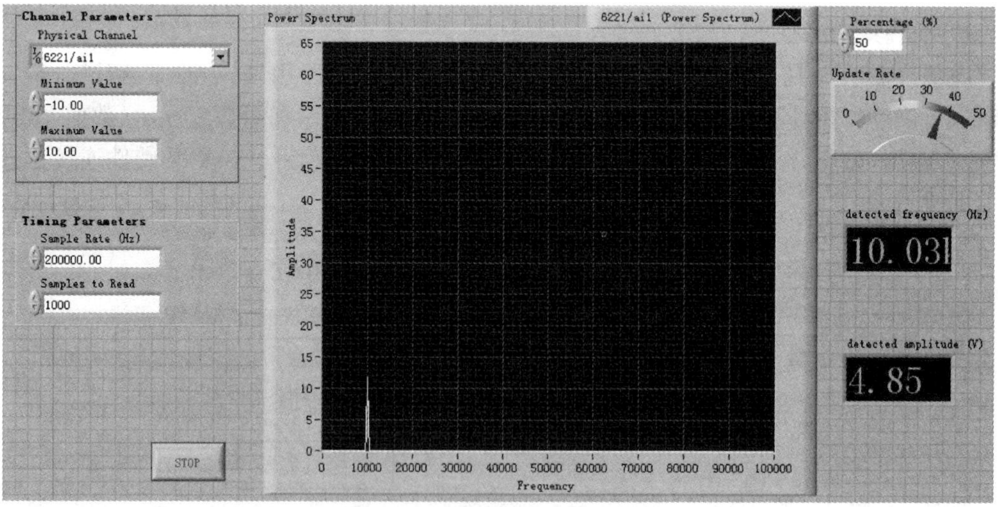

图 6.3　频谱分析仪的前面板

2. 框图程序

框图程序是用 LabVIEW 图形编程语言编写的，可以把它理解成传统程序的源代码。

框图程序由端口、节点、图框和连线构成。

（1）端口：被用来同程序前面板的控制和显示传递数据。

（2）节点：被用来实现函数和功能调用。

（3）图框：被用来实现结构化程序控制命令。

（4）连线：代表程序执行过程中的数据流，定义了框图内的数据流动方向。

如图 6.4 所示是上述频谱分析仪程序的框图程序。

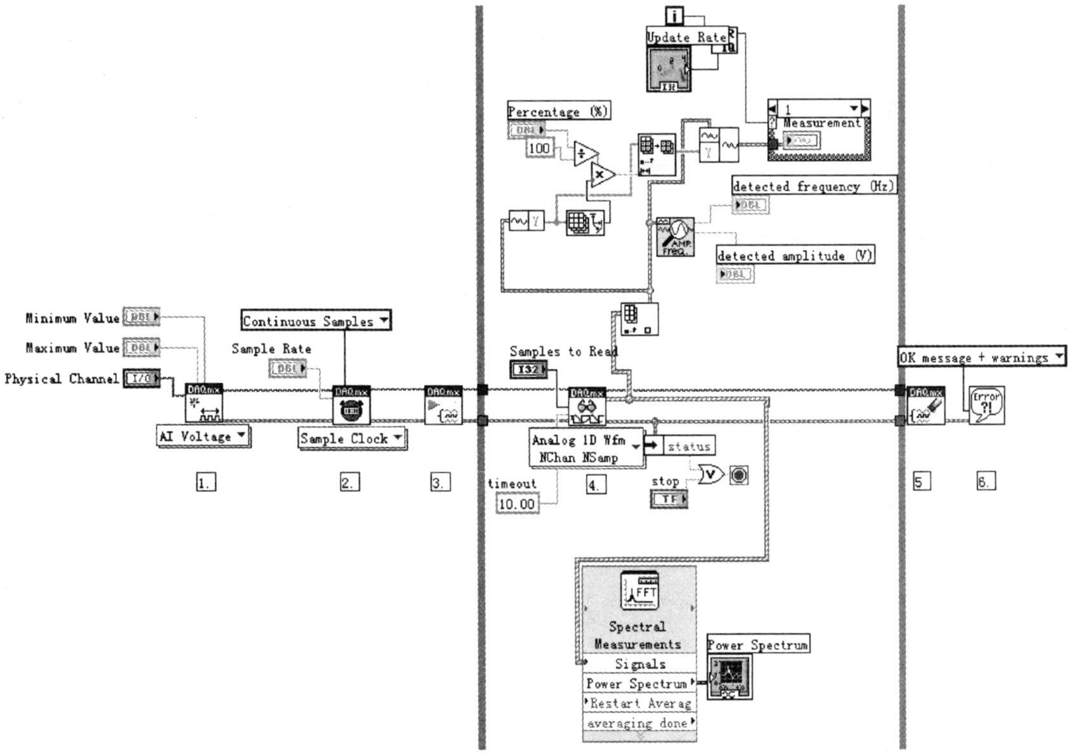

图 6.4 频谱分析仪的框图程序

3. 图标/连接器

VI 具有层次化和结构化特征。一个 VI 可以作为子程序，称子 VI，被其他 VI 调用。图标/连接器是子 VI 被其他 VI 调用的接口。

（1）图标：子 VI 在其他程序框图中被调用的节点形式。

（2）连接器：表示节点数据的输入/输出口，就像函数的参数，必须指定连接器端口与前面板的控制和显示一一对应。连接器一般情况下隐含不显示，除非用户选择打开观察它。

4. 操作模板

LabVIEW 具有多个图形化的操作模板，用于创建和运行程序。操作模板共有三类，分别为工具（Tools）模板、控制（Controls）模板和功能（Functions）模板。

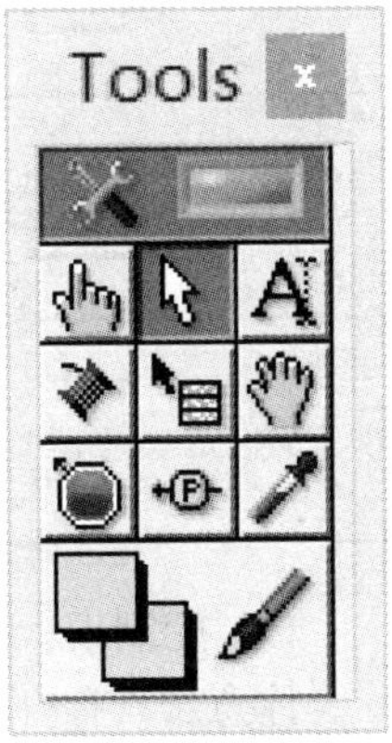

图 6.5 工具模板图标

（1）工具模板（Tools Palette）。

工具模板为编程者提供了各种用于创建、修改和调试 VI 程序的工具。工具图标如图

6.5 所示，工具图标中各工具图标及功能如表 6.2 所示。

表 6.2　工具图标及功能

	图　标	名　称	功　　能
1		Operate Value（操作工具）	用于操作前面板的控制和显示。使用它向数字或字符串控制中键入值时，工具会变成标签工具的形状。
2		Position/Size/Select（选择工具）	用于选择、移动或改变对象的大小。当它用于改变对象的连框大小时，会变成相应形状。
3		Edit Text（编辑文本/标签工具）	用于输入标签文本或者创建自由标签。当创建自由标签时它会变成相应形状。
4		Connect Wire（连线工具）	用于在框图程序上连接对象。如果联机帮助的窗口被打开时，把该工具放在任一条连线上，就会显示相应的数据类型。
5		Object Shortcut Menu（对象菜单）	用鼠标左键可以弹出对象的弹出式菜单。
6		Scroll Windows（窗口漫游工具）	使用该工具就可以不需要使用滚动条而在窗口中漫游。
7		Set/Clear Breakpoint（断点设置/清除工具）	使用该工具在 VI 的流程图对象上设置断点。
8		Probe Data（数据探针工具）	可在框图程序内的数据流线上设置探针。通过控针窗口来观察该数据流线上的数据变化状况。
9		Get Color（颜色提取工具）	使用该工具来提取颜色用于编辑其他的对象。
10		Set Color（颜色设置工具）	用来给对象定义颜色。它也显示出对象的前景色和背景色。

(2) 控制模板(Control Palette)。

注意：只有打开前面板时才能调用控制模板。

控制模板用来给前面板添加各种所需的输入控制和输出显示。该模板上每一个顶层图标都代表一个子模板。图 6.6 所示为控制模板图标，表 6.3 中所示为控制模板中经典子模板中的部分图标、名称及功能。

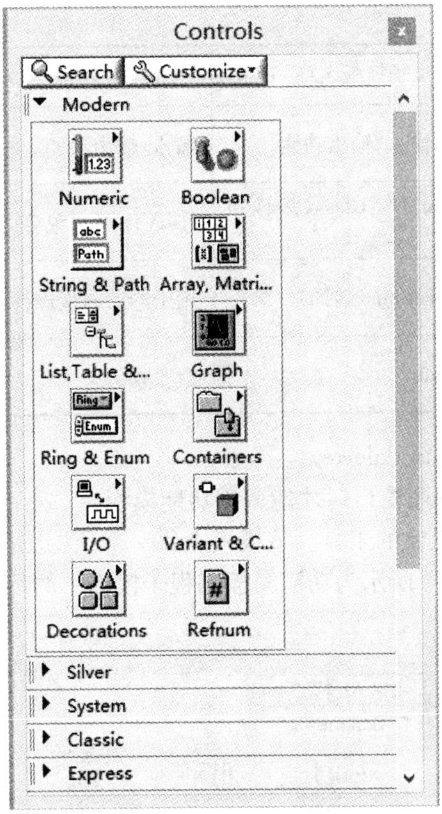

图 6.6 控制模板图标

表 6.3 控制模板部分子模板图标及功能

	图　标	子模板名称	功　　　能
1		Numeric(数值量)	数值的控制和显示。包含数字式、指针式显示表盘及各种输入框。
2		Boolean(布尔量)	逻辑数值的控制和显示。包含各种布尔开关、按钮以及指示灯等。
3		String & Path(字符串和路径)	字符串和路径的控制和显示。
4		Array, Matrix & Cluster(数组和簇)	数组、矩阵和簇的控制和显示。
5		List, Table & Tree(列表和表格)	列表、表格和树的控制和显示。
6		Graph(图形显示)	显示数据结果的趋势图和曲线图。
7		Ring & Enum(环与枚举)	环与枚举的控制和显示。
8		Containers(容器等)	操作 OLE、ActiveX 等功能。

续 表

	图 标	子模板名称	功 能
9		I/O(输入/输出功能)	输入/输出功能。
10		Variant & Class(多样和分类)	LabVIEW 对象等。
11		Decorations(装饰)	用于给前面板进行装饰的各种图形对象。
12		Refnum	参考数

(3) 功能模板(Functions Palette)。

注意：只有打开框图程序窗口时才能调用功能模板。

功能模板是创建框图程序的工具。该模板上每一个顶层图标都代表一个子模板，图 6.7 所示为功能模板图标，表 6.4 所示为功能模板编程子模板中的部分图标、名称及功能。

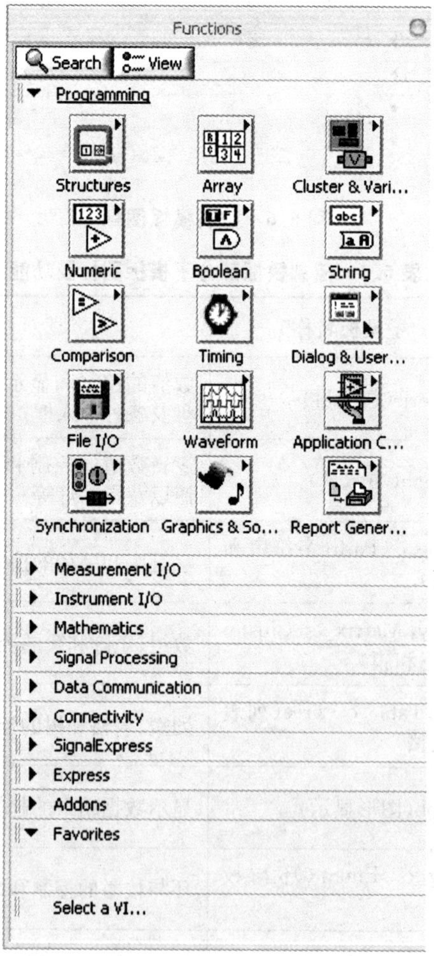

图 6.7 功能模板图标

表 6.4 功能模板部分子模板图标及功能

	图　标	子模板名称	功　　能
1		Structures(结构)	包括程序控制结构命令,例如循环控制等,以及全局变量和局部变量。
2		Numeric(数值运算)	包括各种常用的数值运算,还包括数制转换、三角函数、对数、复数等运算,以及各种数值常数。
3		Boolean(布尔运算)	包括各种逻辑运算符以及布尔常数。
4		String(字符串运算)	包含各种字符串操作函数、数值与字符串之间的转换函数,以及字符(串)常数等。
5	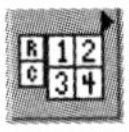	Array(数组)	包括数组运算函数、数组转换函数,以及常数数组等。
6		Cluster & Variant(簇和变量)	包括簇的处理函数,以及群常数等。这里的群相当于 C 语言中的结构。
7		Comparison(比较)	包括各种比较运算函数,如大于、小于、等于。
8		Time & Dialog(时间和对话框)	包括对话框窗口、时间和出错处理函数等。
9		File I/O(文件输入/输出)	包括处理文件输入/输出的程序和函数。
10	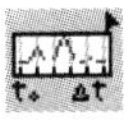	Waveform(波形)	各种波形处理工具。
11		Application Control(应用控制)	包括动态调用 VI、标准可执行程序的功能函数。
12		Graphics & Sound(图形与声音)	包括 3D、OpenGL、声音播放等功能模块。包括调用动态链接库和 CIN 节点等功能的处理模块。
13		Report Generation(文档生成)	生成各类文档。
14	Signal processing(信号处理)		信号发生、时域及频域分析功能模块及数学工具。
15	Instrument I/O(仪器输入/输出)		包括 GPIB(488、488.2)、串行、VXI 仪器控制的程序和函数,以及 VISA 的操作功能函数。
16	Mathematics(数学)		包括统计、曲线拟合、公式框节点等功能模块,以及数值微分、积分等数值计算工具模块。
17	Connectivity(连接)		包括 TCP、DDE、ActiveX 和 OLE 等功能的处理模块。

注:

① 如果上述三类模板没有出现,则可以在 VIEW 菜单下选择 Show Tools Palette、

Show Control Palette、Show Functions Palette 来打开。

② 上述操作模板可以随意在屏幕上移动，并可放置在屏幕的任意位置。

③ 其他几个子模板是 LabVIEW 的附加 Toolkit 安装上去的。在 LabVIEW 完全板中不包括这些子模板。

简单虚拟仪器(VI)程序的创建参考当时的实训指导书中的“虚拟仪器技术”部分。

思考题 6

6.1 自动测试系统与虚拟仪器有何异同？各有何优缺点？

6.2 简述 LabVIEW 的编程过程中有哪几种结构类型？

练习题 6

6.1 试简述虚拟仪器的构成，LabVIEW 应用程序由哪几部分组成？

6.2 试设计一个 VI 程序，用 0～100 的随机数仿真摄氏温度，将每 500 ms 仿真采集的温度的变化波形表示出来，并设定上下限，当仿真得到的温度高于上限或者低于下限时，分别点亮对应的指示灯。

实训部分

模块Ⅰ 传感器的测试与应用

实训 1 热敏电阻的测试与应用

1.1 能力目标

1. 了解热敏电阻的类型和工作范围，熟悉分度表测温方法；
2. 能测试温度传感器的特性与指标；
3. 在实训板上能调试电路，使热敏电阻起到控制和保持作用。

1.2 实训设备与元器件

1. 不同类型的热敏电阻和分度表 1 套
2. 热敏电阻实训板和加热设备 1 套
3. 数字万用表和稳压电源 各 1 台

1.3 预习要求

1. 复习书中图 2.1 的特性和式 $R_T = R_0 e^{B\left(\frac{1}{T}-\frac{1}{T_0}\right)}$ 中的参数（R_0，B 等）。
2. 半导体集成温度传感器有何特点？

1.4 实训内容和步骤

1. 用热敏电阻的分度表进行温度测量

（1）本次实验室用的热敏电阻（不同 B 值）分度表如下，这里采用 $B=3\ 950$，25℃时的电阻 $R_0=10\ \text{k}\Omega$，即分度表中的第一列。

热敏电阻分度表

温　度	10 kΩ	50 kΩ	100 kΩ	50 kΩ	50 kΩ	100 kΩ	100 kΩ	150 kΩ
−10℃	56.06	280.3	562.3	290.98	297.8	595.85	616.42	1 051.9
−5℃	42.81	214.1	430.5	220.79	225.57	451.25	465.45	775.83
0℃	32.96	164.8	332.3	173.34	172	344.1	352.4	576.7

续 表

温　度	10 kΩ	50 kΩ	100 kΩ	50 kΩ	50 kΩ	100 kΩ	100 kΩ	150 kΩ
5℃	25.57	127.9	257.5	132.79	132.2	264.3	270	433.2
10℃	20	99.98	201.1	102.68	102.4	204.8	208.3	328.4
15℃	15.76	78.79	158.2	80.11	80.03	160.1	161.9	250.9
20℃	12.51	62.55	125.4	63.04	63	126	126.7	193.3
25℃	10	50	100	50	50	100	100	150
30℃	8.048	40.24	80.29	39.96	39.76	79.51	78.35	117.3
35℃	6.517	32.58	64.87	32.18	31.89	63.77	62.37	92.28
40℃	5.321	26.56	57.72	26.09	25.73	51.45	49.94	73.11
45℃	4.356	21.78	43.1	21.29	20.88	41.76	40.22	58.28
50℃	3.588	17.94	35.42	17.48	17.04	34.08	32.56	46.74
55℃	2.972	14.86	29.26	14.44	13.999	27.97	26.4	37.71
60℃	2.467	12.38	24.3	12	11.53	23.06	21.53	30.58
65℃	2.073	10.36	20.27	10.03	9.541	19.8	17.69	24.94
70℃	1.734	8.717	16.99	8.42	7.929	15.86	14.62	20.45
75℃	1.473	7.364	14.31	7.11	6.621	13.24	12.1	16.85
80℃	1.25	6.248	12.1	6.03	5.552	11.1	10.05	13.94
85℃	1.065	5.324	10.27	5.05	4.674	9.348	8.376	11.6
90℃	0.911	4.555	8.758	4.4	3.95	7.9	7.004	9.68
95℃	0.782 4	3.912	7.459	3.78	3.349	6.698	5.894	8.118
100℃	0.674 4	3.372	6.438	3.26	2.849	5.698	4.978	6.836
105℃	0.583 4	2.917	5.55	2.82	2.438	4.875	4.215	5.78
B值$_{25/50℃}$	3 950	3 950	4 000	4 050	4 150	4 150	4 300	4 500
B值$_{25/80℃}$	3 990	3 990	4 050	4 080	4 220	4 220	4 410	4 560

(2) 认识实训板上的R/V转换电路(画在报告中),其输入电压U_i=________V,输入电阻R_i=________ kΩ,转换电路工作后输出电压为U_o,则接入的被测热敏电阻R_T的运放R/V转换关系式$R_T=R_x$=________。

(3) 接上加热器,调节温度(方法见实训卡)在40℃~95℃之间,每隔5℃,用数字万用表测出U_o,根据U_o求出R_t,填入下表。

加热温度(℃)	40	45	50	55	60	65	70	75	80	85	90	95	℃
测得U_o													V
算得R_t													K
查得t(℃)													℃

(4) 根据 R_t 值在分度表中查得实训温度(实温 t),填入上表。本实训的热敏电阻类型________,大致工作范围________,R_t 与 R_T 有差别吗?

2. 测试集成温度传感器特性

将温度控制在40℃左右,每隔 5℃设置一次,读取数显表值 U_0,填入下表。

t(℃)										
U_0(mV)										

集成温度传感器型号________,求出非线性误差 γ=________(%)。

3. 从实训设备中画出温度控制和保护电路,并指出:

(1) 热敏电阻型号类型________工作范围________。

(2) 电路名称________热敏电阻作用________调试要点________效果________。

1.5 实训报告要求

1. 画出实训板中的电路图,并作简要说明。
2. 通过什么途径了解热敏电阻类型和指标?
3. 选择热敏电阻的依据是什么?集成温度传感器能接在电桥中吗?

实训2 热电偶测温和串、并联应用

2.1 能力目标

1. 熟悉热电偶温度计使用方法，并用来测量微波炉主要指标。
2. 在热电偶热接线板上，能测出温度转换特性，并算出灵敏度和非线性误差。
3. 热电偶串、并联时，能达到测量温度和、温度差和平均值的目的。

2.2 实训设备与元器件

1. 家用微波炉、热电偶温度计和量筒盛水器(200 mL 塑料杯)　各1只
2. 热电偶串、并联实训板　1块
3. 数字电压表　1台

2.3 预习要求

1. 简述热电偶测温原理(4句)。
2. 热电偶的串、并联应用如何联接？试画出三种等效电路。

2.4 实训内容和步骤

1. 家用微波炉主要指标测试

(1) 标称功率的认定

在选购微波炉时，可用全功率加热一杯 200 mL 的水，2 分钟后，如果杯中的水已烫手或煮沸(有蒸汽冒出)，表明该微波炉的标称功率 P_0 合格。如果用热电偶温度计测出加热前后的温度 $T_1=$________℃和 $T_2=$________℃，则可检算 $P_0=C_P\Delta\dfrac{T}{t}=$________W($C_P=0.08C_mC_n$，这里 $C_m=200$，$C_n=1$)。

(2) 测量炉腔内的加热不均匀度

可用相同的 3 小杯水，每杯 100 mL，全功率加热 2～3 分钟。测出炉腔内的加热不均匀度 $\eta=\dfrac{\Delta T_m-\overline{\Delta T}}{\overline{\Delta T}}(\%)$，3 杯水的平均温升 $\overline{\Delta T}=\dfrac{\Delta T_1+\Delta T_2+\Delta T_3}{3}$，$\Delta T_m$ 为其中温升最大值。如果 $\eta\leqslant 10\%$，说明该产品的加热均匀度较好。

2. 热电偶传感器指标测试和串、并联应用

(1) 单个测温度

选用一热电偶传感器，接触被测物体(可用微波炉加热 90℃以上的一小杯水)，当温度变化时，测出传感器输出电压大小，按实训设备画出接线图如下：

当温度一改变，即读出电压值，所得数据记录下表：

非电量(℃)		90	85	80	75	70	65	60		
电量(mV)										

在测量数据中，可估计出该传感器的灵敏度 $S=$________(作出电压与温度曲线后)。

(2) 串联测量温度之和(先画接线图，后进行测试)

先用水银温度计测出三个温度 $t_1=t_2=$________及室温 t_0，得 $U_1'(t_1, 0)$、$U_2'(t_2, 0)$ 及 $U'(t_0, 0)$，得理论电压值 $U_1=U_1'(t_1, 0)-U'(t_0, 0)$，$U_2=U_2'(t_2, 0)-U'(t_0, 0)$，$U_0'=U_1-U_2=$________，再用两个串联热电偶测出其输出电压 $U_0=$________，$\Delta U'=U_0-U_0'=$________，求出误差 $\gamma=$________$\%\left(\gamma=\dfrac{\Delta U'}{U_0'}\times 100\%\right)$。

(3) 串联测量温度之差(先画接线图，后进行测试)

先用水银温度计测出两个温度 $t_1=t_2=$________及室温 t_0，查表得 $U_1'(t_1, 0)$、$U_2'(t_2, 0)$ 及 $U'(t_0, 0)$ 得理论电压值 $U_1=U_1'(t_1, 0)-U'(t_0, 0)$，$U_2=U_2'(t_2, 0)-U'(t_0, 0)$，$U_0'=U_1-U_2=$________，再用两个串联热电偶测出其输出电压 $U_0=$________，$\Delta U'=U_0-U_0'=$________，求出误差 $\gamma=$________$\%\left(\gamma=\dfrac{\Delta U'}{U_0'}\times 100\%\right)$。

(4) 并联测量温度的平均值(先画接线图，后进行测试)

先用水银温度计测出三个温度 $t_1 = t_2 =$ ________ 及室温 t_0，得 $U_1'(t_1, 0)$、$U_2'(t_2, 0)$ 及 $U'(t_0, 0)$，得理论电压值 $U_1 = U_1'(t_1, 0) - U'(t_0, 0)$，$U_2 = U_2'(t_2, 0) - U'(t_0, 0)$，$U_0' = U_1 - U_2 =$ ________，再用两个并联热电偶测出其输出电压 $U_0 =$ ________，$\Delta U' = U_0 - U_0' =$ ________，求出误差 $\gamma =$ ________ $\%\left(\gamma = \dfrac{\Delta U'}{U_0'} \times 100\%\right)$。

2.5 实训报告要求

1. 画出实训设备中的电路图。
2. 测量水温时，如何减少测量误差？可否体温表来测量？
3. 热电偶串、并联应用时，其输出电压的误差是如何产生的？

实训3　应变电阻电桥的测试与应用

3.1　能力目标

1. 能测试应变电阻片在单臂、半桥和全桥电路中的称重(压阻)特性;
2. 求出并比较三种电路的灵敏度。

3.2　实训设备与元器件

1. 应变传感器实训模块箱　　1套
2. 数字万用表和稳压电源　　1只

3.3　预习要求

1. 单臂电桥、半桥和全桥电路的灵敏度 $S=\dfrac{U_0}{\dfrac{\Delta R}{R}}$ 有何不同?
2. 单臂电桥有何优缺点?

3.4　实训内容和步骤

1. 在综合实验仪的应变传感器模块上,接入模块电源±15 V,放大电路的两个输入点A和B接地,使增益电位器 RW_2 居中(由左端顺旋5圈),调电位器 RW_3 使数显为零。

2. 按图S3.1接线,串入应变电阻片 R_1,接入电桥电源±5 V,应与±15 V电源的地线相连。改变电桥调零电位器 RW_1,使200 mV档的数显为零。

3. 单臂电桥加砝码测电压,填入下表。作出曲线后计算灵敏度 $S=\dfrac{\Delta U}{\Delta W}=$ ________V/g和非线性误差 $\gamma=\dfrac{\delta_m}{Y_m}=$ ________%。

砝码重量 W/g	0	20								180	200
数显电压 U/mV	0										

4. 按图S3.2接线,串入应变电阻片 R_1 和 R_2,调电位器 RW_1,使数显为零,半桥电路加码测压,填入下表,作出曲线后,计算灵敏度 $S=$ ________V/g和非线性误差 $\gamma=$ ________%。

砝码重量 W/g	0	20								180	200
数显电压 U/mV	0										

5. 按图S3.3接线,串入4个应变电阻片,调电位器 RW_1,使数显为零,全桥电路加码测压,填入下表,作出曲线后,计算灵敏度 $S=$ ________V/g和非线性误差 $\gamma=$ ________%。

砝码重量 W/g	0	20							180	200
数显电压 U/mV	0									

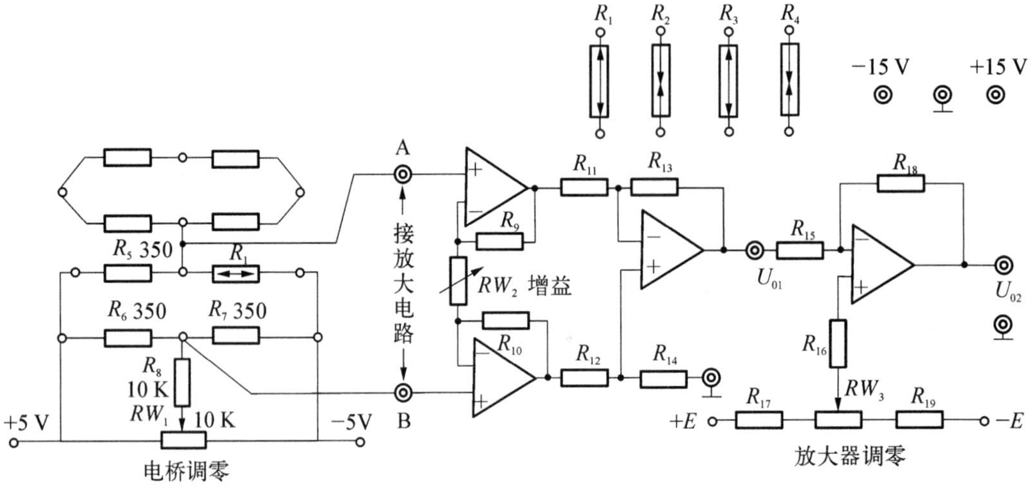

图 S3.1 单臂电桥接线图

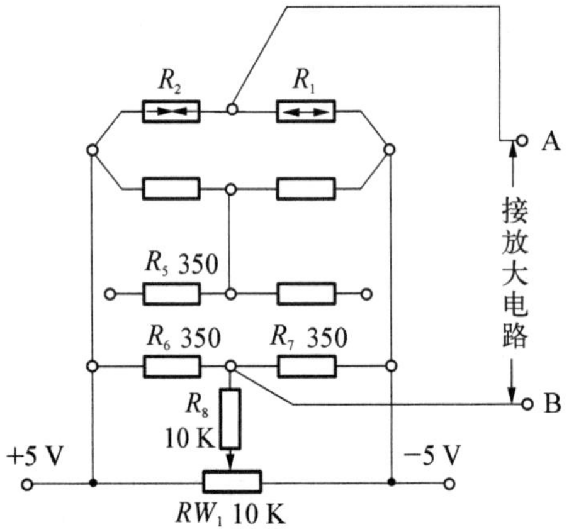

图 S3.2 半桥电路接线图

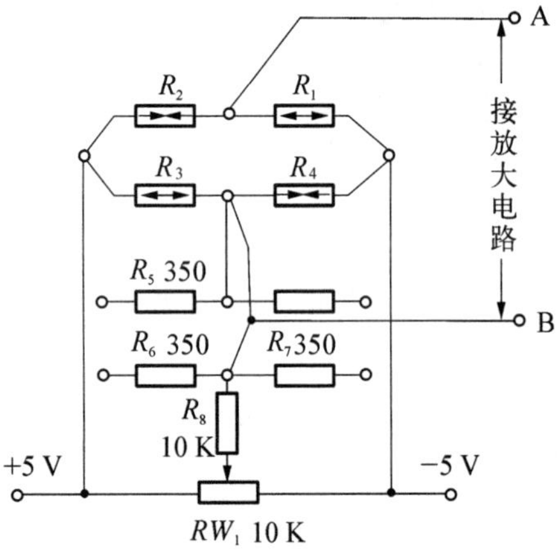

图 S3.3 全桥电路接线图

3.5 实训报告要求

1. 画出实训设备中的电路图或测试装置的方框图。
2. 电桥中的传感器有何特点？为什么要采用电桥电路？

实训 4　光敏元件的性能测试

4.1　能力目标

1. 测试硅光电池的光照特性和光谱特性，并求出其主要指标。
2. 测试光敏电阻的光照特性，并求出其灵敏度。

4.2　实训设备与元器件

1. 硅光电池和光敏电阻实训箱　　各 1 套
2. 数字万用表　　1 台
3. 稳压电源　　1 台

4.3　预习要求

1. 光学量指什么？
2. 光照和光谱的特性曲线各可求出什么指标？

4.4　实训内容和步骤

1. 硅光电池是由硅材料做成的光电二极管。不外加电压的 PN 结正向电压与光照强度成正比，像一个微型的光电池，常用于光电检测。按图 S4.1 接线。

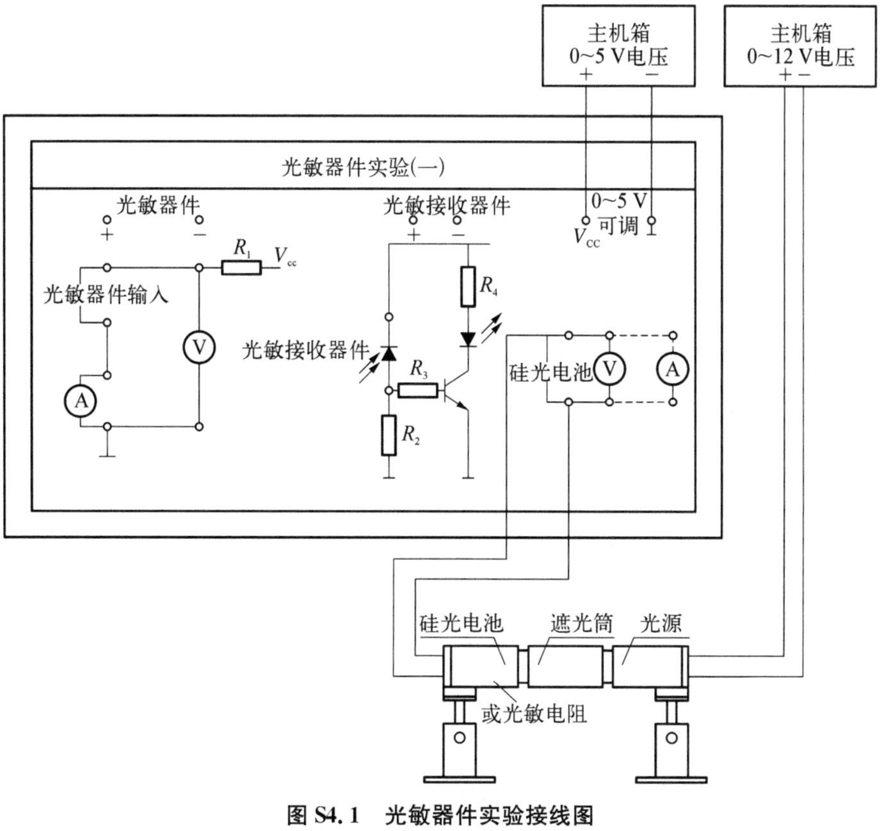

图 S4.1　光敏器件实验接线图

(1) 把光源接到 0～12 V 电源上。将硅光电池接到实验模板的硅光电池插孔上。调节电源电压 0～12 V(注意：不过压，时间短，否则易烧坏光源灯)，即代表 100～600 Lx 的光照度，万用表分别测出硅光电池的开路电压 U_o 和短路电流 I_o，将数据填入下表，并作出 U_o 和 I_o 与 U(Lx)的光照特性曲线。

光照电压 U/Lx	0 V	2 V	4 V	6 V	8 V	10 V	12 V
$I_1/\mu A$							
U_1/V							
$I_2/\mu A$							
U_2/V							

(2) 画出两个光电池的光照特性曲线并从中分别求出灵敏度：

$S_{V_1}=\dfrac{\Delta U_{o1}}{\Delta U}=$ ________，$S_{V_2}=\dfrac{\Delta U_{o2}}{\Delta U}=$ ________，

$S_{I_1}=\dfrac{\Delta I_{o1}}{\Delta U}=$ ________，$S_{I_2}=\dfrac{\Delta I_{o2}}{\Delta U}=$ ________，

并指出哪个灵敏度大________。

2. 硅光电池在不同波长 λ(不同颜色)的光照下，产生不同的光电流 I 和光生电动势 E，在相同的光照度下(400 Lx 即 8 V)，光源更换滤色片，将测量结果填入下表，并作出 I 和 E 与 λ 的光谱特性曲线。

λ/nm	红(650)	橙(610)	黄(570)	绿(530)	青(480)	蓝(450)	紫(400)
E_1/mV							
I_1/mA							
E_2/mV							
I_2/mA							

画出两个光电池的光谱特性曲线并从中分别求出：

峰值波长 $\lambda_{m1}=$ ________，半功率宽度 $\Delta\lambda_{m1}=$ ________。

峰值波长 $\lambda_{m2}=$ ________，半功率宽度 $\Delta\lambda_{m2}=$ ________。

说明判别好差标准，并指出哪一个较好：________。

3. 光敏电阻基于光电导效应，其半导体电阻与入射光强度成反比。由于光敏电阻在弱光时变化较大，所以恒流源调节在 $I=0$～2 mA 间，每隔 0.5 mA 测一次电阻 R 值，以后则每隔 2 mA 测一次，填入下表：

I/mA	0	0.5	1.0	1.5	2.0	4.0	6.0	8.0	10.0	12.0
R/Ω										

求出两段的灵敏度 $S_1=$ ________，$S_2=$ ________。

4.5 实训报告要求

1. 画出实训箱中的电路图或测试框图,并作简要说明。
2. 光电池和光敏电阻如何作传感器?

实训5　霍尔元件和光纤传感器的测试与应用

5.1　能力目标

1. 测量霍尔元件和光纤传感器的位移特性，分别求出灵敏度和非线性误差。
2. 能用霍尔元件和光纤传感器进行测速。

5.2　实训设备与元器件

1. 霍尔元件和光纤传感器实训箱	各1套
2. 数字万用表	1台
3. 稳压电源	1台

5.3　预习要求

1. 霍尔元件的输出电压如何与被测物体的位移有关？
2. 测出脉冲周期后，怎样计算车轮行速？

5.4　实训内容和步骤

1. 测量霍尔元件的位移特性

霍尔传感器位移实验接线图如图 S5.1 所示。

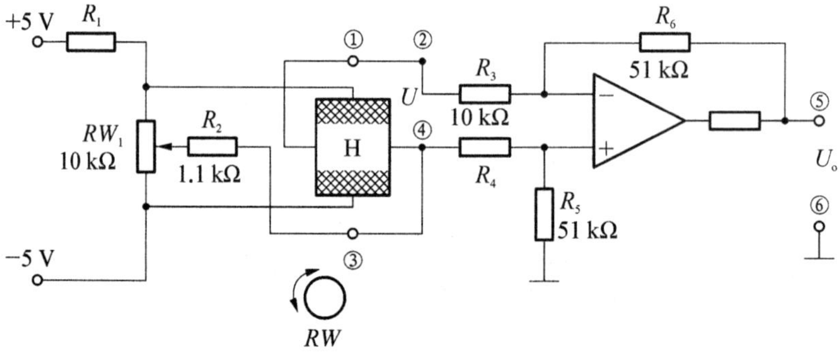

图 S5.1　霍尔传感器位移实验接线图

(1) 将霍耳传感器引线插入实验模块座中，接入电源±5 V，把①②和③④接通，在⑤、⑥输出电压 U_o 接入数字电压表。

(2) 开启电源，调节测微头使霍耳片大致在磁铁中间位置，再调节电位器 RW_1，使数显表指示为零。

(3) 测微头往轴向方向推进，每转动 0.2 mm(旋 20 格)记下一个读数，直到读数几乎不变，填入下表，作出 $U_o \sim X$ 曲线，计算不同线性范围内的灵敏度 $S_1=$________，$S_2=$________，和各自的非线性误差 $\gamma_1=$________(%)，$\gamma_2=$________(%)，如果把两个准线线性区合一，则 $S=$________，$\gamma=$________(%)。

位移量 X/mm	0	0.2	0.4	0.6	0.8	1.0	1.2	1.4	1.6	1.8	2.0	2.2	2.4	2.6
U_o/mV	0													

2. 霍尔传感器的车轮行速测定

（1）产品名称型号________，生产单位和用途________________________________。

（2）霍耳轮速传感器的测试装置，如下图。

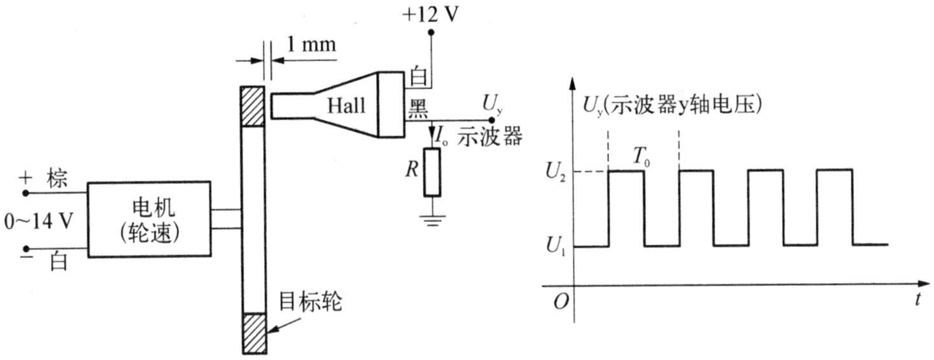

图 S5.2 霍尔转速传感器的测试装置

（3）测试内容和步骤：

① 按测试装置接好电机电源 0～14 V（可调），以及传感器电源（+12 V）和示波器 y 输入。

② 改变电机电压，使示波器上的脉冲重复频率 $f_0=\dfrac{1}{T_0}$ 接近 1 Hz～2.5 kHz（传感器指标），算出目标轮的转速 n 和车轮行速 v，填入下表。

电机电压/V						
脉冲周期 T_0/s	1	0.1	0.01	10^{-3}	0.4×10^{-3}	
脉冲频率 f_0/Hz	1	10	100	1 000	2 500	
转速 n/(r/min)						
行速 v/(km/h)						

目标轮的转速 $n=\dfrac{f_0}{\text{目标个数}}\times 60\ \text{r/min}=3\ 600\ \text{r/h}$，频率 $f_0=\dfrac{1}{T_0}$。

③ 如果车轮直径 $\phi=0.6$ m 求行速 v=________km/h。

记下 R=________，U_1=________，U_2=________，占空比________%，并计算电流 $I_1(U_1)$=________，$I_2(U_2)$=________。

3. 光纤位移传感器的测试

根据图 S5.3 安装光纤传感器，光纤两束插入实验板面的座空上，其内部已和发光二极管 S 和接收管 D 相接。

（1）将主机箱的电压表（或数字万用表）接到实训模块的 U_o 和“⊥”上，将实验模块的

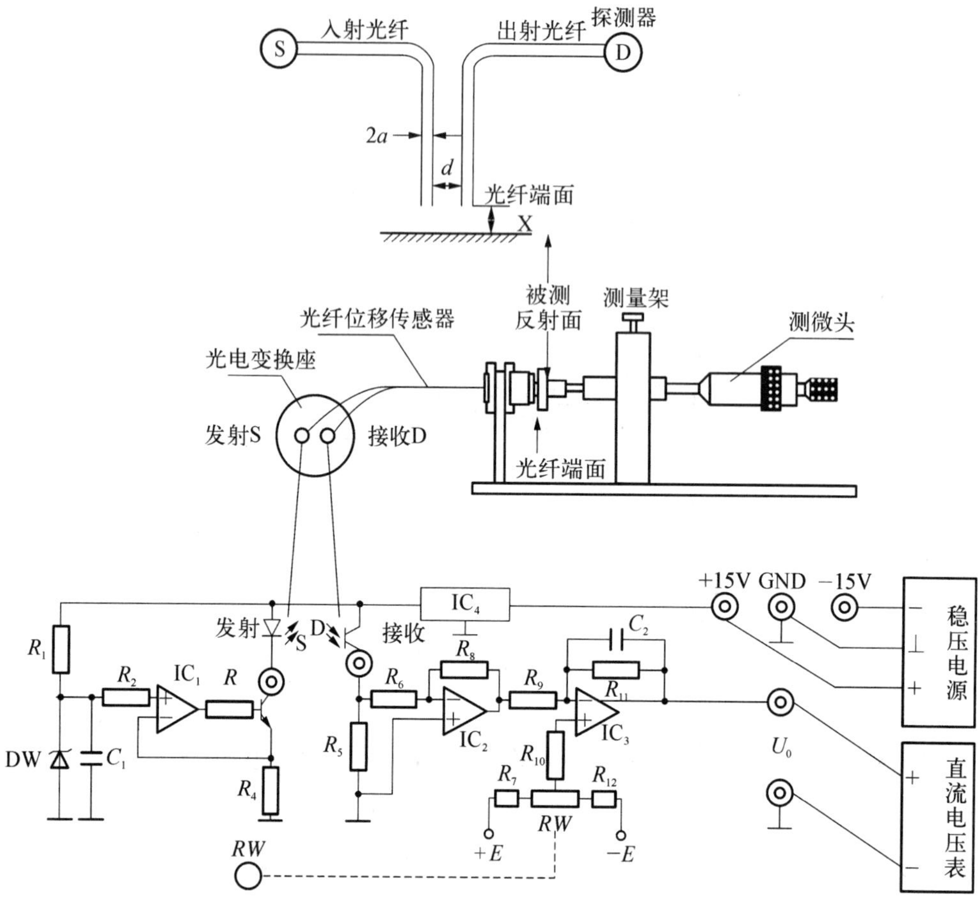

图 S5.3 光纤位移传感器实验接线图

"±15 V"和"GND"插孔与主机箱中的稳压电源"±15 V"及其"⊥"分别对应连接(也可用稳压电源±15 V 串联接法,"SERIES")。

调节测微头,使光纤端面与被测反射面接触,作零位移。

打开电源开关,调节 RW 使数显表显示为零(2 V 档第三位小数)。

旋转测微头,使被测物体(反射面)离开光纤端面,每隔 0.1 mm(10 小格)读出电压表值,将其填入下表中。

X/mm	0.1	0.2	0.3	0.4	0.5	0.6	0.7	0.8	0.9	1.0
U_o/V										
X/mm	1.1	1.2	1.3	1.4	1.5	1.6	1.7	1.8	1.9	2.0
U_o/V										

(2) 根据上表,作光纤位移传感器的位移特性曲线,计算在量程 1 mm(0.5~1.5 mm)时灵敏度 $S=$________V/mm 和非线性误差 $\gamma=$________%。

(3) 当位移量 x 固定时,加热光纤,观测输出电压 U_o的变化。

4. 光纤传感器测定转速

(1) 按图 S5.4 接线，将差放的增益调置最大，F/V 表至 2 V。经老师检查后，开启主、副电源。

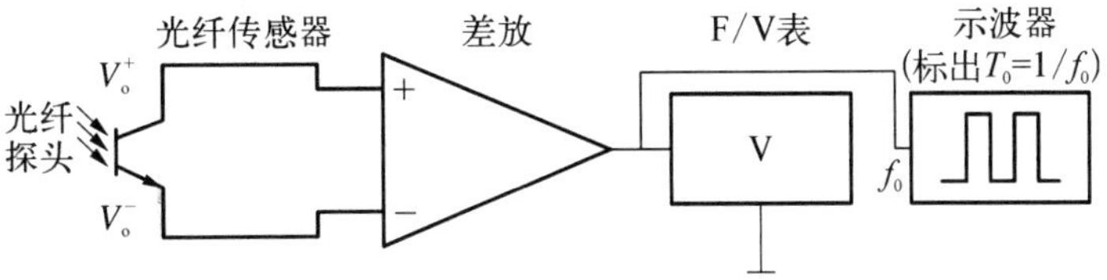

图 S5.4

(2) 调节光纤探头与电机反光板位置，对准反光面，使 F/V 表电压显示最大；再对准吸光面面，差放增益调至零，使 F/V 表接近零。

(3) 直流电源置±10 V 档，在电机控制单元的 V+处，接入+10 V 电压，调节转速旋钮使电机运转。

(4) 用示波器观测脉冲频率 f_0接近 1 Hz～1 kHz 对应测出转速 $n=$________r/min。

(5) 如用作转速传感器，测算出车轮行速 $v=$________km/h。

5.5 实训报告要求

1. 画出实训箱中的电路图或测试框图，并作简要说明。

2. 光纤和霍尔元件还可作何种传感器？

示教与练习

示教与练习 1　流量计与压力表的测试装置(见当时实训卡)
示教与练习 2　视频探头与超声波探头的应用(见当时实训卡)
示教与练习 3　物联网传感器介绍与应用举例(见当时实训卡)

模块Ⅱ 测量仪器的使用和测量误差的处理

实训6 万用表测量半导体管和波形参数

6.1 能力目标

1. 学会用万用表检测双极型晶体管的方法；
2. 能用 MS 系列多用表测量正弦波与方波参数。

6.2 实训设备与元器件

1. 数字万用表(能检测三极管脚) 1台
2. 多用表(MS8218 型) 1台
3. 正弦波、方波信号源 1台
4. 半导体二、三极管 若干

6.3 预习要求

1. 万用表检测半导体管基于什么原理与方法？如何区别三极管的三个管脚？

2. 多用表在什么情况下可以代替示波器或毫伏表来测量正弦波和方波的参数？所测的交流电压读数是什么值？怎样换算成其他电压值？

6.4 实训内容和步骤

1. 半导体二、三极管的判断与检测

(1) 数字万用表(在二极管挡)检测半导体二、三极管、场效应管(非绝缘栅型)、可控硅(晶闸管 SCR)，其原理和要求见下表。

原理	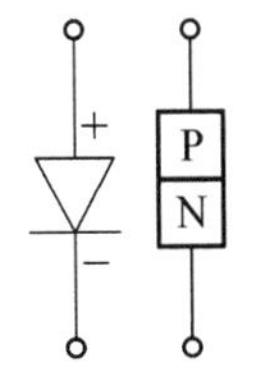	BJT 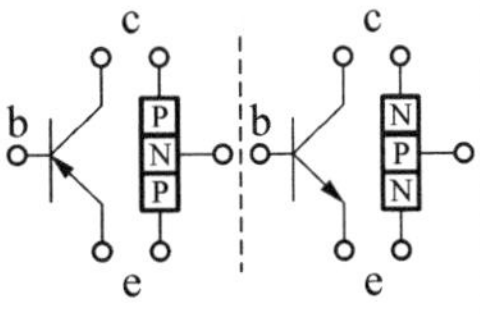	MOSFET 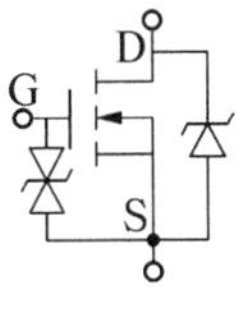	SCR 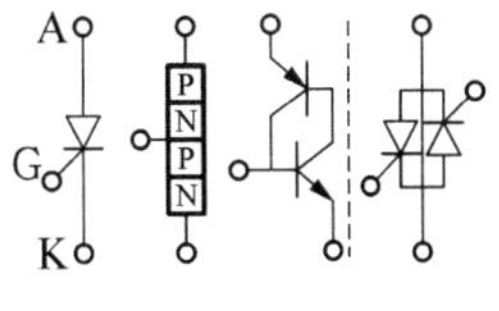
判别管脚	正向电压=________，反向电压=________	正向电压=________，红表棒接触的为________极	正向电压=________，红表棒接触的为________极	正向电压=________，红表棒接触的为________极

(2) 数字万用表判别三极管的好坏、材料、极性和管脚。应在二极管挡测量(其表棒电压的极性与模拟表相反)，此时只有不通“1”和导通电压值的数字显示，根据显示值可确定基极和管子类型(NPN 管或 PNP 管)。然后在 h_{EF} 挡，将管子插入管脚插孔，并交换一次 C、E

管脚，当 h_{EF} 值较大为正确的插法，即可判别出集电极和发射极。

2. 用 MS8218 型多用表测出波形参数并填入下表

频　率	正弦波			方　波	
	U	dB_m	f	f	占空比/%
40 Hz					
20 kHz					
199 kHz					
1.9 MHz					

(1) 其中 dB_m 应与计算值 $dB_m = 10\lg \dfrac{P}{1\ \text{mW}} = 10\lg \dfrac{\frac{U^2}{R}}{10^{-3}\ \text{W}} = 10\lg \dfrac{1\,000U^2}{R} =$ ________ 相符合(设定 R = 600 Ω)。

(2) MS8218 型多用表操作方法：

① 打开电源开关，将旋盘拨到"V～/dB_m"位置。

② 显示 AUTO，即自动选择量程，如按 RANGE 键一次，进入手动选择量程。当按 RANGE 键 2 秒才放开，则返回自动量程。均可测出正弦波有效值 U(40 Hz～20 kHz)。

③ 用 SELECT 键选择 dB_m 测量，这时按 RANGE 键则选择计算 dB_m 时所用的虚拟电阻值，分别有 $R(\Omega)$=4、8、16、32、50、75、93、110、125、135、150、200、300、500、600、900、1 000、1 200 可选择。

④ 按"～Hz"键可测量正弦波频率 f=5 Hz～200 kHz，再按 RANGE 键可改变量程。处于不同量程时对信号幅度要求不一样，幅度过低，无读数。又按"～Hz"键，则退出～Hz 的测量。

⑤ 将旋盘拨到"⊓⊔ Hz/%"位置，按 SELECT 键，选择方波频率 f=5 Hz～2 MHz 或占空比(5%～95%)。信号幅度过低，无读数。本项是自动测量，按 RANGE 键无效。

6.5 实训报告要求

1. 万用表二极管挡"○-▷|-○"和欧姆挡"Ω"测半导体管时，分别是什么读数？

2. MS 系列多用表测量正弦波的电压(V)与功率(dB_m)时，有何不同？为什么正弦波的上限频率低于方波？

实训7　电子血压计的测量误差处理

7.1　能力目标

1. 掌握测量误差的处理方法；
2. 能对电子血压计的测量值进行误差处理。

7.2　实训设备与元器件

1. 电子血压计(两种不同精度且测量方便的________型和________型)　　各3台
2. 数据处理计算器　　1台

7.3　预习要求

1. 复习书中误差处理步骤。
2. 人体的血压在什么情况下测量比较可信？

7.4　实训内容和步骤

选用两种不同精度的电子血压计，各测量血压8次，记录不同时间(间隔≥5分钟)的各次测量值，在前4次和8次中分别计算测量数据的平均值、剩余误差、均方差(剔除坏值，需进行补测)以及写出被测量的可信值，填入下表：

血压计	操作项	高端血压/mmHg			低端血压/mmHg		
A种型号	测量值	$X_{A1}=$	$X_{A2}=$	$X_{A3}=$	$X'_{A1}=$	$X'_{A2}=$	$X'_{A3}=$
		$X_{A4}=$	$X_{A5}=$	$X_{A6}=$	$X'_{A4}=$	$X'_{A5}=$	$X'_{A6}=$
		$X_{A7}=$	$X_{A8}=$		$X'_{A7}=$	$X'_{A8}=$	
	平均值	$\overline{X}_{A4}=\frac{1}{4}\sum_{i=1}^{4}X_{Ai}=$			$\overline{X}_{A4}'=\frac{1}{4}\sum_{i=1}^{4}X_{Ai}=$		
		$\overline{X}_{A8}=\frac{1}{8}\sum_{i=1}^{8}X_{Ai}=$			$\overline{X}_{A8}'=\frac{1}{8}\sum_{i=1}^{8}X_{Ai}=$		
	剩余误差	$\overline{\Delta}_{A41}=X_{A1}-\overline{X}_{A4}=$	$\overline{\Delta}^2_{A41}=$		$\overline{\Delta}'_{A41}=$	$\overline{\Delta}'^2_{A41}=$	
		$\overline{\Delta}_{A42}=$	$\overline{\Delta}^2_{A42}=$		$\overline{\Delta}'_{A42}=$	$\overline{\Delta}'^2_{A42}=$	
		$\overline{\Delta}_{A43}=$	$\overline{\Delta}^2_{A43}=$		$\overline{\Delta}'_{A43}=$	$\overline{\Delta}'^2_{A43}=$	
		$\overline{\Delta}_{A44}=$	$\overline{\Delta}^2_{A44}=$		$\overline{\Delta}'_{A44}=$	$\overline{\Delta}'^2_{A44}=$	
		$\overline{\Delta}_{A81}=$	$\overline{\Delta}^2_{A81}=$		$\overline{\Delta}'_{A81}=$	$\overline{\Delta}'^2_{A81}=$	
		$\overline{\Delta}_{A82}=$	$\overline{\Delta}^2_{A82}=$		$\overline{\Delta}'_{A82}=$	$\overline{\Delta}'^2_{A82}=$	
		$\overline{\Delta}_{A83}=$	$\overline{\Delta}^2_{A83}=$		$\overline{\Delta}'_{A83}=$	$\overline{\Delta}'^2_{A83}=$	
		$\overline{\Delta}_{A84}=$	$\overline{\Delta}^2_{A84}=$		$\overline{\Delta}'_{A84}=$	$\overline{\Delta}'^2_{A84}=$	
		$\overline{\Delta}_{A85}=$	$\overline{\Delta}^2_{A85}=$		$\overline{\Delta}'_{A85}=$	$\overline{\Delta}'^2_{A85}=$	

续 表

血压计	操作项	高端血压/mmHg			低端血压/mmHg		
A种型号	剩余误差	$\overline{\Delta}_{A86}=$	$\overline{\Delta}^2_{A86}=$		$\overline{\Delta}'_{A86}=$	$\overline{\Delta}'^2_{A86}=$	
		$\overline{\Delta}_{A87}=$	$\overline{\Delta}^2_{A87}=$		$\overline{\Delta}'_{A87}=$	$\overline{\Delta}'^2_{A87}=$	
		$\overline{\Delta}_{A88}=$	$\overline{\Delta}^2_{A88}=$		$\overline{\Delta}'_{A88}=$	$\overline{\Delta}'^2_{A88}=$	
	均方差	$\sigma_{A4}=\dfrac{\sqrt{\sum\limits_{i=1}^{4}\overline{\Delta}^2_{Ai}}}{\sqrt{4-1}}=$			$\sigma'_{A4}=$		
		$\sigma_{A8}=\dfrac{\sqrt{\sum\limits_{i=1}^{8}\overline{\Delta}^2_{Ai}}}{\sqrt{8-1}}=$			$\sigma'_{A8}=$		
	$\overline{X}$ 的均方差（j 为坏值个数）	$\overline{\sigma_{A4}}=\dfrac{\sigma_{A4}}{\sqrt{4-j}}=$			$\overline{\sigma'_{A4}}=$		
		$\overline{\sigma_{A8}}=\dfrac{\sigma_{A8}}{\sqrt{8-j}}=$			$\overline{\sigma'_{A8}}=$		
	被测量的可信值	$X_{A4}=\overline{X}_{A4}\pm 3\overline{\sigma_{A4}}=$			$X'_{A4}=$		
		$X_{A8}=\overline{X}_{A8}\pm 3\overline{\sigma_{A8}}=$			$X'_{A8}=$		
B种型号	测量值	$X_{B1}=$	$X_{B2}=$	$X_{B3}=$	$X'_{B1}=$	$X'_{B2}=$	$X'_{B3}=$
		$X_{B4}=$	$X_{B5}=$	$X_{B6}=$	$X'_{B4}=$	$X'_{B5}=$	$X'_{B6}=$
		$X_{B7}=$	$X_{B8}=$		$X'_{B7}=$	$X'_{B8}=$	
	平均值	$\overline{X}_{B4}=\dfrac{1}{4}\sum\limits_{i=1}^{4}X_{Bi}=$			$\overline{X}'_{B4}=\dfrac{1}{4}\sum\limits_{i=1}^{4}X_{Bi}=$		
		$\overline{X}_{B8}=\dfrac{1}{8}\sum\limits_{i=1}^{8}X_{Bi}=$			$\overline{X}'_{B8}=\dfrac{1}{8}\sum\limits_{i=1}^{8}X_{Bi}=$		
	剩余误差	$\overline{\Delta}_{B41}=X_{B1}-\overline{X}_{B4}=$	$\overline{\Delta}^2_{B41}=$		$\overline{\Delta}'_{B41}=$	$\overline{\Delta}'^2_{B41}=$	
		$\overline{\Delta}_{B42}=$	$\overline{\Delta}^2_{B42}=$		$\overline{\Delta}'_{B42}=$	$\overline{\Delta}'^2_{B42}=$	
		$\overline{\Delta}_{B43}=$	$\overline{\Delta}^2_{B43}=$		$\overline{\Delta}'_{B43}=$	$\overline{\Delta}'^2_{B43}=$	
		$\overline{\Delta}_{B44}=$	$\overline{\Delta}^2_{B44}=$		$\overline{\Delta}'_{B44}=$	$\overline{\Delta}'^2_{B44}=$	
		$\overline{\Delta}_{B81}=$	$\overline{\Delta}^2_{B81}=$		$\overline{\Delta}'_{B81}=$	$\overline{\Delta}'^2_{B81}=$	
		$\overline{\Delta}_{B82}=$	$\overline{\Delta}^2_{B82}=$		$\overline{\Delta}'_{B82}=$	$\overline{\Delta}'^2_{B82}=$	
		$\overline{\Delta}_{B83}=$	$\overline{\Delta}^2_{B83}=$		$\overline{\Delta}'_{B83}=$	$\overline{\Delta}'^2_{B83}=$	
		$\overline{\Delta}_{B84}=$	$\overline{\Delta}^2_{B84}=$		$\overline{\Delta}'_{B84}=$	$\overline{\Delta}'^2_{B84}=$	
		$\overline{\Delta}_{B85}=$	$\overline{\Delta}^2_{B85}=$		$\overline{\Delta}'_{B85}=$	$\overline{\Delta}'^2_{B85}=$	
		$\overline{\Delta}_{B86}=$	$\overline{\Delta}^2_{B86}=$		$\overline{\Delta}'_{B86}=$	$\overline{\Delta}'^2_{B86}=$	

续 表

<table>
<tr><th>血压计</th><th>操作项</th><th colspan="2">高端血压/mmHg</th><th colspan="2">低端血压/mmHg</th></tr>
<tr><td rowspan="10">B种型号</td><td rowspan="2">剩余误差</td><td>$\bar{\Delta}_{B87}=$</td><td>$\bar{\Delta}^2_{B87}=$</td><td>$\bar{\Delta}'_{B87}=$</td><td>$\bar{\Delta}'^2_{B87}=$</td></tr>
<tr><td>$\bar{\Delta}_{B88}=$</td><td>$\bar{\Delta}^2_{B88}=$</td><td>$\bar{\Delta}'_{B88}=$</td><td>$\bar{\Delta}'^2_{B88}=$</td></tr>
<tr><td rowspan="2">均方差</td><td colspan="2">$\sigma_{B4}=\frac{\sqrt{\sum_{i=1}^{4}\bar{\Delta}^2_{Bi}}}{\sqrt{4-1}}=$</td><td colspan="2">$\sigma'_{B4}=$</td></tr>
<tr><td colspan="2">$\sigma_{B8}=\frac{\sqrt{\sum_{i=1}^{8}\bar{\Delta}^2_{Bi}}}{\sqrt{8-1}}=$</td><td colspan="2">$\sigma'_{B8}=$</td></tr>
<tr><td rowspan="2">$\overline{X}$ 的均方差（j 为坏值个数）</td><td colspan="2">$\overline{\sigma_{B4}}=\frac{\sigma_{B4}}{\sqrt{4-j}}=$</td><td colspan="2">$\overline{\sigma'_{B4}}=$</td></tr>
<tr><td colspan="2">$\overline{\sigma_{B8}}=\frac{\sigma_{B8}}{\sqrt{8-j}}=$</td><td colspan="2">$\overline{\sigma'_{B8}}=$</td></tr>
<tr><td rowspan="2">被测量的可信值</td><td colspan="2">$X_{B4}=\overline{X}_{B4}\pm 3\overline{\sigma_{B4}}=$</td><td colspan="2">$X'_{B4}=$</td></tr>
<tr><td colspan="2">$X_{B8}=\overline{X}_{B8}\pm 3\overline{\sigma_{B8}}=$</td><td colspan="2">$X'_{B8}=$</td></tr>
</table>

7.5 实训报告要求

测量结果好坏看什么？由于仪表误差，被测对象状态和时段不同，以及操作规范程度不一，使测量血压的显示值产生离散性。通过本例，试问采用哪种方法和仪表，使得误差允许、操作方便？如与理论（测量次数多，误差小）和实际（好仪表精度高）不符，则找出原因或作出解释（含解决办法）。

实训 8 示波器测量内阻和元件测量值的误差处理

8.1 能力目标

1. 能用示波器测量直流电源和信号源的内阻；
2. 能用示波器检测电感和电容值，并测出电路的相移量；
3. 对多个电容测量值进行误差处理。

8.2 实训设备与元器件

1. 示波器(≥20 MHz)	1 台
2. 稳压电源和信号源	各 1 台
3. 检测电感和电容的实训板	1 块

8.3 预习要求

1. 交流信号源与直流电源的内阻(输出电阻)测量方法有何不同?
2. 参见习题 3.12，试求当 $U_R=\frac{U}{\sqrt{2}}$ 和 $U_R=\frac{U}{2}$ 时的 C_x 与 L_x 表达式。
3. 电路的相移量如何测量?

8.4 实训内容和步骤

1. 示波器测量交、直流源的内阻

(1) 用示波器测量交流信号源内阻 r_{01}：

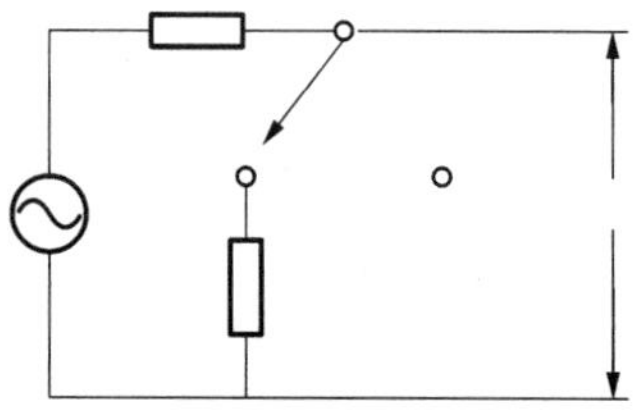

图 S8.1

按图 S8.1 接好线路，当接负载电阻 R_{L1} 时，用示波器测出 R_{L1} 上的电压 $U_1=$________；当不接负载电阻时，测出 $U_2=$________。则信号源的内阻 $r_{01}=\frac{U_2-U_1}{\frac{U_1}{R_{L1}}-\frac{U_2}{R_{L2}}}=$________，其中 R_{L1} 用“Ω”挡测出，而 $R_{L2}=\infty$。

(2) 直流电源内阻的测量：

把图 S8.1 中的信号源换成电池或稳压电源，测量其内阻 r_{02}。用示波器“DC”挡测开路电压 $U_2=$________。当接负载电阻 $R_{L1}=$时，测出 $U_1=$________。则 $r_{02}=\frac{U_2-U_1}{\frac{U_1}{R_{L1}}}=$________。

2. 示波器测量电容、电感和相移量

(1) 正弦信号源、测量电路和示波器的连接如图 S8.2 所示，接入被测电容 C_x，调节电位器 R 时：

当 $U_R=\frac{U}{\sqrt{2}}=0.7U$ 时，记下 $R=$________，$f=$________，则 $C_x=$________。

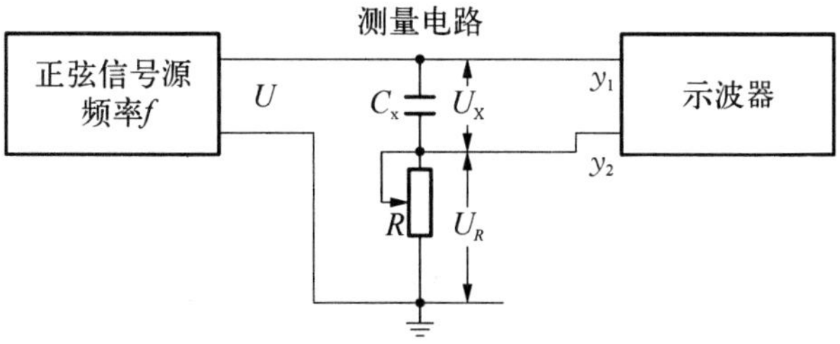

图 S8.2　测量 C_x(或 L_x)接线图

当 $U_R=\dfrac{U}{2}=0.5U$ 时，记下 $R=$ ________，$f=$ ________，则 $C_x=$ ________。

换接被测电感 L_x，调节 R 时：

当 $U_R=\dfrac{U}{\sqrt{2}}=0.7U$ 时，记下 $R=$ ________，$f=$ ________，则 $L_x=$ ________。

当 $U_R=\dfrac{U}{2}=0.5U$ 时，记下 $R=$ ________，$f=$ ________，则 $L_x=$ ________。

(2) 接 L_x 和 C_x 时，分别画出 $U_L(y_1)$、$U_C(y_1)$ 和 $U_R(y_2)$ 的波形(注意它们的不同点位置)。

波形图：

并计算：波形周期 $T_L=$ ________，$T_C=$ ________。

两波时差 $\Delta t_L=t_R-t_L=$ ________，$\Delta t_C=t_R-t_C=$ ________。

相移量 $\Delta\Phi_L=$ ________，$\Delta\Phi_C=$ ________。

3. 测量电容 C_x 的误差处理

选用 10 个以上相同标称值和误差范围的 C_x，用上述示波器方法测量其数值，取小数点后一位值。然后计算其平均值、剩余误差和两个均方差(剔除坏值)，最后写出 C_x 的可信值，填入下表：

标称值及误差范围 $C_x=\pm$ ____%	测　量　值						测量值的误差处理
	X_1	X_2	X_3	X_4	X_5	X_6	平均值 $\overline{X}=\overline{C}=$ ________
							$\overline{X}$ 的均方差 $\bar{\sigma}=$ ________
	X_7	X_8	X_9	X_{10}			
							被测量的可信值 $C=\overline{C}\pm\bar{\sigma}$

8.5 实训报告要求

1. 示波器测量波形幅度时，哪种电压读数最方便？示波器如何测量直流电压？

2. 采用示波器测量 C_x与 L_x时，可测 $U_R=\frac{U}{\sqrt{2}}=0.7U$ 或 $U_R=\frac{U}{2}=0.5U$，哪种较方便？不用示波器而用电压表，行吗？不用正弦波而用方波信号，行吗？

3. 现有电位器 1 kΩ（$R=0.1\sim1$ kΩ）和电容 $C_x=0.01$ μF，试求信号源的频率范围（f_{min}与 f_{max}），以及此电路可测电感 L_x的范围（L_{min}与 L_{max}）。

4. 测量 C_x时，除标称值误差外，还有什么原因产生测量误差？

实训9 失真度计的三种应用

9.1 能力目标

掌握失真度计测量电压、失真度和相对电平(dB)的操作方法。

9.2 实训设备与元器件

1. 失真度仪(型号________用法见实训卡) 1台
2. 信号发生器和稳压电源 各1台
3. 放大器实训板 1块

9.3 预习要求

1. 何谓放大器输出最大不失真幅度?
2. 由谐波失真度表达式 $\gamma_0=\dfrac{u_2}{\sqrt{u_1^2+u_2^2}}(\%)$,分析基波抑制网络的输入、输出电压各是什么?

9.4 实训内容和步骤

1. 作交流 mV 表用

连接正弦波信号源输出、放大器和失真度仪输入,如图 S9.1 所示。

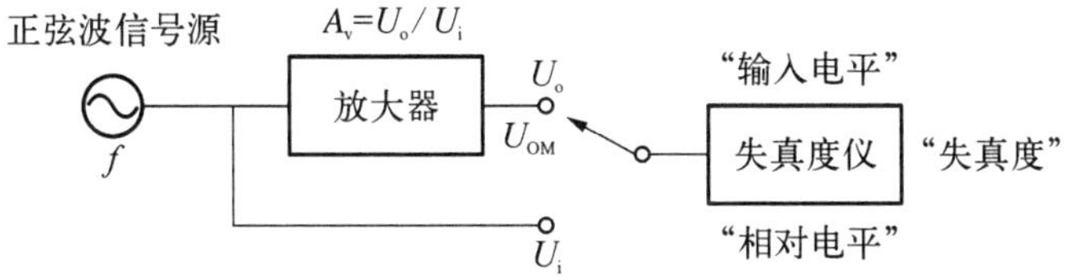

图 S9.1

在"输入电平"档,当放大器输入 $U_i=1$ V 不变的情况下,改变信号频率 f,测出放大器输出最大值 $U_o=$________,并记录此时的频率 $f_o=$________。再增、减 f,测出$\sqrt{0.8}U_o$(−1 dB)时的工作频带 $f_1=$________,$f_2=$________,以及测出 $0.7U_o$(−3 dB)时的通频带 $f_L=$________,$f_H=$________。

2. 把失真度仪转换到"失真度"档

按测量步骤(方法见实训卡),测出 U_o 的谐波失真度 $\gamma_o=$________。如果不接近 5%,则增、减 U_i使 $\gamma_o\approx5\%$,记下此时的 $U_{im}=$________,$U_{om}=$________。分别为放大器动态范围高端和输出最大不失真幅度。

3. 用失真度仪的"相对电平"位置

测出放大器的信噪比(方法见实训卡):

$\dfrac{S}{N}=S_n(\text{dB})-n(\text{dB})-N(\text{dB})=$ ________dB − ________dB − ________dB =

________dB。

9.5 实训报告要求

1. 简述测量失真度的操作步骤。

2. 放大器输出正弦波的最大不失真幅度 U_{om}，如何用示波器目测失真度 $\gamma_o \approx 5\%$？

实训 10　扫频仪测量频率特性

10.1　能力目标

1. 能用扫频仪测量带通滤波器(BPF)的通带特性;
2. 求出 BPF 的主要指标。

10.2　实训设备与元器件

1. 扫频仪(型号________,用法见实训卡)	1 台
2. 放大器和带通滤波器(BPF)实训板	1 块
3. 信号发生器和稳压电源	各 1 台

10.3　预习要求

扫频仪输出什么波形?经检波器后输入扫频仪又是什么波形?带通滤波器的通带特性有哪些主要指标?

10.4　实训内容和步骤

1. 按图 S10.1,"RF 输出"与"Y 输入"短接,将输出衰减器置于合适的 20 dB 左右,调节 Y 轴增益置显示屏上合适的光迹高度,如 7 格,进行零频标点的调试,直至显示屏上出现如图所示的校正线,其凹陷点就是零频标记。记下输出衰减器的读数 $X=$________dB;及光迹的高度________格,此高度也称为 0 dB 校正线。

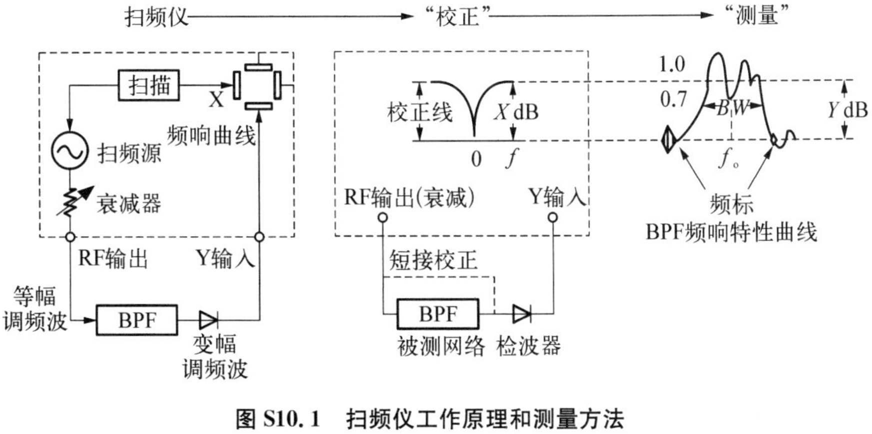

图 S10.1　扫频仪工作原理和测量方法

2. 接入被测电路(BPF),荧光屏上出现电路的频响曲线,改变输出衰减器的 dB 数,但不可再改变 Y 轴增益,使电路的频响曲线的最高点(有上冲取平均值)与 X dB 校正线相同,记下此时输出衰减器的读数 $Y=$________dB,电路的增益为 $Y-X=$________dB,负值表示衰减量。

3. 在大、小频标之间测出中心频率 $f_0=$________带宽 $BW=$________,算出 $Q=$________。

10.5 实训报告要求

1. 画出测试方框图,并记录扫频仪操作要点。
2. 何谓复合频标? 扫频仪中的“10.1 M”表示什么?

示教与练习

示教与练习 4 微波功率定标曲线的测试(见当时实训卡)

示教与练习 5 频谱分析仪和网络分析仪的操作与应用举例(见当时实训卡)

模块Ⅲ 虚拟仪器技术的应用

实训11 LabVIEW软件基本操作

11.1 能力目标

1. 熟悉 LabVIEW 软件各种基本函数的应用；
2. 用 LabVIEW 软件进行简单的数学和函数运算；
3. 学会使用波形图表控件；
4. 用 LabVIEW 软件设计波形发生器。

11.2 实训设备与元器件

1. 微型计算机；
2. 虚拟仪器软件 LabVIEW2012。

11.3 预习要求

1. 复习用 LabVIEW 软件开发程序的步骤；
2. 熟悉 LabVIEW 软件各个函数功能面板。

11.4 实验内容和步骤

1. 熟悉 LabVIEW 软件操作界面

(1) 在教师的带领下，利用 LabVIEW 软件提供的基本运算函数实现一些简单的运算[如实验程序要求软件能实现加、减、乘、除、比较(大于、等于、小于)等功能]。

(2) 通过构建一些简单的基本四则运算以及逻辑运算函数，熟悉 LabVIEW 软件的基本使用(如用户通过前面板的输入控件输入数据，运算结果能显示在前面板的显示控件中，逻辑运算的结果通过灯的状态来显示等)。

2. 函数曲线的绘制与显示

绘制函数曲线一般采用描点法，先由软件生成一系列连续的自变量(x，输入控件)值，然后送入函数运算得出结果显示在波形显示控件上。

用软件绘出如下函数的曲线：

$$y = 3x^3 + 5x^2 - x + 3$$

(1) 参考前面板，如图 S11.1 所示。

(2) 参考程序面板，如图 S11.2 所示。

11.5 实验报告要求

1. 简述 LabVIEW 软件三类模板的主要功能。

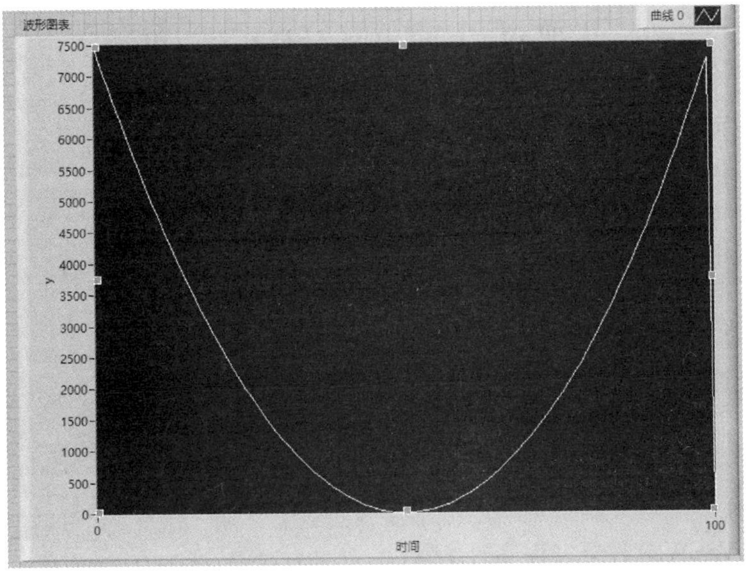

图 S11.1　参考前面板

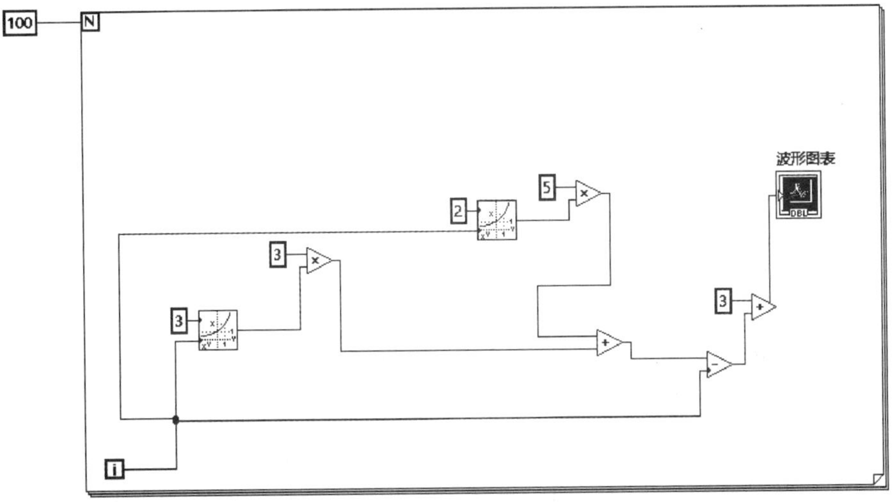

图 S11.2　参考程序面板

2. 详细记录上述虚拟仪器的程序框图，并标注各个部分的作用。

实训 12　LabVIEW 软件基本应用

12.1　能力目标

1. 熟悉 LabVIEW 软件各个常用编程部件；
2. 能用 LabVIEW 软件 if 语句进行编程；
3. 学会使用 for 循环结构。

12.2　实训设备与元器件

1. 微型计算机；
2. 虚拟仪器软件 LabVIEW2012。

12.3　预习要求

1. 用 LabVIEW 软件开发程序的步骤；
2. 熟悉 LabVIEW 软件各个函数功能面板；
3. 熟悉 LabVIEW 软件各个编程部件。

12.4　实验内容和步骤

1. 波形生成及显示

数字波形发生器和模拟信号发生器从机理上有很大的区别，模拟信号发生器一般利用积分器生成三角波，再将三角波转换成其他波形，波形的生成是以纯模拟的方式实现的。

数字波形发生器与模拟信号发生器区别在于信号生成方式上，数字波形发生器通过将预先存储在内存中的波形数据读出再进行 DAC 转换成模拟信号，因此数字波形发生器涉及到数字信号的几个概念：采样率、数据位宽、存储深度。

利用 LabVIEW 软件提供的函数，制作出波形生成器并将波形用波形图控件显示出来。

(1) 参考前面板，如图 S12.1 所示。

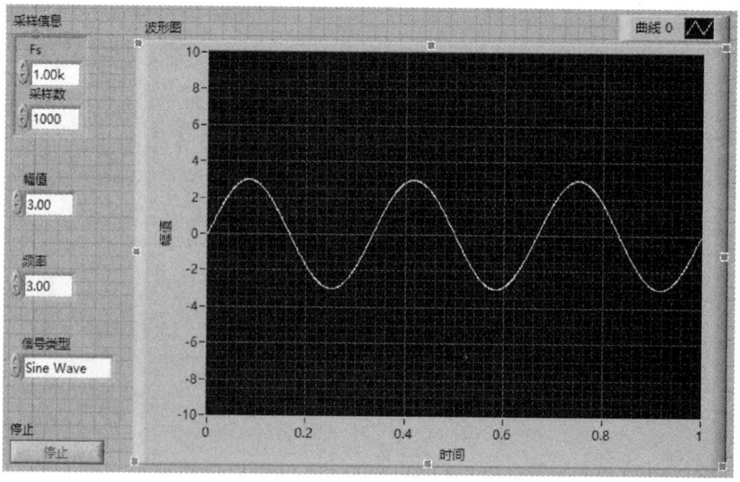

图 S12.1　参考前面板

(2) 参考程序面板,如图 S12.2 所示。

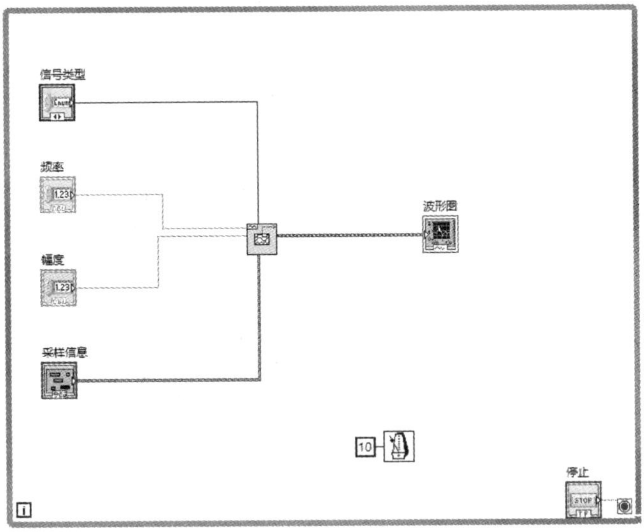

图 S12.2 参考程序面板

2. 非线性函数的线性化

现有二次函数:

$$y = 5x^2 - x + 3 \quad (x > 0)$$

要求编写软件实现将函数分成 4 段,断点分别是 $(x_1, y_1) = (0, 100)$,$(x_2, y_2) = (99, 199)$,$(x_3, y_3) = (200, 299)$,使函数线性化(示意图如图 S12.3 所示)。

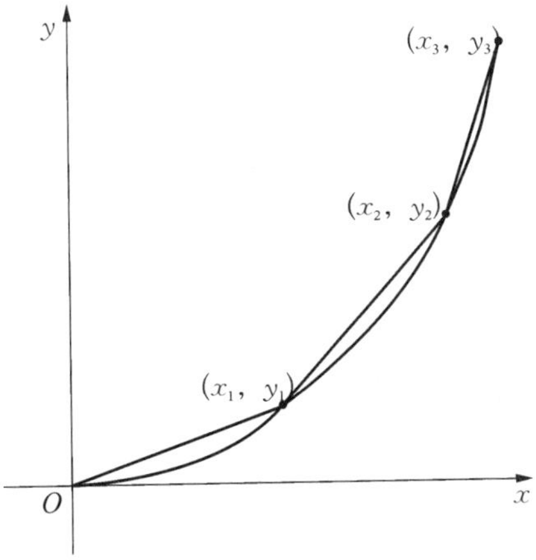

图 S12.3 函数线性化示意图

(1) 参考前面板,如图 S12.4 所示。

(2) 参考程序面板,如图 S12.5 所示。

12.5 实验报告要求

1. 例举 LabVIEW 软件设计中常用的各类语句和结构并加以简要说明。

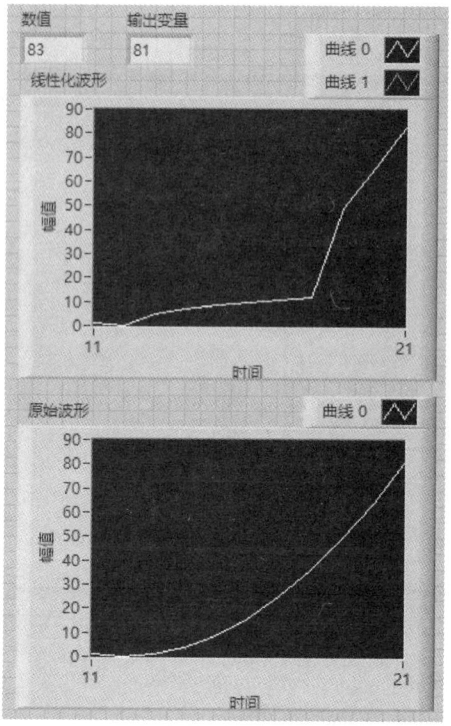

图 S12.4　参考前面板

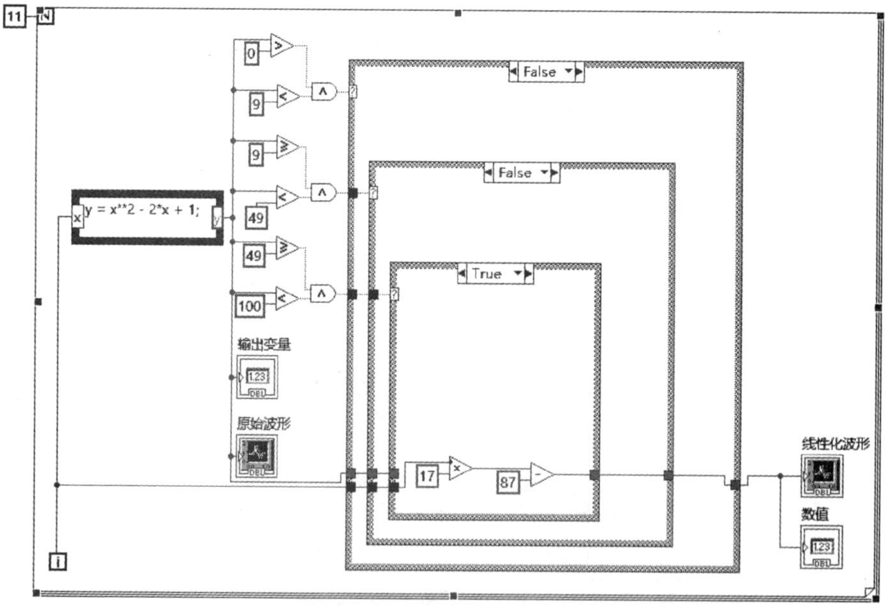

图 S12.5　参考程序面板

2. 详细记录上述虚拟仪器的程序框图，并标注各个部分的作用。

实训 13　LabVIEW 软件进行频谱分析

13.1　能力目标

1. 熟悉 LabVIEW 软件各种基本函数的应用；
2. 能用 LabVIEW 软件内置函数进行数据分析；
3. 熟练使用波形图控件。

13.2　实训设备与元器件

1. 微型计算机；
2. 虚拟仪器软件 LabVIEW2012。

13.3　预习要求

1. 用 LabVIEW 软件开发程序的步骤；
2. 熟悉 LabVIEW 软件各个编程部件。

13.4　实验内容

说明：频谱分析是指把时间域的各种动态信号通过傅里叶变换转换到频率域进行分析。此程序分析的各类动态信号均为仿真信号，且仿真信号的基频和谐波分析的谐波次数均可调。

（1）参考前面板，如图 S13.1 所示。

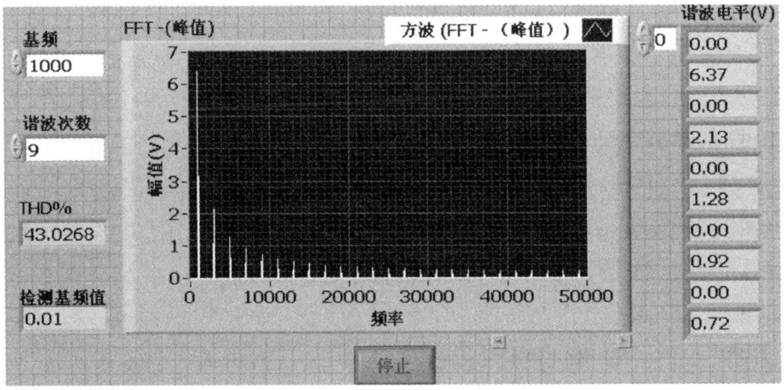

图 S13.1　参考前面板

1）用“文件”菜单的“新建”选项打开一个新的前面板窗口。

2）在前面板窗口的空白处单击鼠标右键，弹出“控件”选板，选择“数值”子选板中的“数值输入”控件，添加 2 个“数值输入”控件，分别用于“基频”和“谐波次数”的设置。

3）在前面板窗口的空白处单击鼠标右键，弹出“控件”选板，选择“数值”子选板中的“数值显示”控件，添加 2 个“数值显示”控件，分别用于“THD(Total Harmonic Distortion)%(总谐波畸变率)”和“检测基频值”的显示。

4）在前面板窗口的空白处单击鼠标右键，弹出“控件”选板，选择“图形”子选板中的“波形图”控件，用于频域波形的显示。

5）重新设置幅、频标尺范围。

6）在前面板窗口的空白处单击鼠标右键，弹出“控件”选板，选择“数组”控件，用于谐波电平的显示。

7）在前面板窗口的空白处单击鼠标右键，弹出“控件”选板，选择“布尔”子选板中的“停止按钮”，用于停止程序的运行。

8）分别调整各控件的文字说明，并放置在合适位置。

（2）参考框图程序，如图 S13.2 所示。

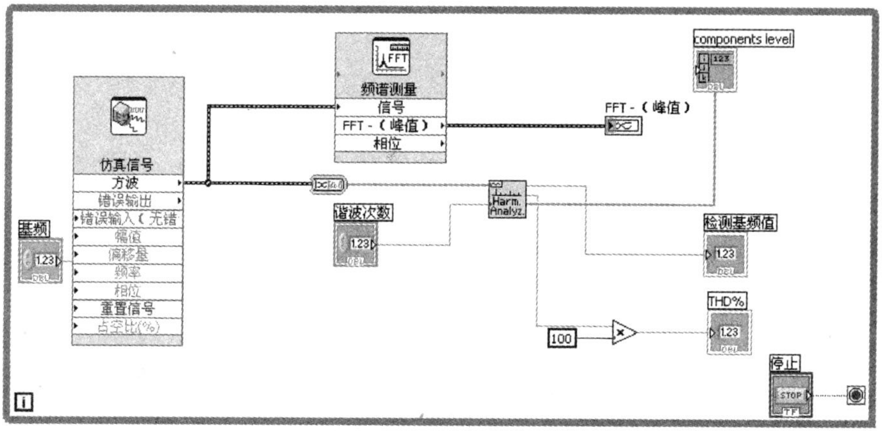

图 S13.2　参考框图程序

1）从“窗口”菜单下选择“显示程序框图”功能打开程序框图窗口。

2）点击程序框图窗口的空白处，弹出“功能”模板，从弹出的菜单中选择所需的对象。本程序用到下列对象：

① 仿真信号（“express”子选板中选择“仿真信号”）。在本例中，提供用于频谱分析的各类动态信号。仿真信号可根据需要进行设置，也可同时取出多个仿真信号，进行分析。

② 谐波失真分析（“信号处理”子选板中选择“波形测量”中的“谐波失真分析”）。在本例中，对仿真得到的各类动态信号进行谐波分析，在分析的过程中可以设定仿真信号的基波频率、被分析信号的谐波次数，可以得到总谐波畸变率（THD%）以及各次谐波的电平值。

③ 频谱测量（“express”子选板中选择“信号分析”中的“频谱测量”）。在本例中，对仿真得到的各类动态信号进行时、频域间的转换并在频域中显示波形图。

④ 常数（“数学”子选板中选择“数值”中的“数值常数”）。在本例中，用于 THD%的生成等。

⑤ 循环或停止（“编程”子选板中“结构”中的“While loop 循环”）。在本例中，运用一个“While loop 循环”来控制程序的循环或强行停止。使用一个“停止”按钮作为循环条件，当“停止”按钮输出为真时，循环终止，程序强行停止。

3）使用移位工具，把各个图标移动至合适的位置，并用连线工具连接起来。

4）选择前面板窗口，使之变成当前窗口，并运行 VI 程序。

5）保存 VI。

13.5 实验报告要求

1. 详细记录虚拟仪器的程序框图,并标注各个部分的作用。

2. 试设计出频谱及谐波分析虚拟仪器的硬件配置,画出硬件连接框图,并标注各部分作用。

实训 14　用 LabVIEW 软件仿真温度测量

14.1　能力目标

1. 熟悉 LabVIEW 软件各种基本操作；
2. 用 LabVIEW 软件设计简单程序来仿真温度测量。

14.2　实训设备与元器件

1. 微型计算机；
2. 虚拟仪器软件 LabVIEW2012。

14.3　预习要求

1. 熟悉温度传感器 AD590 的基本工作原理。
2. 熟悉 LabVIEW 软件编程的主要步骤。

14.4　实训内容和步骤

1. 创建一个虚拟仪器(VI)程序，模拟温度测量。

说明：本程序用软件仿真外部数据采集。

使用“随机数”子程序来仿真温度传感器采集的温度信号，然后将仿真得到的电压值转换成摄氏温度或华氏温度，并显示温度读数。

(1) 参考前面板，如图 S14.1 所示。

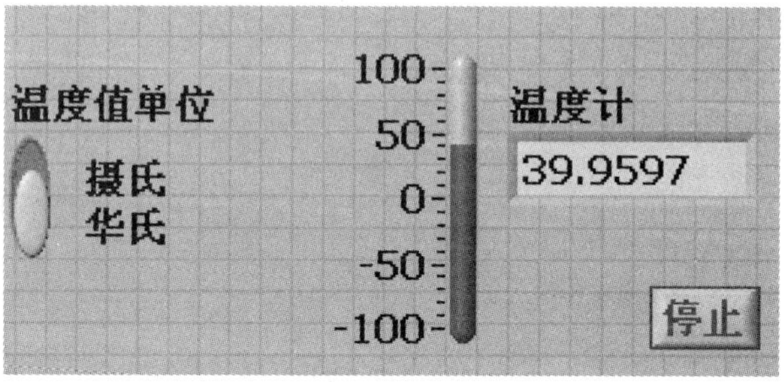

图 S14.1　参考前面板

1) 用“文件”菜单的“新建”选项打开一个新的前面板窗口。

2) 把“温度计”指示部件放入前面板窗口：

① 在前面板窗口的空白处单击鼠标右键，弹出“控件”选板，选择“数值”子选板中的“温度计”控件，添加一个“温度计”控件，用于“摄氏温度”和“华氏温度”的图形化显示。

② 在前面板窗口的空白处单击鼠标右键，弹出“控件”选板，选择“数值”子选板中的“数值显示”控件，添加一个“数值显示”控件，分别用于“摄氏温度”和“华氏温度”的显示。

③ 重新设置“温度计”的标尺范围。

3) 在前面板窗口中放入“竖直开关”控制：

① 在前面板窗口的空白处点击鼠标右键，弹出“控件”选板，选择“布尔”子选板中的“垂

直滑动杆开关”，在文本框中输入“温度值单位”。

② 使用标签工具“A”，在开关的“条件真”(True)位置旁边输入自由标签“摄氏”，再在“条件假”(False)位置旁边输入自由标签“华氏”。

4) 在前面板窗口的空白处单击鼠标右键，弹出“控件”选板，选择“布尔”子选板中的“停止按钮”，用于停止程序的运行。

5) 分别调整各控件的文字说明，并放置在合适位置。

(2) 参考框图程序，如图 S14.2 所示。

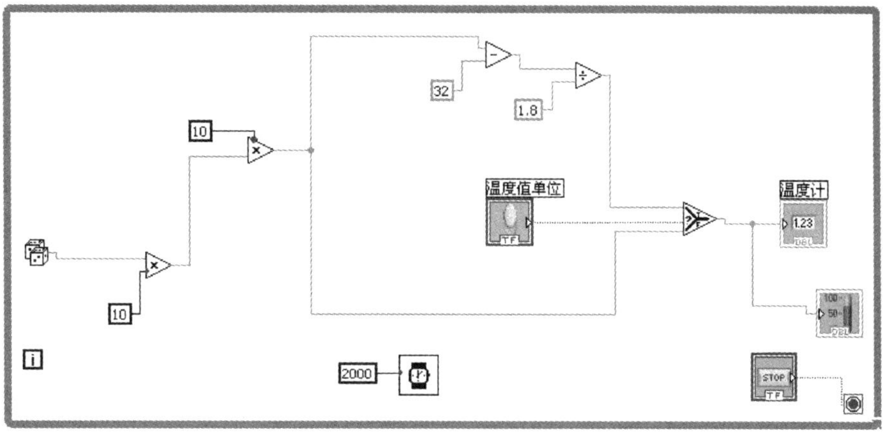

图 S14.2　参考框图程序

1) 从“窗口”菜单下选择“显示程序框图”功能打开程序框图窗口。

2) 点击程序框图窗口的空白处，弹出“功能”模板，从弹出的菜单中选择所需的对象。本程序用到下列对象：

① 随机数(“数学”子选板中选择“数值”中的“随机数”)。在本例中，随机产生(0, 1)范围的数，该程序模块仿真用 DAQ 卡的通道采集到的由温度传感器输出的电信号。

② 乘法(“数学”子选板中选择“数值”中的“乘”)。在本例中，将仿真的电信号值放大，并获得华氏温度。

③ 减法(“数学”子选板中选择“数值”中的“减”)。在本例中，从华氏温度中减去 32.0，以进一步转换成摄氏温度。

④ 除法(“数学”子选板中选择“数值”中的“除”)。在本例中，把相减的结果除以 1.8 以转换成摄氏温度。

⑤ 选择(“编程”子选板中选择“比较”中的“选择”)。该功能用于控制输出华氏温度(当选择开关为 False)或者摄氏温度(当选择开关为 True)数值。

⑥ 常数(“数学”子选板中选择“数值”中的“数值常数”)。在本例中，多处用到多个不同数值的常数。

⑦ 延时(“编程”子选板中选择“定时”中的“等待下一个整数倍毫秒”)。在本例中，由于随机数变换较快，从程序前面板上读数或观测数据较困难，必须加入延迟，以满足观测要求。

⑧ 循环或停止(“编程”子选板中“结构”中的“While loop 循环”)。运用一个“While loop 循环”来控制程序的循环或强行停止。使用一个“停止”按钮作为循环条件，当“停止”按

钮输出为真时,循环终止,程序强行停止。

3) 使用移位工具,把各个图标移动至合适的位置,并用连线工具连接起来。

4) 选择前面板窗口,使之变成当前窗口,并运行 VI 程序。

5) 保存 VI。

14.5 实验报告要求

1. 详细记录上述虚拟仪器的程序框图,并标注各个部分的作用。
2. 如何用虚拟仪器实现真实温度测量?(试描述设计思路)

实训15 基于虚拟仪器的温度实测

15.1 能力目标

1. 熟悉虚拟仪器基本构成；
2. 能根据技术指标对采集板卡进行基本的使用；
3. 能构建简单的时实温度检测系统。

15.2 实训设备与元器件

1. 微型计算机；
2. 虚拟仪器软件 LabVIEW2012；
3. 数据采集卡 NI6251　1块
4. K 型热电偶　1支
5. 调理电路板　1块

15.3 预习要求

1. 基于 LabVIEW 的虚拟仪器包括哪些部分？其操作模板有哪几类？
2. 数据采集卡 NI6251 有哪些基本指标？
3. 说明数据采集卡接线板卡各接点主要功能(详见板卡说明附录)。

15.4 实验内容

1. 熟悉虚拟仪器的基本构成

数据采集、仪器控制、过程监控和自动测试是自动测试的实际任务。为完成这些任务，通常一台仪器由三大功能块组成：信号的采集、数据的处理、结果的输出。虚拟仪器也不例外，它也是按照"信号的调理与采集——数据的分析与处理——结果的输出及显示"的结构模式来建立的。虚拟仪器的基本构成包括计算机、虚拟仪器软件、硬件接口模块等。虚拟仪器基本结构图(图来源于 NI 公司)如图 S15.1 所示。

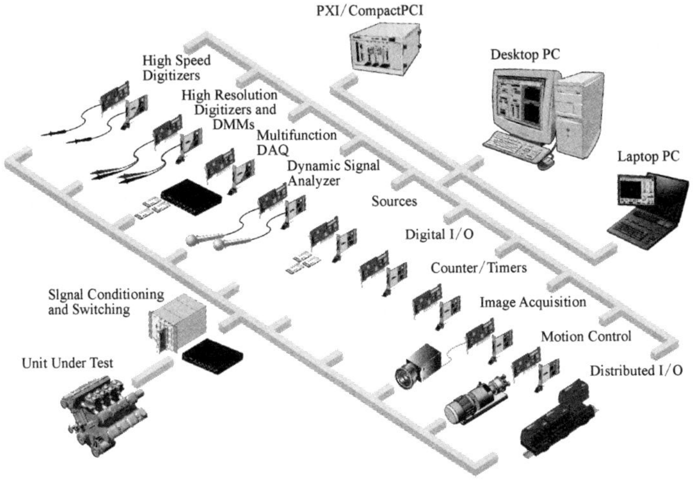

图 S15.1　虚拟仪器基本结构图

若再将虚拟仪器以模块化来更简单的表示，则可以表示成如图 S15.2 的构成方式。

其中，硬件接口模块（主要用于数据采集设备和通信的 I/O 接口设备）包括插入式数据采集卡（DAQ）、串/并口、IEEE488 接口（GPIB）卡、VXI 控制器以及其他接口卡。各种总线选择目前较为常用的虚拟仪器系统是数据采集卡系统、GPIB 仪器控制系统、VXI 仪器系统以及这三者之间的任意组合。

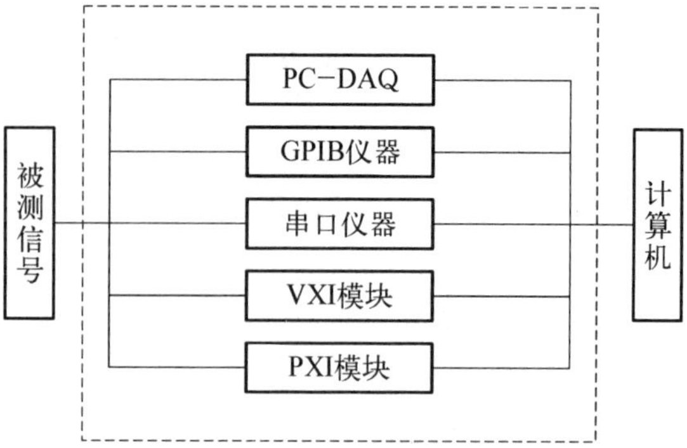

图 S15.2　虚拟仪器的构成方式

2. 理解采集板卡基本指标

多种被测量信号（含基本电参量、传感量等）由硬件电路板（自制）产生。测试测量程序用 NI 公司的 LabVIEW 程序编写。数据采集使用 NI 公司的 DAQ（Date Acquisition）数据采集板卡 PXI6251。该板卡基本指标描述如表 1 所示。

表 1　NI6251 数据采集卡基本指标

型号	总线	模拟输入	采样速率/s	输入分辨率/bit	最大输入范围	输入范围数量	模拟触发	模拟输出	输出分辨率/bit	DIO
6251	PCI/PXI	16SE/8DI	1.25 M	16	±10 V	7	有	2	16	24

3. 实时温度检测系统组建

由于常用的热电偶（K 型）感受温度变化（0℃～1 000℃）后产生的电量（电动势）很小，一般为 0～50 mV，所以必须依靠外围电路将微弱的电压放大后方可被 NI6251 数据采集卡采集并测量。

（1）测试辅助硬件参考电路。

在温度补偿电路的输出端接入差动放大器正负输入端，再将经放大后的电压信号 U_o 接到 NI6251 数据采集卡的模拟量输入端（AI）进行检测。具体辅助电路如图 S15.3 所示。

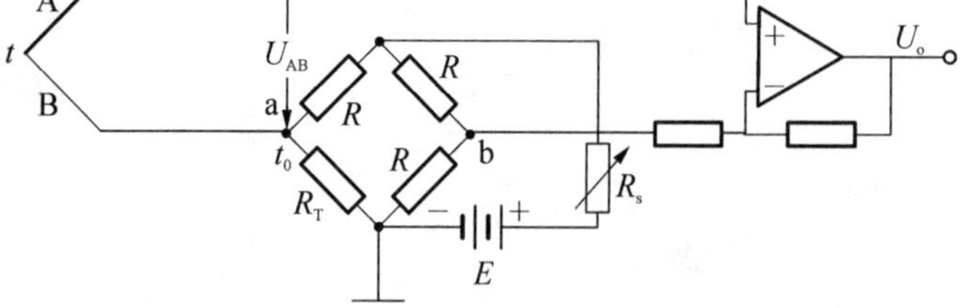

图 S15.3　温度测试辅助电路连线图

(2) 基于 LabVIEW 的温度实时检测参考程序前面板,如图 S15.4 所示。

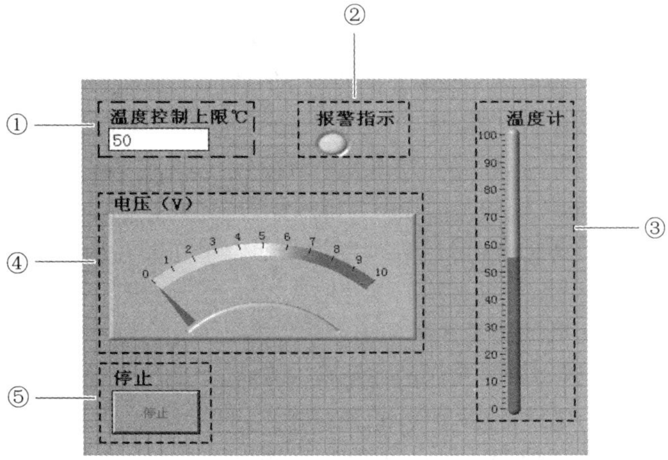

图 S15.4 温度实时检测参考程序前面板

程序前面板上共有五个指示及按钮,名称与功能详见表 2。

表 2 前面板指示及按钮功能介绍

序 号	名 称	作 用
①	温度上限按钮	温度上限监测:给出温度上限
②	报警指示灯	当超出温度上限值时报警灯亮
③	温度计	将感受到的电压量按照传感器的特性转换成非电量,用于温度实时、直观的显示
④	电压指示表	传感器输出的微弱电压经差分放大器后的输出电压值实时显示
⑤	停止按钮	强行终止程序执行

(3) 基于 LabVIEW 的温度实时检测参考程序框图,如图 S15.5 所示。

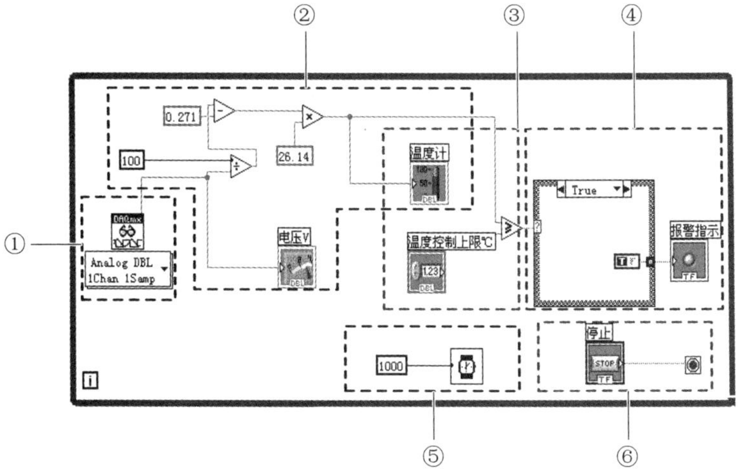

图 S15.5 温度实时检测参考程序框图

程序框图由 6 大部分组成，程序框图按设计顺序分别标识为①②③④⑤⑥。结合程序框图及注明的编号具体分析如下：

① QAD 卡(NI6251 数据采集卡)的任务控制：通过前端辅助电路的处理后，非电量(温度)已经通过温度传感器(热电偶)转换成了微弱电量(电压)，并且由差分放大器放大后输出一个可以被数据采集卡较准确采集到的电压。将该电压信号接到 NI6251 数据采集卡 AI0 口，这里必须指出，为了较精确、较稳定地采集信号，采用差分接线法。

② 电量与非电量间的转换和图形显示：将采集进电脑的电压值用图表直接显示出来。为了将温度直观的显示在界面上，必须进行电量与非电量间的转换。由于实际运用的传感器的转换特性为非线性函数，所以必须加以补偿或线性化。可以通过拟合、多项式等方法来减小非线性误差。本文提到的测试测量系统为学生实训所用，对测量误差要求较低，可通过多项式方式求得近似的转换特性，再用函数转换的方式，达到电量转换成非电量的目的。

③ 温度的控制：为了控制测温范围，给出一个可以设定的温度上限，用于与实际测量的温度进行比较。当温度大于或等于设定温度时，程序报警。

④ 报警部分的控制和实现：运用一个 While 循环，循环终止条件是当测量温度大于或等于设定的温度上限。并且用输出为真这一条件驱动报警指示灯亮。

⑤ 延时：由于采集板卡的采集速度较快，从程序前面板上读数或观测数据较困难，必须加入延迟，以满足观测要求。

⑥ 循环或停止：运用一个 For 循环，来控制程序的循环或强行停止。使用一个停止按钮作为当循环条件，当停止按钮输出为真时，循环终止，程序强行停止。

15.5 实验报告要求

1. 详细记录虚拟仪器的程序框图，并标注各个部分的作用。
2. 采集板卡选择时有哪些通用的技术指标？
3. 如何用软件降低随机误差对测量结果的影响？

附：NI6251 板卡说明

DAQ(数据采集卡)NI6251 模拟量、数字量输入输出接线柱示意图(见图 S15.6)。

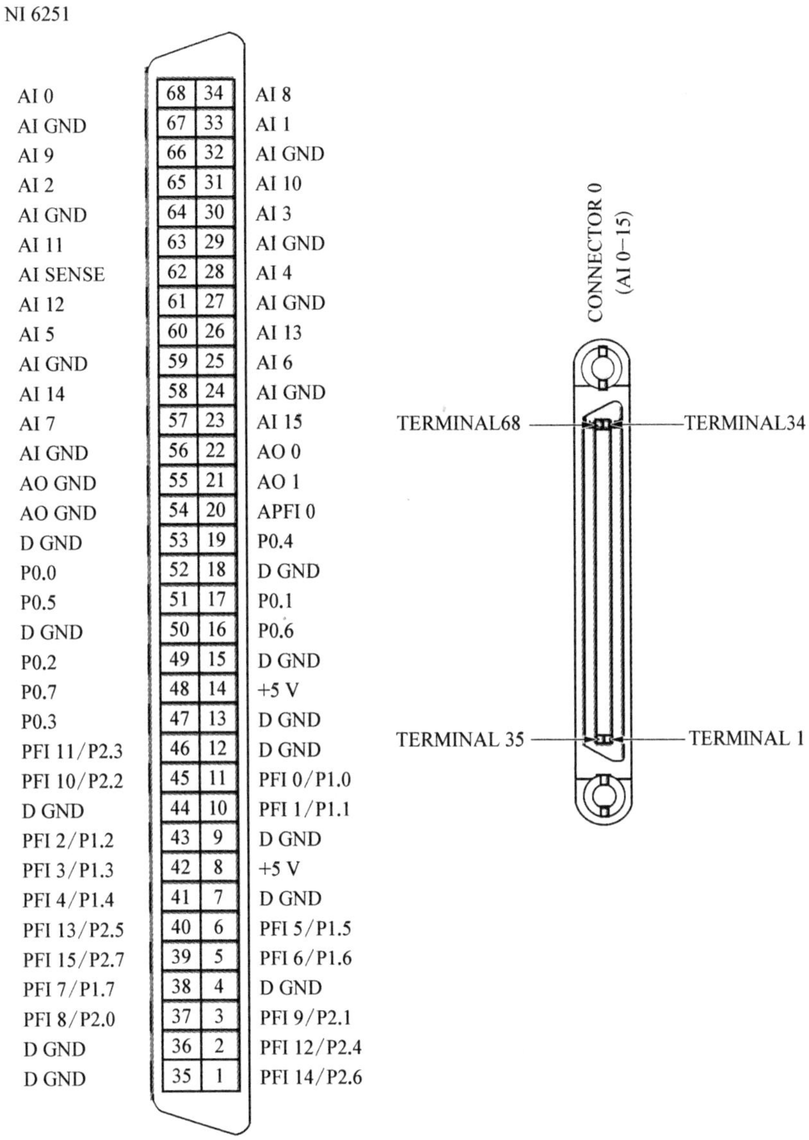

AI—模拟量输入;AO—模拟量输出;AI/O GND—模拟量输入/出接地;P＊.＊—数字量输入

图 S15.6　NI6251 模拟量、数字量输入输出接线示意图

参考文献

[1] 熊茂华,等. 无线传感器网络技术及应用. 西安：西安电子科技大学出版社,2014.
[2] 顾伟杰,等. 无线传感器网络技术应用. 北京：北京理工大学出版社,2014.
[3] 崔逊学,等. 无线传感器网络的应用与设计技术. 北京：国防工业出版社,2009.
[4] 鲁植雄. 汽车电子控制基础. 北京：清华大学出版社,2011.
[5] 马学鸣,等. 传感器应用技术. 北京：中国劳动社会保障出版社,2007.
[6] 周征,等. 传感器原理与检测技术. 北京：清华大学出版社;北京交通大学出版社,2007.
[7] 陈裕泉,[美] 葛文勋. 现代传感器原理与应用. 北京：科学出版社,2007.
[8] 章吉良,等. 微传感器. 上海：上海交通大学出版社,2005.
[9] 朱自勤. 传感器与检测技术. 北京：机械工业出版社,2005.
[10] 武昌俊. 自动检测技术及应用. 北京：机械工业出版社,2005.
[11] 杜志勇,王鲜芳. 电子测量. 北京：人民邮电出版社,2005.
[12] 金发庆. 传感器技术与应用. 北京：机械工业出版社,2004.
[13] 宋文绪,杨帆. 自动检测技术. 北京：高等教育出版社,2004.
[14] 刘国林,殷贯西. 电子测量. 北京：机械工业出版社,2003.
[15] 柳桂园. 检测技术及应用. 北京：电子工业出版社,2003.
[16] 孙传友,孙晓斌. 感测技术基础. 北京：电子工业出版社,2001.
[17] 井口征士. 传感工程. 北京：科学出版社,2001.

附　录

附录 A　实训报告格式和查考方式

A1　能力目标

A2　设备与元器件

仪器设备名称	型　　号	用　　途	元器件的标称值(数量)

A3　预习要求（回答其中问题）

——————————————(以上为预习报告)——————————————

A4　操作内容和步骤

1. 按操作顺序填写数据，并说明过程。
2. 按要求算出指标和作出曲线图表。
3. 画出测试框图或电原理图，并作简要说明。

A5　归纳和回答提问

1. 归纳操作要点(含注意事项和误差原因)。
2. 回答实训报告要求中的提问。

注 1: 实训方式

按三大模块进行约 33 学时实训，每个实训项目每人操作 3 学时。示教与练习项目可在中间穿插进行。每人必须记录操作要点，并写在实训报告中。

注 2: 检查与考评

(1) 在实训前必须出示预习报告，预习报告是在正式报告纸上写出上面的 A1、A2、A3，待完成实训后再续写 A4 和 A5，成为一份完整的实训报告。

(2) 实训完毕，需经教师检查和签收，并进行“操作/口试”考核和批阅实训报告。考评方法如下：

1）操作考核（占 50%）

- 实训项目操作内容选做________________

  准确熟练程度打分________________

- 仪表使用操作内容________________

  准确熟练程度打分________________

2）口试（占 25%）

- 预习要求中和实训报告要求中的问题选问________________

  回答准确性、完整性打分________________

3）实训报告的完整性和准确性打分________（占 25%）

本次综合分____________ 教师签名____________ 日期____________

注 3： 用以构成十进倍（分）数单位的词头和希腊字母

（1）用以构成十进倍（分）数单位的词头

所表示的因数	词头名称	符　号	所表示的因数	词头名称	符　号
10	十	D	10^{-1}	分	d
10^2	百	H	10^{-2}	厘	c
10^3	千	K	10^{-3}	毫	m
10^6	兆	M	10^{-6}	微	μ
10^9	吉[咖]	G	10^{-9}	纳[诺]	n
10^{12}	太[拉]	T	10^{-12}	皮[可]	p
10^{15}	拍[他]	P	10^{-15}	飞[母托]	f
10^{18}	艾[可隆]	E	10^{-18}	阿[托]	a

（2）希腊字母

字	母	读音	字	母	读音
Α	α	Alpha	Ν	ν	Nu
Β	β	Beta	Ξ	ξ	Xi
Γ	γ	Gamma	Ο	ο	Omiron
Δ	δ	Delta	Π	π	Pi
Ε	ε	Epsilon	Ρ	ρ	Rho
Ζ	ζ	Zeta	Σ	σ	Sigma
Η	η	Eta	Τ	τ	Tau
Θ	θ	Theta	Υ	υ	Upsilon
Ι	ι	Iota	Φ	ϕ	Phi
Κ	κ	Kappa	Χ	χ	Chi
Λ	λ	Lambda	Ψ	ψ	Psi
Μ	μ	Mu	Ω	ω	Omega

附录 B 电路基础知识要点

本附录简述与本书有关的电路基础知识，便于学生学习本课程。历经百年、铸成经典的“电路基础”是电类、机电类专业的必备知识。如设置必要的实训项目和增添习题，可作为中职本科贯通的一种简要教材。

B1 电路元件及参数

1. 基本元件与单位

常用的电路基本元件是电阻、电感和电容，其符号与图标、常用单位、阻值见下表。

名 称	符号与图标	常用单位	阻值/Ω	
			直流电	交流电
电 阻	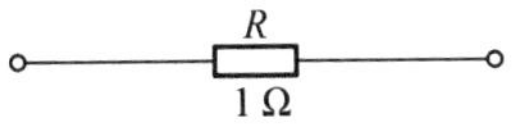	$10^3\ \Omega=1\ \text{k}\Omega$ $10^6\ \Omega=1\ \text{M}\Omega$	R	R
电 感	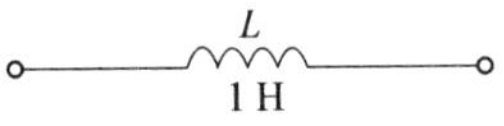	$10^{-3}\ \text{H}=1\ \text{mH}$ $10^{-6}\ \text{H}=1\ \mu\text{H}$	0	ωL
电 容	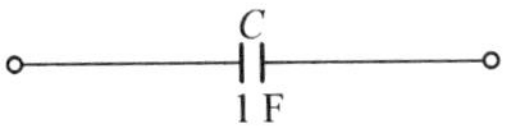	$10^{-6}\ \text{F}=1\ \mu\text{F}$ $10^{-12}\ \text{F}=1\ \text{pF}$	∞	$\dfrac{1}{\omega C}$

2. 复合元件与参数

由两种以上的基本元件组合的，称为复合元件，其参数常用阻抗与导纳表示。

(1) 角频率 $\omega=2\pi f$ (rad/s)，表示每秒旋转的弧度 rad，旋转一周 360° 的弧度为 $2\pi(\text{rad})\approx 6.28(\text{rad})$，一弧度对应的角度为 $1\ \text{rad}\approx\dfrac{360°}{6.28}=57.3°$。频率 $f(\text{Hz})=\dfrac{1}{T}(\text{s}^{-1})$，周期 $T=\dfrac{1}{f}(\text{s})$。当 $\omega=0$ 时为直流电，此时 $\omega L=0$（通路，短路），$\dfrac{1}{\omega C}=\infty$（不通，开路）。

(2) 阻抗 Z 由电阻 R 和电抗 X 组成，而 X 可包括感抗 $X_L=\omega L$、容抗 $X_C=\dfrac{1}{\omega C}$ 和虚部单位 $\text{j}=\sqrt{-1}$，如可写成 $Z=R+\text{j}X=R+\text{j}\left(\omega L-\dfrac{1}{\omega C}\right)$。

(3) 导纳 $Y=\dfrac{1}{Z}$，由电导 $G=\dfrac{1}{R}$ 和电纳 $B=\dfrac{1}{X}$ 组成。而 B 可包括容纳 $B_C=\dfrac{1}{X_C}=\omega C$、感纳 $B_L=\dfrac{1}{X_L}=\dfrac{1}{\omega L}$ 和虚部单位，如可写成 $Y=G+\text{j}B=\dfrac{1}{R}+\text{j}\left(\omega C-\dfrac{1}{\omega L}\right)$。

3. 元件的串、并联和谐振电路

(1) 串联

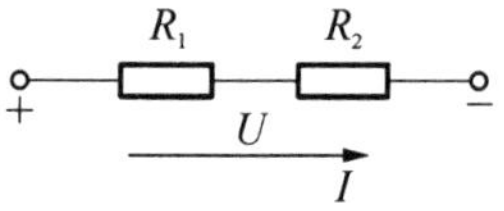

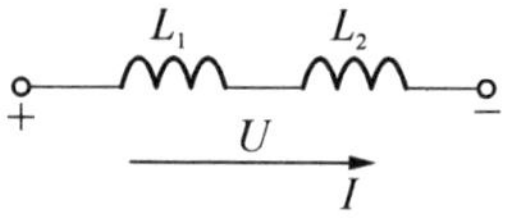

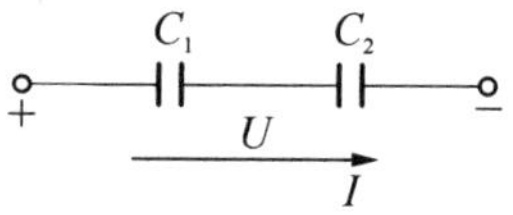

1) 等效值：$R = R_1 + R_2$　　$L = L_1 + L_2$　　$C = \dfrac{C_1C_2}{C_1 + C_2}$

2) 电压降：$U = IR_1 + IR_2$　　$U = I\omega L_1 + I\omega L_2$　　$U = \dfrac{I}{\omega C_1} + \dfrac{I}{\omega C_2}$

不同元件的串联

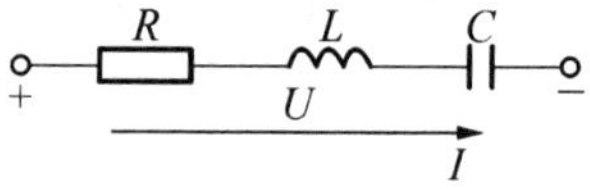

串联电路阻抗相加：

$Z = R + \mathrm{j}\omega L + \dfrac{1}{\mathrm{j}\omega C} = R + \mathrm{j}\left(\omega L - \dfrac{1}{\omega C}\right) = R + \mathrm{j}(X_L - X_C) = R + \mathrm{j}X = |Z|(\cos\theta + \mathrm{j}\sin\theta) = |Z|\mathrm{e}^{\mathrm{j}\theta} = |Z|\angle\theta$。这里，模值 $|Z| = \sqrt{R^2 + X^2}$，相角 $\theta = \arctan\dfrac{X}{R}$。

3) 如果电抗 $X = \omega L - \dfrac{1}{\omega C} = 0$，电路发生了串联谐振，此时的频率称为谐振频率，$\omega = \omega_0 = \dfrac{1}{\sqrt{LC}}$ 或 $f_0 = \dfrac{1}{2\pi\sqrt{LC}}$，而特性阻抗 $\rho = \omega_0 L = \dfrac{1}{\omega_0 C} = \sqrt{\dfrac{L}{C}}$，品质因数 $Q = \dfrac{\rho}{R} = \dfrac{f_0}{f_B}$，$f_B$ 为通频带(−3 dB 带宽)。这时电压与电流的相位差 $\theta = 0$，谐振时呈阻性 $Z_0 = R$ 最小。而 $I_0 = \dfrac{U}{R}$ 最大，可视作短路。

(2) 并联

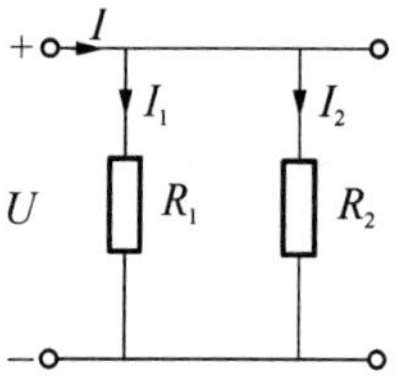

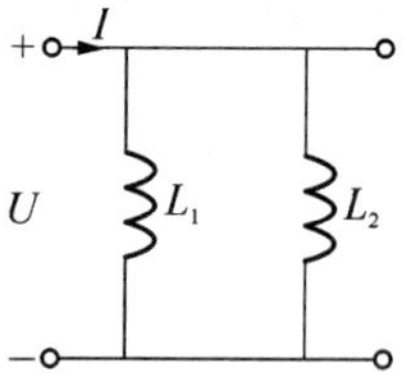

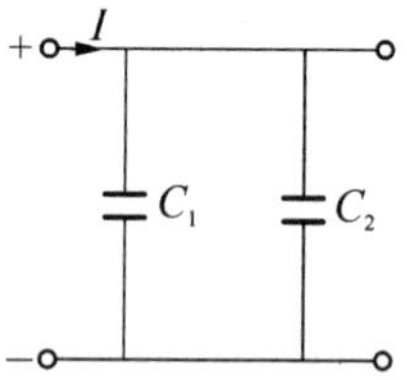

1) 等效值：$\dfrac{1}{R} = \dfrac{1}{R_1} + \dfrac{1}{R_2}$　　$\dfrac{1}{\omega L_1} + \dfrac{1}{\omega L_2} = \dfrac{1}{\omega L}$　　$\omega C_1 + \omega C_2 = \omega C$

$R = \dfrac{R_1R_2}{R_1 + R_2}$　　$L = \dfrac{L_1L_2}{L_1 + L_2}$　　$C = C_1 + C_2$

2) 电流：$I = I_1 + I_2 = \dfrac{U}{R_1} + \dfrac{U}{R_2}$　　$I = \dfrac{U}{\omega L_1} + \dfrac{U}{\omega L_2}$　　$I = \omega C_1 U + \omega C_2 U$

并联谐振电路：

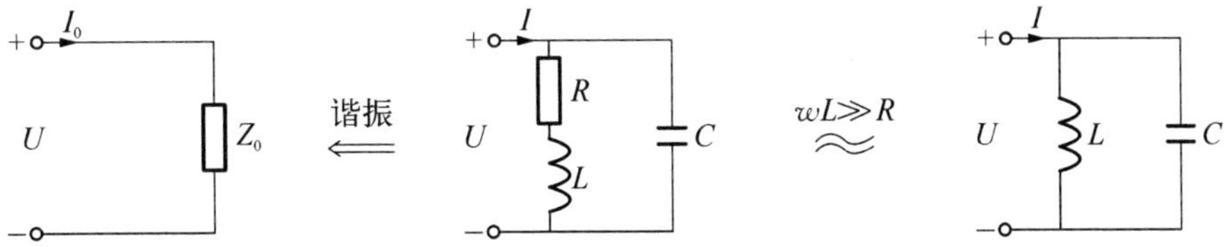

并联电路导纳相加：

$$Y = G + \mathrm{j}B = \frac{1}{R + \mathrm{j}\omega L} + \mathrm{j}\omega C = \frac{R - \mathrm{j}\omega L}{(R + \mathrm{j}\omega L)(R - \mathrm{j}\omega L)} + \mathrm{j}\omega C$$

$$= \frac{R}{R^2 + \omega^2 L^2} + \mathrm{j}\left(\omega C - \frac{\omega L}{R^2 + \omega^2 L^2}\right)$$

3）谐振时电纳 $B = 0$，当 $\omega L \gg R$ 时，谐振频率 $f_0 \approx \frac{1}{2\pi\sqrt{LC}}$，以及 f_B、ρ、Q 和谐振曲线（频率特性）形状与串联谐振相同，而谐振时 $B = 0$ 呈阻性 $Z_0 = \frac{1}{G} = \frac{R^2 + \omega_0^2 L^2}{R} \approx \frac{\omega_0^2 L^2}{R} = \frac{L}{CR}$ 最大，使 $I_0 = \frac{U}{Z_0}$ 最小，可视作开路。实际电路还有电源 U 的内阻 R_s 和负载 R_L 相并联，则 $Z_0' = Z_0 \mathbin{/\!/} R_s \mathbin{/\!/} R_L$，使 $Q > Q' = Z_0'\sqrt{\frac{C}{L}}$。

上述串、并联电路的谐振特性归纳于下表。

谐 振	串 联 电 路	并 联 电 路
条件	阻抗 Z 中的电抗 $X = \omega L - \frac{1}{\omega C} = 0$	导纳 Y 中的电纳 $B = \omega C - \frac{1}{\omega L} = 0$
呈阻性	$Z = Z_0 = R$（最小）	$Z_0 = \frac{1}{Y_0} = \frac{1}{G} = \frac{L}{CR}$（最大）
频率	$f_0 = \frac{1}{2\pi\sqrt{LC}}$	同左（$\omega L \gg R$）
特性阻抗	$\rho = \sqrt{\frac{L}{C}}$	同左
品质因数	$Q = \frac{\rho}{R}$	同左
电源的 Q 倍	LC 端电压 $\lvert U_{L0}\rvert = \lvert U_{C0}\rvert = QU_S$	LC 支路电流 $\lvert I_{L0}\rvert = \lvert I_{C0}\rvert = QI_0$
频率特性	$\frac{I}{I_0} = \frac{1}{\sqrt{1 + \left(Q\frac{2\Delta f}{f_0}\right)^2}}$	$\frac{U}{U_0}$ = 同左（曲线形状同）
-3 dB 通频带	$f_B = 2\Delta f = \frac{f_0}{Q}$	同左

【例 B.1】 LC 串、并联谐振电路的频响曲线分别可用相对电流和相对电压来表示，即 $\frac{I}{I_0}=\frac{U}{U_0}=\frac{1}{\sqrt{1+\left(Q\frac{2\Delta f}{f_0}\right)^2}}$。当频率 f 离开谐振点 f_0 时，其输出功率 $P\left(I^2R\text{ 或 }\frac{U^2}{R}\right)$下降到谐振峰值的 P_0 的一半，试求半功率点通频带 $f_B=2\Delta f$ 的表达式。

解：根据题意，半功率点的功率 $P=\frac{1}{2}P_0$，而这时的相对电流或电压为 $\frac{I}{I_0}=\frac{U}{U_0}=\sqrt{\frac{P}{P_0}}=\sqrt{\frac{1}{2}}=\frac{1}{\sqrt{1+\left(Q\frac{2\Delta f}{f_0}\right)^2}}$，从而算得通频 $f_B=2\Delta f=\frac{f_0}{Q}$，或品质因数 $Q=\frac{f_0}{f_B}$。

B2 基本定律用法

1. 基本电量

(1) 电压 U(V、kV、mV、μV)为两点电位差或电压降。

(2) 电流 I(A、mA、μA)

功率 $P=UI=I^2R=\frac{U^2}{R}$ (W、kW、MW、mW、μW)

电能 $W=Pt$ (J 或 kWh，例如：1 千瓦时为 1 度电)

2. 欧姆定律关系式

$R=\frac{U}{I}$ 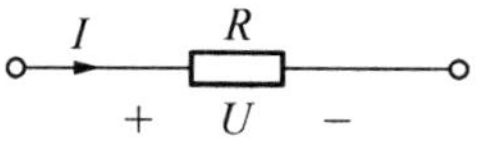

或 $U=IR$，$I=\frac{U}{R}$

如图 B.1 U 与 I 同向，为“消耗”功率($P>0$)，反之 R 为负就是“发出”功率($P<0$)。元器件或电路的负阻特性，表明“电阻”上的电压与电流的变化方向相反，反映在该元器件或电路的一段伏安特性曲线的斜率为负。

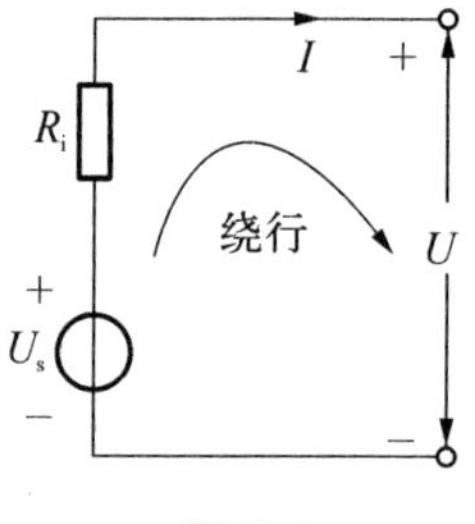

图 B.1

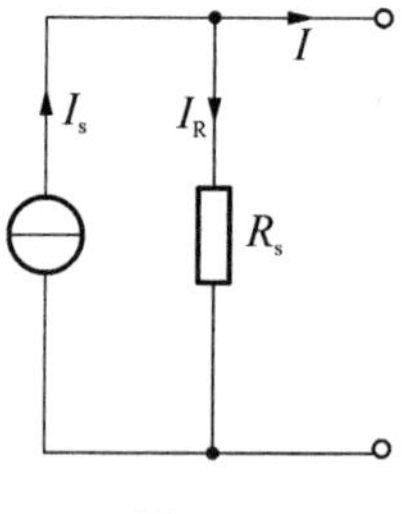

图 B.2

3. 电压源与基尔霍夫电压定律(KVL)

应用 KVL，回路总电压 $\sum U=0$。自行设定电压、电流参考方向和回路绕行方向，根据绕行方向，电压从+到−，顺则正，逆则负。

由图 B.1 可得出：$U-U_s+IR_i=0$

4. 电流源与基尔霍夫电流定律(KCL)

应用 KCL，某节点 $\sum I_{出}=\sum I_{入}$ 或 $\sum I=0$。

由图 B. 2 可得出：$I + I_R = I_S$ 或 $I + I_R - I_S = 0$（设流出节点为正，流入为负）。

两源转换关系：$R_s = R_i$、$U_s = I_s R_s$、$I_S = \dfrac{U_S}{R_i}$。

电压源图形表示可等效为短路；电流源图形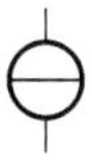可等效为开路。

5. 电源的串、并联和叠加原理的应用

（1）理想电压源串联，如图 B. 3 所示。

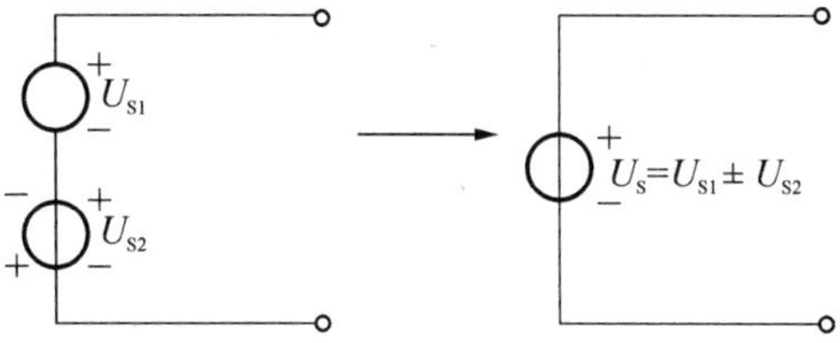

图 B. 3

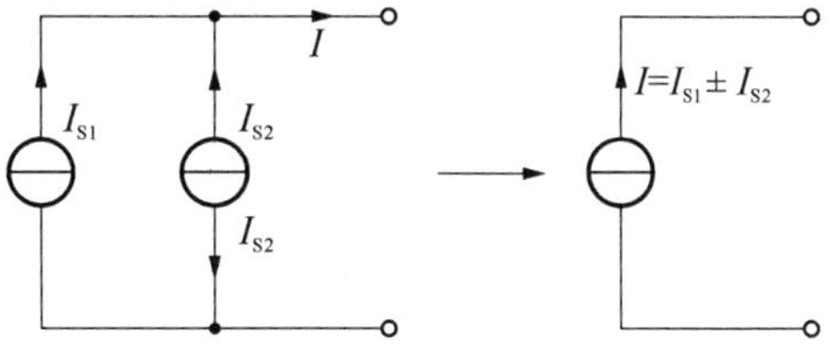

图 B. 4

（2）理想电流源并联，如图 B. 4 所示。

（3）叠加原理的应用。

两实际电压源并联，求输出电压 U_o（图 B. 5）。

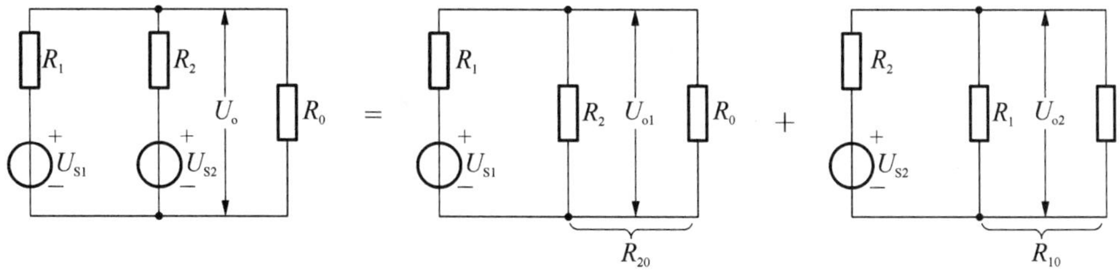

图 B. 5

根据叠加原理，输出电压 $U_o = U_{o1} + U_{o2}$，U_{o1} 是 $U_{o2} = 0$（电压源 U_{s2} 视为短路）时的输出电压，U_{o2} 是 $U_{o1} = 0$（电压源 U_{s1} 视为短路）时的输出电压，如图 B. 5 所示，由图可知：

$$R_{2o} = R_2 \,/\!/\, R_o = \frac{R_2 R_o}{R_2 + R_o},\ U_{o1} = \frac{R_{2o}}{R_1 + R_{2o}} U_{s1}。$$

$$R_{1o} = R_1 \,/\!/\, R_o = \frac{R_1 R_o}{R_1 + R_o},\ U_{o2} = \frac{R_{1o}}{R_2 + R_{1o}} U_{s2}。$$

当 $R_o \to \infty$（开路），且 $R_1 = R_2$ 时，$R_{2o} = R_2$，$R_{1o} = R_1$，则 $U_o = \dfrac{U_1 + U_2}{2}$。

当 $R_o = R_1 = R_2 = R$ 时，$R_{2o} = \dfrac{R}{2} = R_{1o}$，则 $U_o = \dfrac{U_1 + U_2}{3}$。

电压源与电流源并联，求负载电流 I_0（表达式）（图 B. 6）。

根据叠加原理，输出电流 $I_0 = I_{o1} + I_{o2}$，I_{o1} 是 $I_s = 0$（电流源 I_{s2} 为开路）时的输出电流，I_{o2} 是 $U_s = 0$ 时的输出电流，则

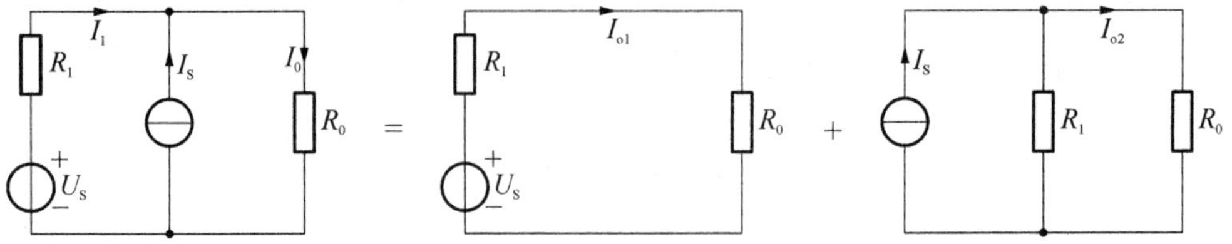

图 B.6

$$I_0=I_1+I_2=\frac{U_s}{R_1+R_0}+\frac{R_1 /\!/ R_0 \cdot I_s}{R_0}=\frac{U_s}{R_1+R_0}+\frac{I_sR_1}{R_1+R_0}。$$

B3 解题的几种方法举例

【例 B.2】 如图 B.7 所示的电路中,试求:

(1) $I_0=0$ 时的电阻 R_4 值。

(2) 已知 R_4 后,当 $\frac{R_4}{2}$ 和 $2R_4$ 时,分别求出电流 I_0 值。

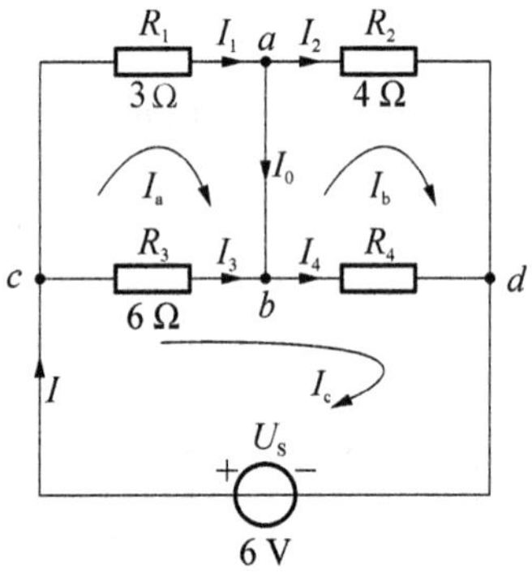

图 B.7

解(1):

1)"电位法":选 d 点为参考点($-U_S$),根据 $I_0=0$,$U_{ad}=U_{bd}$,则 a、b 两点开路。由图可求得:$U_{ad}=\frac{R_2U_s}{R_1+R_2}=\frac{24}{7}\mathrm{V}$,$U_{bd}=\frac{R_4U_s}{R_3+R_4}=\frac{6R_4}{6+R_4}\mathrm{V}$,即 $\frac{24}{7}\mathrm{V}=\frac{6R_4}{6+R_4}\mathrm{V}$,则 $R_4=8\ \Omega$。

2)"电桥法":当 $I_0=0$ 时电桥平衡,则有 $R_2R_3=R_1R_4$,即 $4\times6=3R_4$,故 $R_4=8\ \Omega$。

解(2):

1)"支路电流法"(比较烦琐):

节点 a:$I_1=I_0+I_2$;节点 b:$I_3+I_0=I_4$;节点 c:$I=I_1+I_3$;回路 $abca$:$R_1I_1-I_3R_3=0$;回路 $adba$:$I_2R_2-I_4R_4=0$,回路 $cbdc$:$I_3R_3+I_4R_4-U_s=0$

解六个方程得 $I_0=\frac{U_s(R_2R_3-R_1R_4)}{R_1R_2(R_3+R_4)+R_3R_4(R_1+R_2)}=\frac{6(24-3R_4)}{12\times(6+R_4)+6R_4\times7}$。当 $R_4=4\ \Omega$,得 $I_0=0.25\ \mathrm{A}$;当 $R_4=16\ \Omega$ 时,得 $I_0=-0.15\ \mathrm{A}$,说明电桥输出 I_0 可零,可正,可负。

2)"回路电流法":$I_aR_1+I_aR_3-I_cR_3=0$;$I_bR_2+I_bR_4-I_cR_4=0$;$I_cR_3+I_cR_4-I_aR_3-I_bR_4-U_S=0$ 解三个方程得 $I_0=I_a-I_b$,同上式。

3)"戴维南定理法"(等效电压源法):

根据等效电压源法,移去待求量 I_0 的支路,即 a、b 断开,求出等效的电压源 U_0,及令图中的独立电源为零(电压源短路,电流源开路),从 a、b 两端看入的等效电阻 R_0,然后接上 a、b 支路,求出 $I_0=\frac{U_0}{R_0}$,如图 B.8 所示。

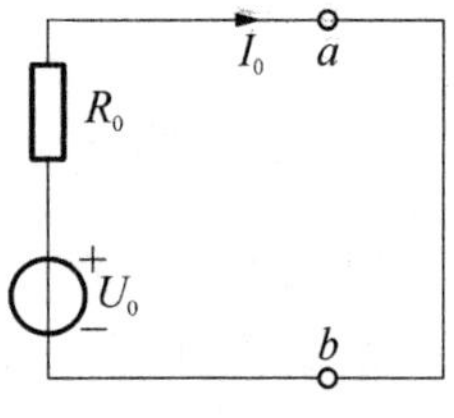

图 B.8

当 a、b 断开时，以 d 点作参考，等效电压源 $U_0 = U_{ad} - U_{bd}$，U_{ad}、U_{bd} 的计算方法同题(1)，即 $U_0 = U_{ad} - U_{bd} = \dfrac{U_s R_2}{R_1 + R_2} - \dfrac{U_s R_4}{R_3 + R_4}$。

当 $U_s = 0$，即 c、d 短路，从 a、b 两端看入的等效电阻 $R_0 = R_1 // R_2 + R_3 // R_4$。

根据上面两式，当 $R_4 = 4\ \Omega$ 时，$U_0 = \dfrac{24}{7} - \dfrac{12}{5} = \dfrac{36}{35}\text{V}, R_0 = \dfrac{12}{7} + \dfrac{24}{10} = \dfrac{144}{35}\Omega$，$I_0 = 0.25\ \text{A}$；当 $R_4 = 16\ \Omega$ 时，$I_0 = -0.15\ \text{A}$，与"支(回)路电流法"的计算结果相同，但计算步骤大为简化。如在 a、b 间接负载电阻 $R_L = R_0$，则负载获得最大功率 $P_{L\max} = \dfrac{U_0^2}{4R_0}$。

B4 正弦交流电的表示法与三相电

1. 三角函数式

三角函数式是用瞬时值抽象地表达正弦交流电的三要素：幅值、角频率和初相角，如：(1) 正弦电流 $i(t) = I_m \sin(\omega t + \psi_i)$，(2) 正弦电压 $u(t) = U_m \sin(\omega t + \psi_u)$。

幅值又称最大值，常用有效值 $I = \dfrac{I_m}{\sqrt{2}}$ 和 $U = \dfrac{U_m}{\sqrt{2}}$。

2. 波形图

波形图可形象地表达正弦交流电的三要素，当波形起始点 t_0 位于坐标原点($t=0$)的左边时，初相角 Ψ_i 为正，反之为负，且 $|\psi_i| = 2\pi\dfrac{t_0}{T} \leqslant \pi$。如图 B.9 所示。

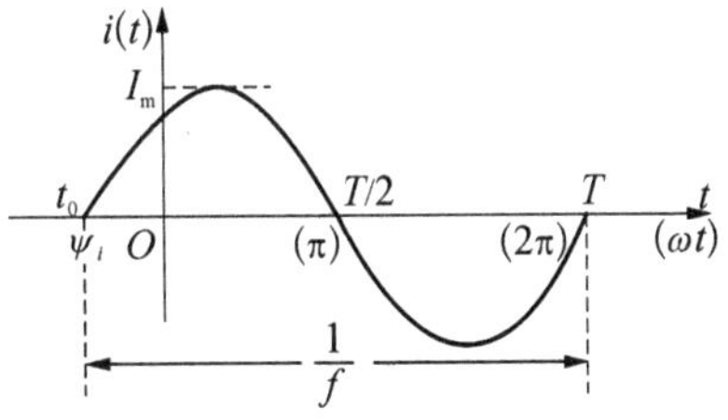

图 B.9

3. 复数式

正弦量的复数形式是相量，易于运算，常用有：

(1) 电流相量 $\dot{I}_m = I_m e^{j\psi_i}$ 或 $\dot{I} = I e^{j\psi_i}$

(2) 电压相量

$$\begin{aligned} \dot{U}_m &= U_m e^{j\psi_u} && \text{指数式} \\ &= U_m \angle \psi_u && \text{极坐标式} \\ &= U_m \cos\psi_u + jU_m \sin\psi_u && \text{三角函数式} \\ &= U_x + jU_y && \text{代数式} \end{aligned}$$

相量仅反映正弦量的幅值和初相角两个要素，故需在同频情况下进行运算。由于相量也是复数，因此可用复数运算规则进行计算，摆脱了正弦函数运算的烦琐和微分方程求解的麻烦。相量又是二维平面上的矢(向)量，随时间在平面上旋转矢量称为相量图。

4. 三相电

频率相同、幅值相等、相位等差的正弦交流电压，由三相发电机产生，机内三个相隔 120°的相同绕组，有三个末端和三个首端，可接成星形或三角形的三相电源，如图 B.10 所示。电路对称时，只要计算一相，其余两相可按对称关系得出。三相对称电路是指三相对称电源向三相对称负载(复阻抗相等)供电。日常生活中使用的单相电源也是三相中的一相，其负载也可接成星形或三角形。

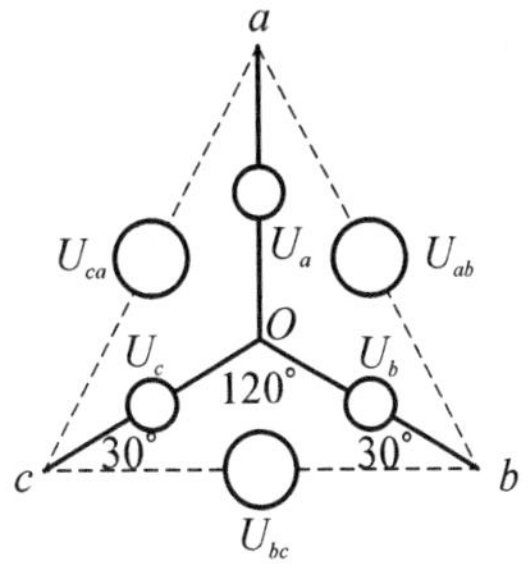

图 B.10

(1) 三相四线制电源的星形(Y 形)联接。

将三相绕组的三个末端联成一点,其引线称中线或零线,而将首端 a、b、c 在配电线上分别标以"黄、绿、红"三色,称作相线或"火线"。相线与中线间的电压称相电压,其模值 $U_p = U_{a0} = U_a = U_b = U_c$。相线间的电压称线电压,其模值 $U_L = U_{ab} = U_{bc} = U_{ca}$。三相星形电源与四种负载的联接如图 B. 11 所示。

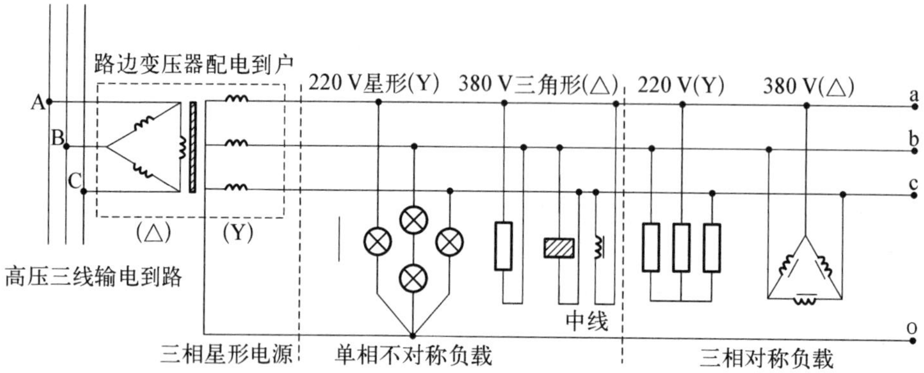

图 B. 11

1) 相电压 $\dot{U}_{ao} = U_a \angle 0°$, $\dot{U}_{bo} = U_a \angle -120°$, $\dot{U}_{co} = U_a \angle 120°$, 相电压之间相差 120°。

线电压 $\dot{U}_{ab} = \sqrt{3} U_a \angle 30°$, $\dot{U}_{bc} = \sqrt{3} U_b \angle 30°$, $\dot{U}_{ca} = \sqrt{3} U_c \angle 30°$,各 U_L 超前其相电压 U_p 的相位为 30°。从等腰三角形可得 $U_L = 2U_p \cos 30° = 2U_p \dfrac{\sqrt{3}}{2} = \sqrt{3} U_p$。

2) 例如常用的市电: f=50 Hz,输电或动力电常用线电压(省料、高效),配电和家用电,常取相电压(简单、方便)。三相四线制可向负载提供两种电压,简作"380 V/220 V"。

线电压 $U_L = U_{ab} = U_{bc} = U_{ca} = 380$ V,多为动力设备供电。相电压 $U_p = U_a = U_b = U_c = 220$ V,多为照明和家用电器供电。显然 $\dfrac{380 \text{ V}}{220 \text{ V}} = \sqrt{3}$。

负载接到三相电源,要求电压相符,并使电源负载尽量均衡。

【例 B. 3】 三相四线制供电,负载为 220 V 电灯,分别接在三相 380 V 的电源上,各相灯组的电阻为: $R_a = 5\ \Omega$, $R_b = 10\ \Omega$, $R_c = 20\ \Omega$。① 作出电路联接图;② 求相电流、线电流及中线电流。

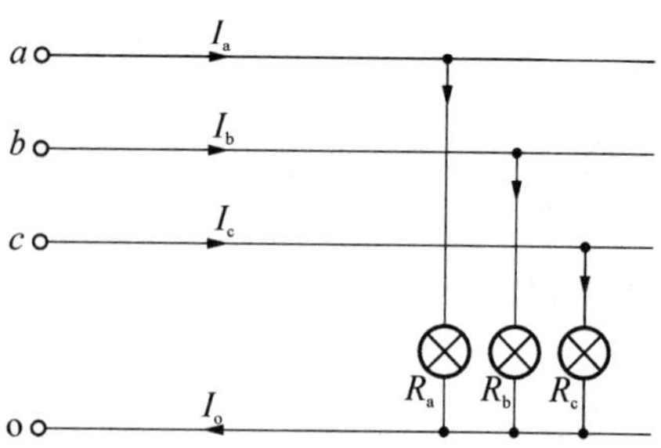

图 B. 12

解: ① 220 V 单相负载作星形联接到 380 V 电源上,如图 B. 12 所示。因三相负载不对称,星形末端一点必须接中线。(如三相负载对称,其末端共点不必与中线联接)。

② 各相电流等于各相线电流,分别为

$$\dot{I}_a = \frac{\dot{U}_{ao}}{R_a} = 220\angle 0°/5 = 44\angle 0°(\text{A})$$

$$\dot{I}_b = \frac{\dot{U}_{bo}}{R_b} = 220\angle -120°/10 = 22\angle -120°(\text{A})$$

$$\dot{I}_c = \frac{\dot{U}_{co}}{R_c} = 220\angle 120°/20 = 11\angle 120°(\mathrm{A})$$

中线电流

$$\begin{aligned}\dot{I}_o &= \dot{I}_a + \dot{I}_b + \dot{I}_c = 44(\cos 0° + \mathrm{j}\sin 0°) + 22[\cos(-120°) + \mathrm{j}(\sin - 120°)] \\ &\quad + 11(\cos 120° + \mathrm{j}\sin 120°) = 44 + 22(-0.5 - \mathrm{j}\sqrt{3}/2) + 11(-0.5 + \mathrm{j}\sqrt{3}/2) \\ &= 27.5 - \mathrm{j}11\sqrt{3}/2 = 29\angle -19°(\mathrm{A})\end{aligned}$$

（如 $\dot{I}_b$ 与 $\dot{I}_c$ 的相位互换，求 $\dot{I}_o$，请试之。）

(2) 三相三线制的三角形联接。

电源的三相绕组以“头尾相连”接成三角形，由 a、b、c 三线供电，称三相三线制。显然线电压就是电源的相电压，只能向负载提供一种 380 V 电压。对称电路的线电流模值 $I_L = \sqrt{3}I_p$，三相总功率 $P = 3P_p = 3U_pI_p\cos\varphi = \sqrt{3}U_LI_L\cos\varphi$，其中 φ 为相电压与相电流的相位差，而 $\cos\varphi \leqslant 1$ 称为功率因数。现举例说明。

【例 B.4】 一台对称三相设备，额定电压为 380 V，功率为 4.7 kW，$\cos\varphi = 0.85$。供电电源电压为 380 V。① 问此三相设备应采用何种接法？② 求相电流和线电流；③ 每相的负载阻抗多大？

解： ① 负载额定电压与电源电压相同，负载应作三角形连接，如图 B.13 所示。

② 如图 B.13 所示，相、线电压与电流的关系为 $U_p = U_L$，$I_L = \sqrt{3}I_p$，三相总功率 $P = 3P_p = 3U_pI_p\cos\varphi = \sqrt{3}U_LI_L\cos\varphi$

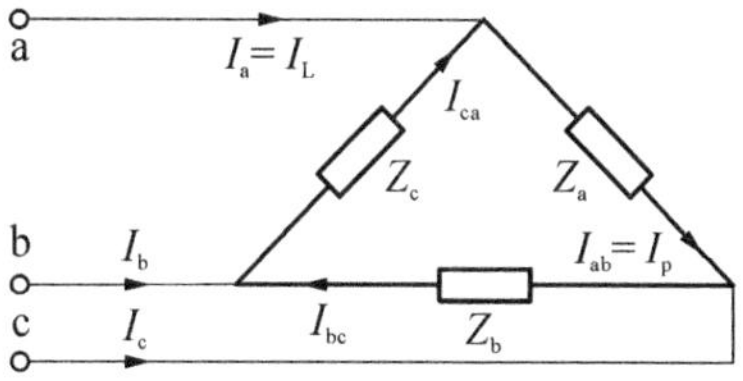

图 B.13

则线电流

$$I_L = \frac{P}{\sqrt{3}U_L\cos\varphi} = \frac{4.7 \times 10^3}{\sqrt{3} \times 380 \times 0.85} = 8.4(\mathrm{A})$$

相电流

$$I_p = \frac{I_L}{\sqrt{3}} = \frac{8.4}{\sqrt{3}} = 4.9(\mathrm{A}) \quad \text{（对称电流只需求一根）}$$

③ 每相负载阻抗

$$|Z| = \frac{U_p}{I_p} = \frac{U_L}{I_p} = \frac{380}{4.9} = 77.6(\Omega)$$

最后必须指出，人们经常使用 220 V 单相和 380 V/220 V 三相的电器设备，触电事故较 1 000 V 以上的高压设备为多，因此事先必须了解安全用电常识，常用外壳安全接地和外壳中线接地等作防范，以免电伤和电击。

三相电简言之：电源星形四线制（配电到户），负载星形 220（不对称联中线），电源三角三线制（输电到路），负载三角 380（外壳安全接地）。

练习题 7

7.1 1 020 Ω = ________kΩ, 0.05 MΩ = ________kΩ = ________Ω。
1.3×10^{-4} H = ________mH = ________μH
10^{-5} F = ________μF, 10^{-10} F = ________ pF, 1 000 pF =________μF。

7.2 当电源频率 f=1 MHz 时,角频率 ω = ________。已知电感为 1.6 mH,电容为 32 pF 时,感抗 X_L = ________,感纳 B_L = ________;容抗 X_C = ________,容纳 B_C = ________。当电感的导线电阻 r_L = 1 Ω 时,电感呈现阻抗 Z_L=________, $|Z_L|$ = ________。当电容的漏电阻 R_C = 1 MΩ 时,电容呈现导纳 Y_C = ________, $|Y_C|$ = ________。

7.3 上述 L、C 串联时(画出电路图),其阻抗 Z = ________, $|Z|$ =________。L、C 并联时(画出电路图),其导纳 Y = ________, $|Y|$ =________。(加减近似运算时,小到 10 倍以上可忽略不计)

7.4 在如图所示电路中, R=20 Ω, L=100 mH, C=0.1 μF,电源电压 U_S=0.2 V,求:(1) 谐振频率 f_0、特性阻抗 ρ、品质因数 Q 和特性曲线−3 dB 的通频带 f_B;(2) 谐振时,LC 的端电压 U_{LO} 和 U_{CO} 各为多少?

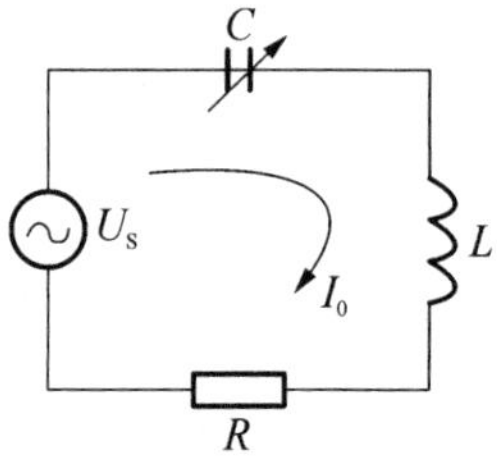

题 7.4 图

7.5 通频带 f_B 又称−3 dB 带宽,试求出−1 dB 带宽 f_{B1} 的表达式。

7.6 家中 10 只 20 W 电灯每天开 4 小时,问每天用电多少度?电冰箱每天用电 0.72 度,问其功率为多少?

7.7 负阻表明“电阻”上的电压与电流 ________方向________。如某一元器件或电路具有负阻特性,表明它处于________能量状态,则该元器件或电路可作________。

7.8 在下列电路中 I=2 A,试求 U_{ac} 和 U_{be}。

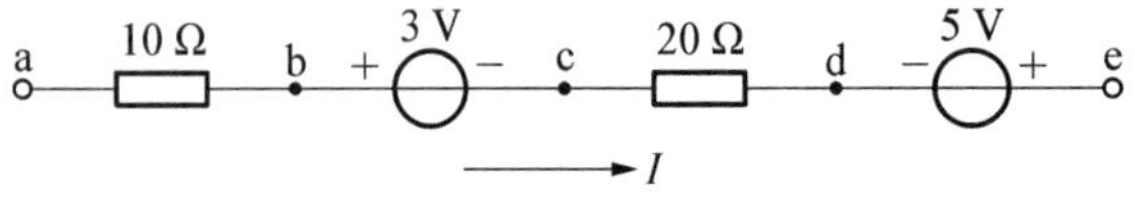

题 7.8 图

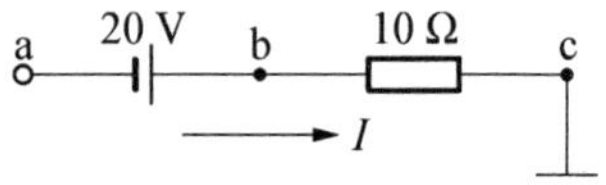

题 7.9 图

7.9 在下列电路中 I=1 A,若以 c 点为参考点,则 a 点与 b 点的电位各为多少?

7.10 试用基尔霍夫电流定律(KCL),求解下列电路中的 I_1 和 I_2。

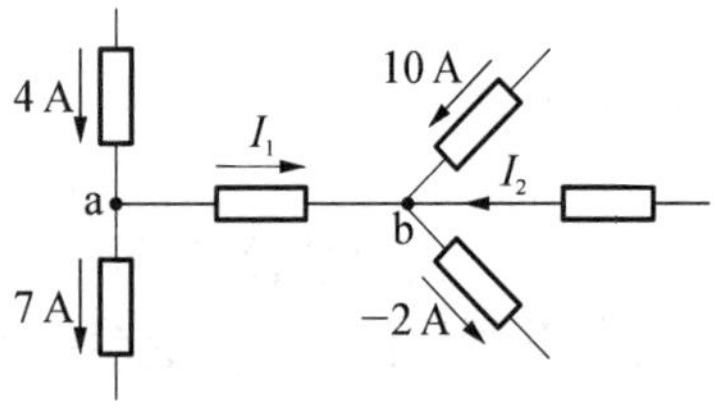

题 7.10 图

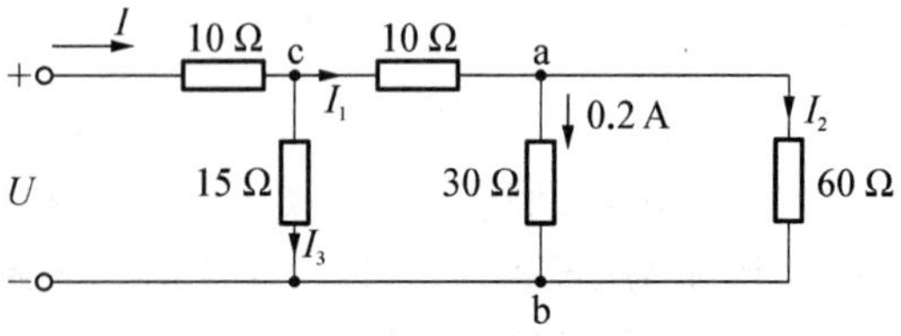

题 7.11 图

7.11 试用基尔霍夫电压定律(KVL),求解下列电路中的总电压 U 和总电流 I。

7.12 试将下列电路简化为一个理想电压源或理想电流源。

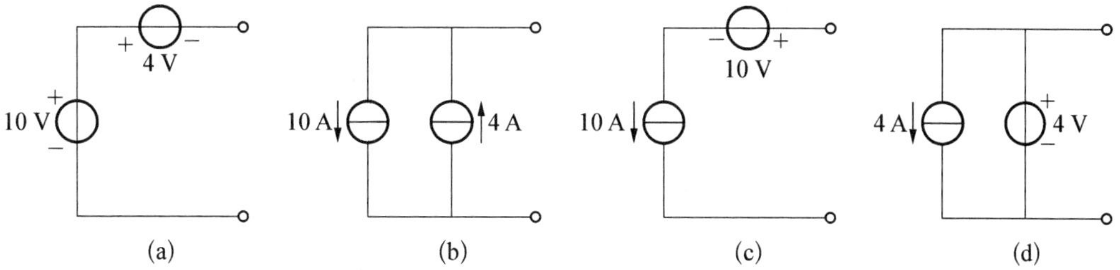

题 7.12 图

7.13 试用叠加原理求解下列电路中的电流 I。

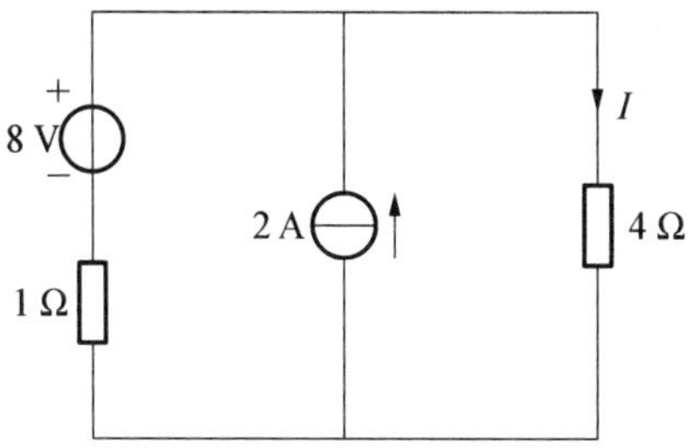

题 7.13 图

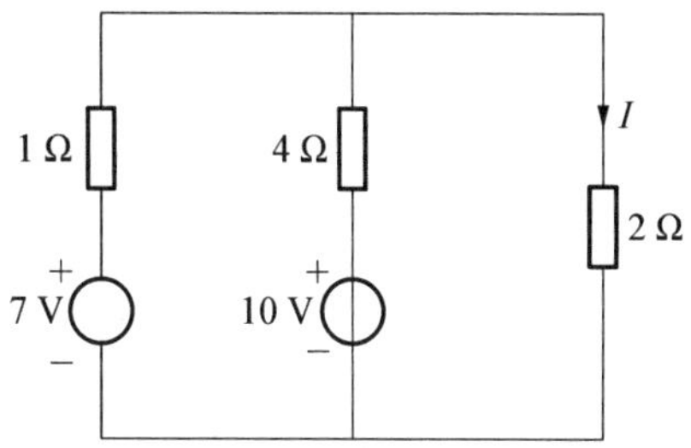

题 7.14 图

7.14 用戴维南定理,简化下列电路为等效的电压源。

7.15 两个圆频率的正弦交流电 $i_1=10\sqrt{2}\sin(314t+30°)$(A), $i_2=10\sin(314t-45°)$(A),试用相量图分别表示这两个电流。

7.16 把电阻为 30 Ω,电杆为 254 mH 的线圈接到频率为 50 Hz、电压有效值为 220 V 的交流电源上,试求通过线圈的电流,并用相量图表示该电流。

7.17 一个 $R=30$ Ω, $L=2$ H 的线圈与一个 $C=6$ μF 的电容器串联,接到电压 $U=220$ V,频率为 50 Hz 的交流电源上,求:(1) 感抗;(2) 容抗;(3) 总阻抗;(4) 电路中的电流;(5) 电容上的电压。

7.18 三相四线制供电(380 V/220 V)可接单相不对称负载和三相对称负载,(1) ________接法________V,(2) ________接法________V。如何检测单相和三相电源插座的电压(先画出两种插座)? 单相插座的相电压为________V。三相插座可满足________、________、________的三种负载要求。

7.19 已知三相四线制电源(380 V/220 V)的负载为三相电动机,其铭牌标出 380 V、17 A 和 7.5 kW 等。试问:(1) 电动机的 6 个端子如何与电源联接? (2) 如要反向转动,怎么办?

7.20 有一新建实训室,放有 6 台实训桌,每桌配有一个电源插板,上面有一个三相 380 V 电源插座,四个单相 220 V 电源插座。(1) 为使三相负载尽可能平衡,试设计一个配电方案(画出线路图);(2) 如每个实训桌的额定功率为 1 kW,试问实训室总电闸火线上的保险丝容量为多少? (3) 保险丝容量太少或太多有何不好?

附录C 思考题的答题方法

第1章 电子感测基本知识

1.1 敏感元件、转换器和电子测量电路各有何作用？传感器的转换特性说明了什么？如何选用传感器？

解：

组成	敏感元件	转换器	电子测量电路
作用	直接感受________或________输出________或________或________	输入________________ ________________ 输出________________	除了放大、解调和变换之外，还有四功能________________

传感器的作用也可归纳为：一感（被测量），二传（电信号和光信号），三转换（把可用非电量、间接电量或电量变成可用信号）。

➢ 图 1.2(a)说明了________________、________________、________________。

➢ 图 1.2(b)说明了________________、________________。

➢ 图 1.2(c)说明了________________________________。

▶ 首先熟悉____________，然后满足____________，最后了解____________。

▶ 在多种传感器的指标满足要求情况下，还应考虑__________、__________、____________等。

▶ 每种传感器往往不可能满足所有要求，选用时________或________。

▶ 如果采用多种传感器确定必要信息，需用________________。

另外，传感器的选用要点也可归纳为：一查（产品资料），二比（货比三家，性价比高），三询问（使用环境、测量方法和用过情况）。

1.2 仓库的安全如何用传感器技术进行监控？举例说明粮仓的粮食保质所选用的传感器，以及石油储罐周围水槽的漏油检测选用何种传感器？

解：仓库安全监控传感器技术可有：____________________________和物联网传感器。

仓储粮食保质传感器可有：______________________________

储油罐周围水槽区分油、水、气的传感器可选浮在水面上的________传感器。

1.3 何谓红限频率？与电子和电路相比，光子和光路有何特点？

解：红限频率 $\nu_0 \geq$________，其中________和________是________和________。

光信号的特点：光子轻、不带电、频率高；光路快、无接地、容量大。详述如下：

光子优于电子	光路优于电路	相同点
1. ______________ 2. ______________ 3. ______________	1. ______________ 2. ______________ 3. ______________	1. ______________ 2. ______________ 3. ______________

1.4 “测量三参数”,为何是得到其他电参数的测量基础?举例说明直接测量的不可能、不准确和不方便。

解: (1) 测得已知电阻 R 上的电压 U 后,可算出电流 $I=$__________,功率 $P=$__________,电能 $W=$__________等众多派生参数(又如失真、分贝、噪声及射频参数等)。因此,电压测量又是三参数中的最基本、用得最多的电子测量技术。

(2) 频率测量是测量__________、__________、__________和数字域的基础,并可变换到时域的测量。

(3) 阻抗是射频电路和器件的主要分布参数。阻抗中的集总参数_______、_______、_______是电路的基本参数,还可派生出谐振频率 $f_0=$_______,品质因素 $Q=$_______等(参见附录B)。

(4) 直接测量“三不”举例:________________;________________;________________。

1.5 说明实际值和相对误差的表达形式,不同等级和量程仪表的不确定度如何求得?

解: 实际值 $a_1=x_a$ 又称_______值,得到 x_a 的方法是________________

实际值 $a_2=\bar{x}$ 又称_______值,得到$\bar{x}$的方法是________________

实际值 $a_3=x+c$ 又称_______值,也是近真值,得到 c 的方法是__________

▲ 实际相对误差 $\gamma_a=$_______,其中 Δ 是_______,a 是_______

▲ 测量相对误差 $\gamma_x=$_______,其中 x 是_______,y_m 是_______

▲ 引用相对误差 $\gamma_m=$_______,其意义在于:

(1) γ_m用于评价仪表的准确度,即仪表等级,当 $\gamma_m=\pm 1.1\%$ 时,该仪表等级属于_______级。

(2) 如果已知_______和_______,可求出最大绝对误差 $\Delta_m=$_______。

(3) 不确定度为____________或____________。

1.6 测量数据怎样整理?何谓有效数字?试举例说明有效数字舍入规则。

解: (1) 误差位对齐法:误差小数位=_______,舍入规则是________________。

(2) 有效数字(定义)________________________________。

舍入规则的要点:________________________________

(另举一例,与书中不同)。

1.7 试画出测量数据处理的程序框图。对三种不同性质的误差作如何处理?

解: (程序框图另画)

(1) 随机误差处理方法____________,____________,____________。

(2) 系统误差处理方法________________,________________。

(3) 粗大误差处理方法________________,________________。

1.8 测量结果的表达式和图形描述说明了什么?

解: 测量结果 $x=\bar{x}\pm 3\bar{\sigma}$ 说明:

(1) 实际值 $a=$_______

(2) 最大误差范围 $\Delta_m=$_______

(3) 不确定度 $\gamma_{am}=$_______

图 1.7(a)是____________________。 图 1.7(b)是____________________。

第 2 章 传感器及检测技术

2.1 温标有何含义？从工作特性（变化量和类型）、检测电路比较热敏电阻和热电偶测温有什么不同（优缺点）？热敏电阻如何与热电偶、红外线测温仪和霍耳元件等联用？

解：两种温标分别衡量温度的标准，它们给出了温度的：

数值____________或____________或____________；

单位____________或____________或____________；

换算关系式____________________和____________________。

比 较	热 敏 电 阻	热 电 偶
工作特性		
检测电路		
主要优点		
主要缺点		

热敏电阻可用于电桥测温、温度补偿、温度控制和过限保护：

- 参见图 2.7 说明 NTC 型 R_T 及电桥作用：

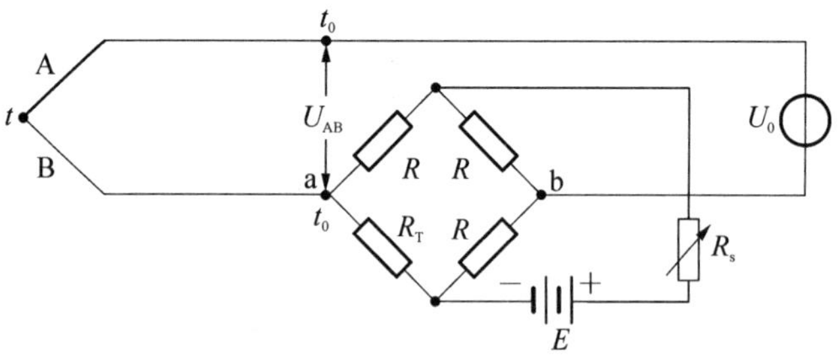

图 2.7 冷端温度补偿电路

- 参见图 2.11 说明 NTC 型 R_T 的作用：

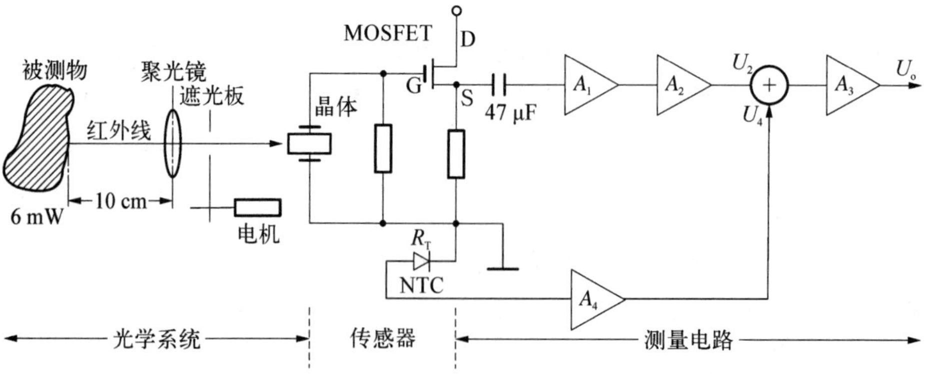

图 2.11 红外测温仪的组成

● 参见图 2.18 说明 PTC 型 R_T的作用：

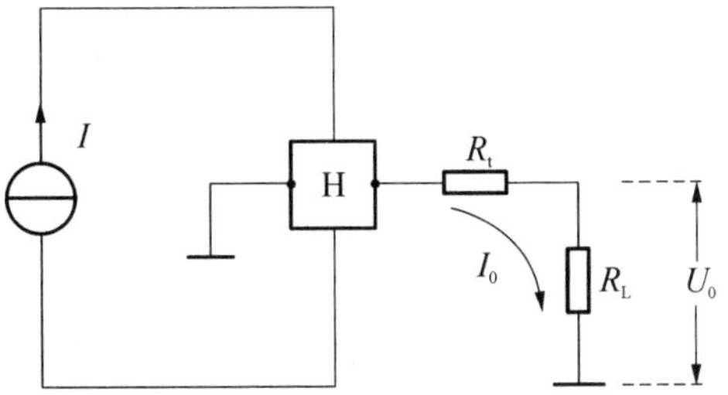

图 2.18　霍耳元件的温度补偿电路

2.2 辐射式测温有何特点？红外热电型和光电型的探测器有何不同？怎样减少测温误差和进行温度定标？

解：辐射式非接触测温有三个特点：

(1) ______________________________

(2) ______________________________

(3) ______________________________

比　较	热　电　型	光　电　型
灵敏度		
测温速度		
工作条件		

减少测温误差的方法______________、______________。

温度仪定标要点(与一般仪表相同)________、________、________和________。

2.3 三种大气压如何定义？试述差压与表压、正压与负压的异同。

解：定义：环境大气压______________________________。

标准大气压______________________________。

工程大气压______________________________。

比　较	相　同　点	不　同　点
差压与表压		
正压与负压		

2.4 电阻应变片和霍尔元件，如何进行压力检测(电路与输出)和温度补偿(结构形式)？电桥中的敏感元件有何特点？为什么要采用电桥电路？

解：

比　较	压 力 检 测	温 度 补 偿
电阻应变片		
霍耳元件		

电桥中的敏感元件均为无源(结构)型,电阻桥路具有自动补偿和差动输出:等值接邻臂,抵偿温度变,输出自零始,正负高灵敏。

2.5 常用位移传感器分几种型式?并说明测位(位置和位移)、测距、测角和测过程的用途(举例)。

解: 常用位移传感器型式有________、________、________等。

其功能是:感丝、感毫、感差、感远近;测位、测距、测角、测过程。

测量位置用途举例____________________

测量位移用途举例____________________

测量距离用途举例____________________

测量角度用途举例____________________

测量过程用途举例____________________

2.6 何谓体积流量、质量流量和累积总量(指出单位)?流体在管道中会引起哪些变化?试以推导式或直接式质量流量计为例加以说明。

解: 体积流量 $q_v=$________________(单位)。

质量流量 $q_m=$________________(单位)。

质量流量的累积总量 $q_m'=$________________(单位)。

也可归纳为:流量分体质,总量乘时间,测量平均速,方法有多种:

(1) 使障碍物产生________、________、________等;

(2) 冲击活动体产生________、________;

(3) 切割磁力线产生________;

(4) 带走热量产生________;

(5) 流管两点不同时间产生相关变化量,是由于______或______再现;

(6) 产生多普勒频移 $\pm f_D=$______。

以直接式超声波质量流量计为例,参见图 2.28。

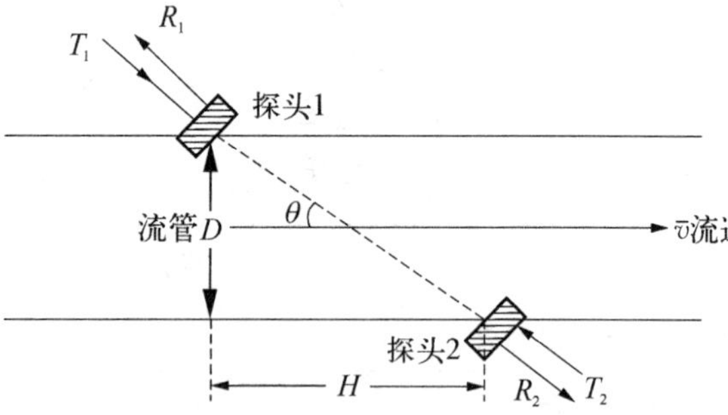

图 2.28 透射型测流量原理图

顺流和逆的时间分别为

$$t_1=\frac{D/\sin\theta}{v_s+\bar{v}\cos\theta}\qquad t_2=\frac{D/\sin\theta}{v_s-\bar{v}\cos\theta}$$

频率差:$\Delta f=f_1-f_2=\dfrac{1}{t_1}-\dfrac{1}{t_2}=$______,则流速 $\bar{v}=$______。

频率和:$\sum f=f_1+f_2=\dfrac{1}{t_1}+\dfrac{1}{t_2}$

$=$______,则声速 $v_s=$______正比于流体密度 $\rho=K_s v_s$。

质量流量 $q_m=A\bar{v}\rho=K_m\cdot\Delta f\cdot\sum f$,结构常数 $K_m=$________

如果流速与声速方向的夹角 $\theta=90^\circ$,即 $\cos\theta=0$,则 $\Delta f=$______,故不能测流量。

2.7 速度与转速可转换时,采用何种传感器测速?不可转换时,如何测速?两者有何差异?

解：可转换时采用____________________等传感器测速
不可转换时采用____________________等传感器测速
两者差异：______________________________

2.8 如何通过光信号感知被测量？光电转换的三种特性曲线有何作用？试举例说明光电导元件、光电势器件和光纤传感器的应用。

解：影响光源的被测量有____________________________________等。
影响光路的被测量有____________________________________等。
光电转换器件的伏安特性曲线说明了____________________________。
光电转换器件的光照(电)特性曲线说明了__________________________。
光电转换器件的光谱特性曲线说明了____________________________。
另外，光学量(光强、光通量、光谱等)检测可表为：光源与光路，改变光学量，器件光变电，传感被测量。

光电传感器	应 用 举 例
光电导元件	
光电势器件	
光纤传感器	

2.9 分别指出5种气体浓度传感器的基本元件和输出信号特性，宽带氧传感器有何特点？
解：

名 称	基 本 元 件	输出信号特性
锆 管		
氧化钛式		
宽带全程式		
燃油机排碳		
烟尘浓度		

宽带全程式是将锆式氧传感器的输出________送到传感器的比较器，与________比较后产生工作电流$\pm I_p$，作为________的输入信号，以控制喷油量。
氧传感器可表为：氧气浓度差，电量有变化，调整空燃比，废气可净化。

2.10 模拟电量放大器的三种结构如何减少噪声？电压和电流如何相互转换？
提示：三种电路结构，不同信噪比值，为使比值最大，各有调整方法：

解：串接型 $\frac{S}{N}=$ ________，减少噪声的措施______________________________；

平衡型 $\frac{S}{N}>$ ________，减少噪声的措施______________________________；

差动型 $\frac{S}{N}=$ ________，减少噪声的措施______________________________。

电压转换成电流应满足：________________________。

电流转换成电压的比例系数是：____________________。

2.11 试述校正非线性、消除零点和灵敏度变化的方法。归纳接口电路功能(不超过三点)。

解： 非线性校正的闭环中 $\beta = e^x$，使 $y =$ ________________________；

非线性校正的开环中校正器 $\ln x$，使 $y=$ ____________________；

固定零点清除电路的基准电压使 $U_0 =$ ____________________；消除了零点电压 y_0；

非固定零点清除电路中，计算机的作用是__________________；

灵敏度变化的清除中，计算机的作用是__________________。

接口电路功能：

(1) 把传感器的输出信号转换成下一器件或电路可以接受的信号，如增加________、调整________、变换________和信号形式等。

(2) 补偿传感器性能的某些缺陷，如________、________和噪声等。

(3) 增加传感器的某些________。

第3章 电压、功率和电路元器件的测量

3.1 测量交、直流电压的模、数电表的电路结构如何？举例说明 DVM 的测量范围和分辨率。

解：

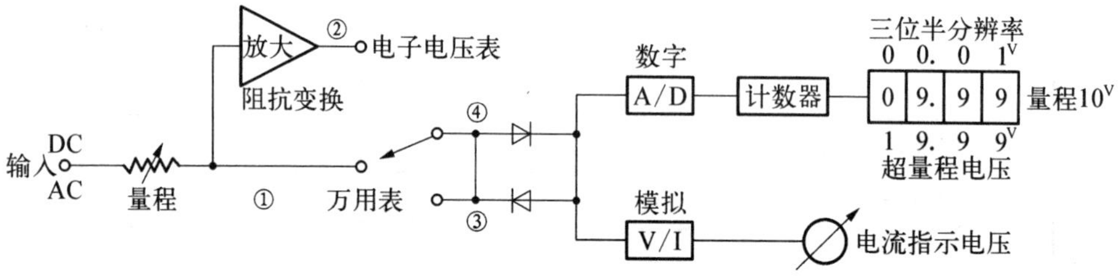

(1) 直流模拟万用表的结构是____；

(2) 直流数字万用表的结构是____；

(3) 直流模拟电子电压表的结构是____________________________________；

(4) 直流数字电子电压表的结构是____________________________________；

(5) 交流模拟电子电压表的结构是____________________________________；

(6) 交流数字电子电压表的结构是____________________________________；

(7) 交流模拟万用表的结构是____；

(8) 交流数字万用表的结构是____。

举例 100 V 量程四位半数字电压表：

其测量范围从________到________(单位)；

如有超量程能力，则测量范围从________到________(单位)；

分辨率为____________________(单位)。

3.2 不同直流电平的交流波形峰值如何测量？它与峰峰值和直流电平有何关系？交流波形的有效值有何意义？它与其峰值和平均值有何关系？

解： 用示波器测出峰峰值 U_{pp} 和直流电平 U_o，如已知峰峰值 U_{pp} 和直流电平 U_o，则 $U_p^+ =$ ________，$U_p^- =$ ________。具有叠加性和统一性的有效值 $U =$ ________U_p，$U =$ ________$\overline{U}$。

3.3 测量电阻、电感和电容等电路参数各采用什么方法？有何共同点？

解： 测量电阻采用____________法和____________法。

测量电感和电容采用__________法、__________法和__________法。

共同点：间接电量间接测，电压频率转换得。

3.4 电桥法测量电阻与电感、电容有何异同？谐振 Q 表如何测量 L_x、C_x 及其 Q 值？

电桥法测量电阻与电感、电容的相同点是________________和________________________；

电桥法测量电阻与电感、电容的不同点是________________和________________________；

已知电感值 L，则 $C_x=$________________；

已知电容值 C，则 $L_x=$________________；

输入电压 U_i 为常数 k 时，$Q=$________________________________。

3.5 伏安法测量电阻的误差如何产生和改善？万用表检测半导体管基于什么原理和方法？如何判别坏管？

解： 电流表内接法的相对误差 $\dfrac{\Delta R_x'}{R_x} =$ __________，由____________产生，修正值 $c =$ __________，要求 $R_A \approx$ __________；

电流表外接法的相对误差 $\dfrac{\Delta R_x''}{R_x} =$ __________，由____________产生，修正值 $c =$ __________，要求 $R_V \approx$ __________；

被测电阻 $R_x < \sqrt{R_A R_V}$ 时，采用________________________法。

万用表检测半导体管基于________________________________原理，采用________________________或____________________方法检测。

万用表如果测得______________或______________可判为坏管。

万用表检测半导体管要诀：半导体管 PN 结，正向反向测阻值；差别悬殊为好管，没有差别是坏管。

二极管是模拟与数字电路的最基本器件，应用极广，要掌握：

一条曲线要牢记（U～I 正反特性）；

二个特性用不厌（单向性，非线性）；

三种参数随温变（导通电压、反向电流、击穿电压）；

四段区域有意义（导通区“1”、截止区“0”；恒流区、恒压区）。

3.6 晶体管特性图示仪的阶梯波和扫描波各有何作用？在三极管输出特性曲线中如何求得电流放大系数 β 值和反向击穿电压 U_{ceo}？

解： 晶体管特性图示中的阶梯波作用________________________________，

晶体管特性图示中的扫描波作用________________________________，

电流放大系数 β=__________，其中________在 y 轴测出，单位是______。两条曲线间的平均间距就是________________，单位是__________。

U_{ceo}在____轴测量。当 I_b=____时的曲线，加大______电压过程中可看到________________________。

3.7 功率相对电平、电压相对电平的分贝数如何表示和计算？频率响应曲线半功率点电压和功率的分贝数如何表示？它们的下降倍数各为多少？

解： 功率相对电平 dB=______________，dB_m=______________。

电压相对电平 dB=______________，dB_V=______________。

dB 速算倍数的要诀：记住三个 dB（n10 dB ± 3 dB ± 1 dB），对应三个倍数（$10^{n}\overset{\times}{\div}2\overset{\times}{\div}1.25$）半功率点电压分贝数____________，半功率点功率分贝数____________，功率下降倍数________________，电压下降倍数________________。

3.8 试述交、直流功率和微波功率的测量方法。

解： 功率 $P=\dfrac{U^2}{R}$，测量方法是________________________________。

(1) 射频小功率间接测量方法有______________和______________等。

(2) 射频大功率间接测量方法有______________和______________。

(3) 射频脉冲功率 P_t=__________，其中测准________是提高精度的关键。

(4) 家用微波炉标称加热功率 P_0=________，加热不均匀度 η=__________，

其中温升 ΔT=__________，$\Delta\bar{T}$=__________，ΔT_m 是__________。

上述多种功率测量，其实是：大小高低频，功率间接测，电流或电压，检波量热法。

3.9 如何测量噪声电压、放大器噪声系数和信噪比？何谓骚扰限值和抗扰度？保证电磁兼容性有何措施？

解： 噪声电压有效值的测量方法有________________________________

和________________________等。

放大器的噪声系数即为 $NF(\mathrm{dB})\approx$________________________，

采用__________法（y=________），由__________读出________(dB)。

放大器的信噪比为

$$\frac{S}{N}=S_n(\mathrm{dB})-n(\mathrm{dB})-N(\mathrm{dB})$$

其中，S_n(dB)为________________________；

n(dB)为________________________；

N(dB)为________________________。

骚扰限值是__________强度的限值，抗扰度是__________性能的度量，超过骚扰限，不足抗扰度，电磁难兼容，排难有方法。保证电磁兼容性的抗干扰措施：

(1) ________________；(2) ________________；

(3) ________________；(4) ________________；
(5) ________________；(6) ________________；
(7) ________________；(8) ________________。

第 4 章 射频网络特性参数测量与应用

4.1 在空气中、电介质中和电磁介质中的波长如何计算？何谓传输线的截止波长？有何影响？

解： 波长 λ 是一个泛指或待定值，在不同情况下 λ 的确定值如下表所示。

条件 \ λ \ 介质	空气中 ($\varepsilon_r=\mu_r=1$)	电磁介质中 ($\varepsilon_r>1,\mu_r>1$)	电介质中 ($\varepsilon_r>1,\mu_r=1$)
无限传播	$\lambda_0=\dfrac{c}{f}$	$\lambda_r=\dfrac{\lambda_0}{\sqrt{\varepsilon_r\mu_r}}$	$\lambda_\varepsilon=\dfrac{\lambda_0}{\sqrt{\varepsilon_r}}$
传输线中	$\lambda_{g0}=\dfrac{\lambda_0}{\sqrt{1-(\lambda_0/\lambda_c)^2}}$	$\lambda_{gr}=\dfrac{\lambda_0}{\sqrt{\varepsilon_r\mu_r-(\lambda_0/\lambda_c)^2}}$	$\lambda_{g\varepsilon}=\dfrac{\lambda_0}{\sqrt{\varepsilon_r-(\lambda_0/\lambda_c)^2}}$

传输线的截止波长 $\lambda_c=$ __________，其中 f_c 为________。表明电波波长要受其传输线的截止波长________，使在传输线中的电波波长为________、________和________。

4.2 单、双口射频网络的特性参数如何定义和表达？

解： 单口网络的反射参数 $\Gamma=$ ____________________，

模值 $|\Gamma|=$ ________________，相位差 $\Delta\varphi=$ ________________，

电压驻波比 $VR=$ ____________，电波行程 $\xi=$ ________，相移常数 $\psi=$ __________。

双口网络的 S 参数 $S_{11}=$ ________________，$S_{21}=$ ________________，

$S_{22}=$ ________________，$S_{12}=$ ________________，

插入损耗(衰减)$A=$ ________________，相移 $\Delta\varphi_{21}$ ________________

4.3 ANA 有哪几个主要部分？4 个 S 参数如何测得？

解： ANA 的组成和测量 S 参数的工作原理见图________________及其说明：

(1) 扫频源的输入电路和两个定向耦合器的作用：________________，________________，________________。这里，a 代表扫频源输出即 OUT 的入射分量，b 是 a 的反射分量或透射分量，可表达为

1) 入射双口走两路(a_1 或 a_2)

2) 同口反射异透射(b_1、b_2 或 b_2、b_1)

3) 反射参数同口比 $\left(S_{11}=\dfrac{b_1}{a_1}\Big|_{a_2=0}\right.$ 或 $\left.S_{22}=\dfrac{b_2}{a_2}\Big|_{a_1=0}\right)$

4) 传输参数异口除 $\left(S_{21}=\dfrac{b_2}{a_1}\Big|_{a_2=0}\right.$ 或 $\left.S_{12}=\dfrac{b_1}{a_2}\Big|_{a_1=0}\right)$

(2) 谐波混频器和中放的工作表达式：________________________________。

(3) 比值计得到__________，相位计得到__________。

(4) 锁相环路(PLL)的输入信号频率是__________和__________，其鉴相器(PD)的输出电压分别去控制__________和__________。

第5章 信号参数的时、频域测量

5.1 计数器和示波器如何测量频率、时间差和相位差？提高精度靠什么？

解：

方　法	测频率 f_x	测时间差 Δt	测相位差 $\Delta\varphi$	提高精度的方法
计数器	$f_x=$	$\Delta t=$	$\Delta\varphi=$	增加门控脉冲宽度 增加计数脉冲密度
示波器	$f_x=$	$\Delta t=$	$\Delta\varphi=$	合适方法 熟练操作

示波器部分应用要点：纵示幅横时域，测周期得频率，测时差算相移，比波形估失真。

5.2 如何测量非线性(谐波)失真度和线性(频率)失真特性？

解： 实际失真度

$$\gamma_0=\frac{U_2}{\sqrt{U_1^2+U_2^2}}(\%)$$

其中，U_2是__________的输出，由__________测出；

$\sqrt{U_1^2+U_2^2}$是__________的输出，调节衰减器使$\sqrt{U_1^2+U_2^2}=$______，则$\gamma_0=$__________；

Δ被测电路的幅频特性曲线可看出：__________，由______或______法测出。

相位差由______或______测出，被测电路的幅相特性曲线可看出不同频率的____变化，两种变化均数频率失真，又称线性失真。

分清两种失真，采取防范措施：器件非线性，谐波失真显；工作频带内，幅相变化小。

5.3 频谱分析仪的输入电路(RF 衰减、BPF 预选、混频和本振、中放)各有何作用？末级中放决定什么指标？简述频谱仪的应用范围。

解： RF 衰减的作用：____________________；

则输入功率电平范围 $\Delta L_{pi}=L_{pimax}-L_{pimin}=$________；BPF 预选器的作用：________；

混频和本振的作用：________；中频放大器由__________和__________构成，第一级中频 $f_I=$________；则输入频率范围 $\Delta f_i=f_{imax}-f_{imin}=$______________。末级中放决定了________。

频谱分析仪应用范围：

(1) 作__________用，测量__________、__________和__________等；

(2) 作__________用，测量__________、__________和__________等；

(3) 作__________用，测量__________、__________、__________和__________等；

(4) 存储____________，可对产品进行____________和____________。

与示波器相比，频谱仪可谓纵示幅横频域，高灵敏宽接受，频响内测噪声，频谱图比失真。

第 6 章　计算机测试技术

6.1 自动测试系统（ATS）与虚拟仪器（VI）有何异同？各有何优缺点？

解：

系统比较	ATS	VI
相同点		
不同点		
缺　点		
优　点		

ATS 特点：硬件为主，软件专用，功能特定。

VI 特点：软件为主，硬件简单，功能设定。

6.2 简述 LabVIEW 的编程有哪几种结构类型？

解： LabVIEW 编程的结构类型有____________________________。